21世纪高等教育建筑环境与能源应用工程系列规划教材

建筑能源应用工程

主　编　李新禹
副主编　周志华
参　编　杨瑞梁　王　艳　宋佳钫
　　　　李　莎　苏　文　任　悦
　　　　魏　晋　杜晓刚
主　审　张　欢　杨　华

U0218697

机械工业出版社

本书共 8 章，分别介绍了地热能、太阳能、生物质能的原理及在建筑中的应用、冷热电三联供系统与分布式能源技术、蓄能技术的应用、建筑能源的计量方法、建筑能源的评价和管理等内容，最后一章介绍了建筑能耗分析的基本方法、国内外常用的能耗分析软件、建筑节能的评价方法和建筑能源审计流程，并结合相关技术和方法列举了相应的工程案例以及能源审计案例。

本书可作为高等院校建筑环境与能源应用工程专业教材，也可作为工科专业了解新能源应用的通识课教材，同时还可供政府建设主管部门和能源管理部门、咨询机构、评估机构、区域开发单位、设计院所、城市规划院所和研究机构以及项目管理单位、能源管理公司等部门工作人员参考，也可供城市规划、建筑设计、建筑施工、热能动力、暖通空调等专业的工程技术人员、咨询评估人员参考。

本书配有 ppt 电子课件，免费提供给选用本书作为教材的授课教师。需要者请登录机械工业出版社教育服务网（www.cmpedu.com）注册下载。

图书在版编目（CIP）数据

建筑能源应用工程/李新禹主编 . —北京：机械工业出版社，2016.7
（2024.8 重印）
21 世纪高等教育建筑环境与能源应用工程系列规划教材
ISBN 978-7-111-54239-1

Ⅰ.①建…　Ⅱ.①李…　Ⅲ.①建筑工程—环境管理—高等学校—教材
Ⅳ.①TU-023

中国版本图书馆 CIP 数据核字（2016）第 156924 号

机械工业出版社（北京市百万庄大街 22 号　邮政编码 100037）
策划编辑：刘　涛　　责任编辑：刘　涛　于伟蓉
版式设计：霍永明　　责任校对：张　征
封面设计：路恩中　　责任印制：张　博
北京建宏印刷有限公司印刷
2024 年 8 月第 1 版第 3 次印刷
184mm×260mm·14.25 印张·345 千字
标准书号：ISBN 978-7-111-54239-1
定价：39.80 元

电话服务　　　　　　　网络服务
客服电话：010-88361066　机 工 官 网：www.cmpbook.com
　　　　　010-88379833　机 工 官 博：weibo.com/cmp1952
　　　　　010-68326294　金 书 网：www.golden-book.com
封底无防伪标均为盗版　机工教育服务网：www.cmpedu.com

前　言

改革开放以来，我国能源工业实现了煤炭、电力、石油、天然气和新能源的全面发展，为保障国民经济长期快速发展和人民生活水平持续提高做出了重要贡献。然而随着国民经济持续、稳定、高速地发展和人民生活水平的不断提高，能源需求越来越大，能源供给的缺口越发突出，环境污染、生态恶化等问题更突显了能源供需的矛盾。

目前，就全国高等工科院校而言，设立"建筑环境与能源应用工程"（原"建筑环境与设备工程"）专业的院校越来越多。该专业着重于培养复合型的应用人才，主要学习工业与民用建筑的供暖、通风与空气调节系统以及制冷系统等，这些系统均围绕能源展开，且能源消耗量巨大，大约占建筑能耗的一半。

为了建设资源节约型、环境友好型社会，节能受到国家相关主管部门的高度重视，并且已成为我国目前调整经济结构、转变发展方式的重要抓手和突破口。随着节能工作的深入，在建筑的规划、设计、建造和使用过程中，通过采用新型墙体材料，执行建筑节能标准，加强建筑物用能设备的运行管理，合理设计建筑围护结构的热工性能，提高供暖、制冷、照明、通风、给水排水和通道系统的运行效率，同时利用可再生能源，在保证建筑物使用功能和室内热环境质量的前提下，降低建筑能源消耗。合理、有效地利用能源，能促进构建节约型产业结构、产品结构和消费结构，加快节约型社会的建设。因此，建筑环境与能源应用工程专业的学生了解和掌握与之相关的各种能源及其应用显得非常有必要。

笔者根据多年的教学实践以及工程应用，整合了与专业应用密切相关的能源资料，编写了这本教材，以满足本科教学的需求。本书第1章介绍了世界能源的使用情况和政策法规，具体列举了美国、日本、德国等发达国家的能源使用情况以及这些国家制定的能源政策和法规，尤其详细介绍了我国的能源使用情况和能源管理职能部门及相关部门制定的政策法规和规范标准。第2～4章介绍了三种能够在建筑中应用的可再生能源——地热能、太阳能、生物质能，详细阐述了这三种可再生能源的使用原理及应用，并列举了工程实例。第5、6章介绍了冷热电三联供系统与分布式能源技术和蓄能技术，并对这两种建筑节能技术的原理、设计方法和工程应用进行了详细的阐述。第7章介绍了建筑能源的计量方法，而且列举了具体的计量设备，以及这些计量设备的使用方法。第8章介绍了建筑能源的评价和管理，包括我国建筑能源的使用情况、建筑能耗分析的基本方法、国内外常用的能耗分析软件的介绍、建筑节能的评价方法以及建筑能源审计流程等内容，并且给出了能源审计案例。

本书内容涉及建筑能源的获取以及建筑能源的高效利用，是建筑环境与能源应用工程专业学生专业知识的拓展，可作为该专业"建筑能源应用工程"课程教材，也可作为工科专业了解新能源应用的通识教材。

本书共8章，建议学时为30学时左右，可根据实际情况予以调整。建议该课程在学生学习完主要专业课程之后开设，教学效果相对会更好。

本书由天津工业大学李新禹教授担任主编，负责全书的大纲拟定和统稿。参与编写的人员有：李新禹、周志华（第4章），王艳、宋佳钫（第1章、第8章），李莎（第6章），杜晓刚、杨瑞梁（第7章），苏文（第5章），任悦（第2章），魏晋（第3章）。

本书在编写过程中借鉴、吸收了诸多专家、学者的论文和专著，参阅了国内外近年来发表的技术文献以及相关的标准和规范，在此，向原作者表示衷心的感谢。本书由天津大学张欢教授和河北工业大学杨华教授联合主审，她们为本书的编写提出了中肯的意见和建议，在此，对两位专家表示感谢。

由于时间仓促，编者的水平有限，书中肯定存在着错误和不妥之处，恳请各位专家、读者和同仁批评指正。

编　者

目 录

第 1 章
能源政策及建筑节能标准法规

1.1 世界能源政策及法规

能源是人类生存与经济发展的物质基础。随着国民经济持续、稳定、高速地发展和人民生活水平的不断提高，能源需求越来越大，能源的缺口越发突出，环境污染、生态恶化等问题更突显了能源供需的矛盾。当前世界能源消费以化石资源为主，其中中国等少数国家是以煤炭为主，其他国家大部分是以石油与天然气为主。根据专家预测，按目前的消耗量，石油、天然气最多能维持半个世纪，煤炭也只能维持一二百年。所以不管是哪一种常规能源，都面临着枯竭的问题。为了应对即将到来的传统能源枯竭，世界上许多国家制定了相应的能源政策和法规，以提高本国的能源使用效率，并且从政策上鼓励开发可再生能源。

1.1.1 世界能源业发展的现状

长期大规模使用化石燃料会导致严重的环境污染，进而影响地球的生态平衡。工业革命以来，煤炭、石油、天然气、水电、核能与可再生能源等相继大规模地进入了人类活动领域。能源结构的演变推动并反映了世界经济发展和社会进步，同时也极大地影响了全球二氧化碳排放量和全球气候。据气象学家估算，陆地植物每年经光合作用固定的二氧化碳为 $200 \sim 300$ 亿 t。而仅化石能源人为燃烧就产生二氧化碳 370 亿吨，加上生命呼吸、生物体腐败及火灾等产生的二氧化碳，就严重地超过了绿色植物光合作用吸收转化二氧化碳的量，破坏了自然界的二氧化碳循环平衡，造成保护地球的臭氧层的破坏和其他一些反常现象。近年来，全世界出现了大量反常气候现象，例如 2015 年 2 月美国东部地区接连数周遭到暴雪袭击，多地降雪创下历史纪录，如波士顿地区降雪总量超过 1.8m，温度低至 -18℃；而与此同时美国西部地区的温度却创造了同期当地最高气温，多地温度达 26℃。很多科学家把这种反常的气候现象归结为环境遭到破坏的证据之一。

在过去 30 多年的时间里，北美、中南美洲、欧洲、中东、非洲及亚太六大地区的能源消费总量均有所增加，但是经济、科技与社会比较发达的北美洲和欧洲两大地区的增长速度非常缓慢，能源消费增速低于发展中国家，其消费量占世界总消费量的比例也逐年下降。究其原因，一方面，发达国家的经济发展已进入到后工业化阶段，经济向低能耗、高产出的产业结构发展，高能耗的制造业逐步转向发展中国家；另一方面，发达国家高度重视节能与提高能源使用效率。

在能源供应中，煤炭所占比重较高，但在终端消费中，其比重明显较低。煤炭直接用于终端消费，不仅利用效率低，而且会造成严重的环境污染问题，为此各国都倾向于将煤炭转换成清洁、易传输的电力，再供终端用户使用。天然气作为一种相对清洁、低碳的优质能源，也受到越来越多的重视。在发展中国家，随着经济增长和社会进步，电力比重显著上升；而对于发达国家，工业化进程已完成，对电力的需求增长较低，因此电力在终端能源消费中的比重增长缓慢。目前终端能源消费呈现出清洁化的趋势。

2008 年世界金融危机以来，世界经济低位徘徊，各国能源政策趋向灵活。石油出口国为增加财政收入，振兴经济，灵活运用政策杠杆，相应调节关税，对石油等资源的控制有所松动，对石油资源的战略性勘探开发投资明显加速。能源消费国则在加快新能源政策出台频率的同时，通过立法等鼓励节能产品的发展，使新能源开发的政策更加明晰且具可操作性。国际能源合作更加受到各国政府的重视。

1.2 世界典型国家能源政策

面对全球性的能源危机，世界上许多国家积极制定相应的能源政策，特别在提高能源使用效率、开发可再生能源方面进行了积极的探索和实践。美国、德国和日本等国家的成功经验值得我们借鉴和学习。

1.2.1 美国能源政策

美国是人均能源消耗量最多的国家，人均能源消费量是中国的 10 倍。为了应对高能耗需求，美国政府推出相应的政策努力提高能源的利用率并积极推广可再生能源。

1. 实行能源多元化替代政策

在 2009 年美国的一次能源消费调查中（图 1-1），其能源比例为：煤炭占 20%、石油占36%、天然气占 23%、核能占 8%、水能占 3%、可再生能源及其他占 10%。美国力图通过不同的能源品种之间的替代作用，实现能源品种的多元化，这和美国综合国力世界第一、具备全球领先的科研实力这一背景分不开的。

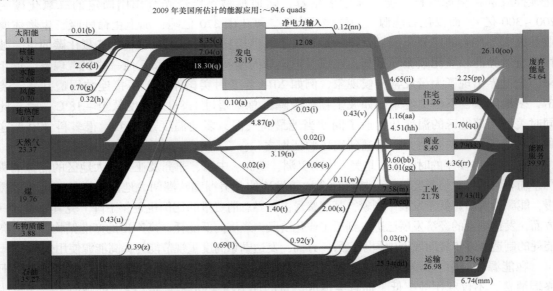

图 1-1 美国 2009 年能源生产与消费结构

注：1quad = 2.93GW·h

2. 注重国家目标政策法规导向

1975 年，美国政府颁布实施了《能源政策和节约法》，核心是能源安全、节能及提高能效；1992 年制定了《国家能源政策法》，是能源供应和使用的综合性法律文本；1998 年公布了《国家能源综合战略》，要求提高能源系统效率，更有效地利用能源资源。在过去 10 余年间，美国出台了《21 世纪清洁能源的能源效率与可再生能源办公室战略计划》《国家能源政策法规》等 10 多个政策或计划来推动节能。2003 年出台的《能源部能源战略计划》更是把"提高能源利用率"上升到"能源安全战略"的高度，并提出四大能源安全战略目标，计划在 2005 年至 2010 年间，提供 200 亿美元发展能源技术。2005 年美国颁布的《国家能源政策法》中要求"到 2012 年燃料制造商在汽油中必须加入 2250 万 t 生物乙醇，这样每年可减少 20 亿桶〔1 桶（bbl）=159L = 0.159m³〕的原油消耗和向外商支付 640 亿美元的购油款，还可以使美国家庭减少 430 亿美元的开支"（2005 年，美国每年消耗石油约 9.5 亿 t，净进口 6.4 亿 t，石油进口依存度 67.4%）。在石油替代燃料中，燃料乙醇已经占有越来越重要的地位。2006 年，布什在国情咨文中提出，到 2012 年纤维素乙醇商业生产过关，投入 1.6 亿美元建设 3 个纤维素乙醇示范工程，投入 21 亿美元用于相关新技术开发。2007 年年初美国提出"Twenty in ten"计划，即要求 10 年内减少 20% 的汽油消耗，其中 15% 源自生物燃料替代，5% 依靠提高汽车能效。2007 年底美国通过《能源自主与安全法案》，进一步提出到 2022 年生产生物燃料 1.08 亿 t 及相应的温室气体减排目标与计划。2009 年奥巴马政府上台后，提出到 2012 年美国的电力有 10% 来自可再生能源、到 2050 年有 25% 来自可再生能源的发展目标。2014 年，美国可再生能源的净发电量所占的比例约为 16.3%。

3. 注重能效标识和减税鼓励

美国从 1980 年开始实施强制性能效标识制度，能效标准由能源部负责制定和实施，1992 年开始实施自愿性节能认证（能源之星）。2003 年 7 月 31 日美国决定在此后 10 年对能源效率、替代燃料和可再生燃料等领域实施减免能源税政策。2005《国家能源政策法案》规定，在未来 10 年内，美国政府将向全美能源企业提供 146 亿美元的减税额度，以鼓励石油、天然气、煤气和电力企业等采取节能、洁能的措施。为提高能效和开发可再生能源，该法案还决定将给予相关企业总额不超过 50 亿美元的补助。

1.2.2　德国能源政策

德国是一个资源相对贫乏的国家，绝大部分能源需要从国外进口，如石油几乎 100%、天然气 80% 依赖进口。为了促进社会的可持续发展，德国政府历来将节约能源、开发可再生能源作为最优先考虑的目标。

1. 注重政策引导，积极出台能源法规

经济性、保障持续供应和环保是德国制订能源政策的三个同等重要的目标，尤其是1998 年主张环保节能的绿党上台执政以来，德国政府先后出台了如《可再生能源法》《生物质能源法规》《能源节约法》"10 万个太阳能屋顶计划"等一系列有关环保和节能的法规与计划，为引导德国进一步走向节能环保型社会确立了相应的法律框架。与此同时，德国政府还开征了生态税，利用税收杠杆，鼓励企业和个人节约能源。例如，德国 2000 年的《可再生能源法》及其他相关法规体现了补贴式新能源发展模式，主要有：规定新能源占德国全部能源消费量的 50%，并为此制定了政府补助。新能源发电可无条件入网，传统能源和新能源采取非对等税收，全力扶持新能源企业发展。对新能源进行电价补贴，推出促进太阳能的"十万太阳能屋顶计划"，出台《生物能发展法规》。2009 年 3 月又通过《新取暖法》，德国政府提供 5 亿欧元补贴采用可再生能源取暖的家庭。德国政府的扶植重点逐渐向新能源下游产业转移。2009 年制定的 500 亿欧元经济刺激计划，其中很大部分用于研究电动汽车和车用电池，提出到 2020 年生产 100 万辆电动汽车的计划，将初步形成新能源汽车产业链。德国为投资风电的企业提供 20% ~60% 额度不等的投资补贴，还实行分阶段补偿机制。德国的太阳能安装用户可获得 50% ~60% 电池费用的补贴。从 2000 年起，德国政府对于家用太阳能系统采取一次性补贴 400 欧元的办法。自 2000 年开始实施《可再生能源法》以来，德国可再生能源发展取得了令人瞩目的成绩，发电量中可再生能源所占比率已经从 2000 年时的 6% 上升到 2013 年的约 25%。伴随着这种疯狂发展的是快速上升的补贴成本。有报告称，截至 2013 年，德国民众承担的可再生能源附加费总计高达约 3170 亿欧元，而 2014 年一年的可再生能源附加费就达到 230 亿欧元，预计到 2022 年一年费用就可能达到 680 亿欧元。2013 年太阳能发电仅占德国电力供应总量的 5%，但相应的补贴却占了整个可再生能源补贴的近一半。为此，德国也开始重新审视和调整相关政策。2013 年以后，德国政府提出了平衡能源政策目标的"三角关系"，即生态环境承受力、能源供应安全和能源可支付能力。控制成本、保障能源供应安全和环境保护一起，成为能源转型改革方案的主要目的。2014 年 6 月通过的"德国可再生能源改革计划"，更是对可再生能源政策进行了"彻底改革"。改革后的可再生能源法案有以下几个特点：一是减少补贴的力度和范围，对可再生能源的平均补贴水平，从当时的 17 欧分/（kW·h）下降到第二年的 12 欧分/（kW·h）；第二个核心改革措施是强制实施可再生能源企业直销电和市场补贴金制度；第三个变化是对发电主体自用的发电部分也征收可再生能源附加费；最后一个主要变化是增长通道被进一步强化，从太阳能扩展到陆上风电和生物质能源。

2. 注重技术创新，提高能源使用效率

德国十分重视节能技术的开发与创新，最大限度地提高现有能源的使用效率。主要做法有：推动能源企业实行"供电供热一体化"，通过向能源企业，尤其是小型企业提供资金、技术援助、帮助购置相关设备等措施，鼓励能源企业将发电的余热用于供暖；促进使用传统矿物能源发电的企业不断开发和使用新的技术，如高压煤波动焚烧技术、煤炭气化技术等；根据节能性能，对市场上销售的家用电器、汽车等实行产品分级制度，要求所有产品在销售时必须贴上等级标签，只有那些技术先进、特别节能的产品才可以获得全国统一的专用节能或环保标识。21 世纪以来，德国能源协会多次发起提高工业企业能源系统利用效率的活动，并为企业如何进一步提高能源使用效率提供相应的解决办法。

3. 重视节能宣传，提高节能意识

目前德国全国大约有 300 个提供节能知识的咨询点。政府高级官员不定期与民众举行研讨会，就政府的相关政策进行研讨，听取意见，并鼓励民众对政府、企业在节能与环保等领域的工作进行监督。负责组织全国节能工作的德国能源局不仅开设了免费电话服务中心，解答人们在节能方面遇到的问题，还设有专门的节能知识网站，以便更好地向民众介绍各种节能专业知识。德国联邦消费者联合会及其位于各州的下属分支机构也提供有关节能的信息和咨询服务。

1.2.3　日本能源政策

日本自然资源缺乏，能源高度依赖石油，石油高度依赖进口，进口高度依赖中东。日本的能源自给率极低，能源安全形势极为脆弱，但其能源利用效率与节能技术均列于全球高水平之列。这主要得益于日本节能技术开发和相关的节能法规建设的发展。如今，日本是世界上能源利用效率最高的国家之一。

1. 注重节能的统一管理，强化政策引导

日本对节能工作实行全国统一管理，地方政府没有相应的机构负责节能管理。2001 年小泉政府机构改革后，将原来资源能源厅煤炭部的节能科升格为节能新能源部，反映了日本政府对节能工作的高度重视。中介机构是日本推进节能工作的重要力量，如节能中心、能源经济研究所、新能源和产业技术综合开发机构（NEDO）等，这些机构在节能情况调研、搜集分析相关信息、研究提出政策建议、贯彻落实和组织实施节能政策、推动日本节能工作中发挥着重要的作用。

2. 注重节能法规的制定

1979 年日本开始实施《节约能源法》，对能源消耗标准作了严格的规定。主要措施包括：①调整产业结构，限制或停止高能耗产业发展，鼓励高能耗产业向国外转移；②制定节能规划，规定节能指标；③对一些高能耗产品制定严格的能耗标准等。同时协助推进民间机构能源节省技术的研究开发，使日本在能源的高效使用方面达到世界先进水平。

日本政府又分别在 1998 年和 2002 修改了《节约能源法》，对重点用能企业的责任及政府在节能管理职能等都做了严格界定。日本政府通过节能法规定各产业的节能机制和产业的能效标准。最后，日本政府还通过税收、财政、金融等手段支持节能。在税收方面实施节能投资税收减免优惠政策。在财政方面对节能设备推广和节能技术开发进行补贴。在金融方面，企业的节能设备更新和技术开发可从政府指定银行取得贷款，享受政府规定的特别利率优惠。具体来讲，日本产业界的重点能源消耗企业必须提交未来的中长期能源使用节能计划，并有义务定期报告能源的使用量。随着民生部门的能源消费在日本能源消费中的地位不断上升，民生部门的节能措施也日渐重要，如家用电器、办公自动化设备等的能源节省基准引入了能源使用最优方式。同时鼓励开发新建筑材料，如对办公楼、住宅楼等提出明确的节能要求。在交通领域积极推进节油型汽车的研发和制造，鼓励多利用公共交通工具。2009年 4 月，日本环境省发布题为《绿色经济与社会变革》的政策草案，一方面提出通过环境和能源技术来促进经济发展；另一方面还制定了日本中长期的社会发展方针，其主要内容涉及投资、技术、资本、消费等多个方面。此外，在政策草案中，还详细提出了碳排放权交易制度和环境税等具体实施方案。

3. 实施"领先产品"能效基准制度

日本对汽车和电器产品分别制定了不低于市场上已有商品最好能效的能效标准。煤气与燃油器具、变压器等"领先产品"能效标准也在制定过程中。生产这些产品的企业，必须按照"领先产品"标准执行，否则将受到劝告、公布企业名单和罚款等处理。

4. 注重制定和实施激励性政策

对节能设备推广、示范项目实行补贴。对使用列入目录的 111 种节能设备实行特别折旧和税收减免优惠，即除正常折旧外，还给予特殊的"加速折旧"。对使用节能设备实行优惠，通过政策性银行给予低息贷款，以鼓励节能设备的推广应用。通过财政预算支持节能技术开发：对"国家的节能技术开发项目"由政府全额拨款；对"企事业单位的节能技术开发项目"，国家给予补贴。2007 年日本用于节能技术开发的财政预算为 1100 亿日元。在日本2009 财年预算案中，对环境能源技术研发进行单独预算，预算金额高达 100 亿日元，其中太阳能发电技术研发这一项预算就达 35 亿日元。在 2010 财年预算案中，又新增了一项预算用于尖端低碳化技术的研发，预算金额达 25 亿日元。此外，日本还采取精神奖励的办法，调动企业节能的积极性。例如，经济产业省定期发布节能产品目录，开展节能产品和技术评优活动，分别授予经济产业大臣奖、资源能源厅长官奖和节能中心会长奖。

5. 日常重视节能宣传教育工作

除节能日（每月第一天）、节能月（每年 2 月）在全国开展节能技术普及和推广及形式多样的宣传活动外，日本还规定每年 8 月 1 日和 12 月 1 日为节能检查日，检查评估节能活动效果及生活习惯的变化。日本的节能中介组织还通过开展各种活动，提高公众的节能意识。

1.3 我国能源政策

1.3.1 我国能源发展现状

改革开放以来，我国能源工业快速增长，实现了煤炭、电力、石油、天然气以及新能源的全面发展，为保障国民经济长期平稳较快发展和人民生活水平持续提高做出重要贡献。

1. 供应保障能力显著增强

2014 年，我国一次能源生产总量达到 42.6 亿 t 标准煤，居世界第一。其中，原煤产量38.7 亿 t，原油产量稳定在 2.1 亿 t，成品油产量 3.17 亿 t。天然气产量达到 1301.6 亿 m^3。电力装机容量 13.6 亿 kW，年发电量 5.65 万亿 kW·h。

2. 能源节约效果明显

我国大力推进能源节约。1981—2011 年，我国能源消费以年均 5.82% 的速度增长，支撑了国民经济年均 10% 的增长。2011—2014 年，万元国内生产总值能耗从 0.799t 标准煤下降到 0.6693t 标准煤，能源节约效果十分明显。

3. 非化石能源快速发展

我国积极发展新能源和可再生能源。2014 年，全国水电装机容量达到 3 亿 kW，居世界第一。风电并网装机容量达到 9637 万 kW，居世界第一。光伏发电增长强劲，装机容量达到2805 万 kW。太阳能热水器集热面积 4.14 亿 m^2。我国还积极开展沼气、地热能、潮汐能等其他可再生能源推广应用。非化石能源占一次能源消费的比重达到 11.1%。

4. 科技水平迅速提高

我国已建成比较完善的石油天然气勘探开发技术体系，复杂区块勘探开发、提高油气田采收率等技术在国际上处于领先地位。全国采煤机械化程度在 60% 以上，井下 600 万 t 综采成套装备全面推广。百万千瓦超超临界、大型空冷等大容量高参数机组得到广泛应用，70万 kW 水轮机组设计制造技术达到世界先进水平。基本具备百万千瓦级压水堆核电站自主设计、建造和运营能力，高温气冷堆、快堆技术研发取得重大突破。3MW 风电机组批量应用，

6MW 风电机组成功下线。形成了比较完备的太阳能光伏发电制造产业链,光伏电池年产量占全球产量的 40% 以上。特高压交直流输电技术和装备制造水平处于世界领先地位。

5. 用能条件大为改善

我国正积极推进民生能源工程建设,提高能源普遍服务水平。与 2006 年相比,2011 年我国人均一次能源消费量达到 2.6t 标准煤,提高了 31%;人均天然气消费量 89.6m³,提高了 110%;人均用电量 3493kW·h,提高了 60%。

6. 环境保护成效突出

我国正加快采煤沉陷区治理,建立并完善煤炭开发和生态环境恢复补偿机制。2011 年,原煤入选率达到 52%,土地复垦率 40%。加快建设燃煤电厂脱硫、脱硝设施,烟气脱硫机组占全国燃煤机组的比重达到 90%。燃煤机组除尘设施安装率和废水排放达标率达到 100%。加大煤层气(煤矿瓦斯)开发利用力度,抽采量达到 114 亿 m³,在全球率先实施了煤层气国家排放标准。五年来,单位国内生产总值能耗下降,减排二氧化碳 14.6 亿 t。

7. 体制机制不断完善

能源领域投资主体实现多元化,民间投资不断发展壮大。煤炭生产和流通基本实现市场化。电力工业实现政企分开、厂网分离,监管体系初步建立。能源价格改革不断深化,价格形成机制逐步完善。开展了煤炭工业可持续发展政策措施试点。制定了风电与光伏发电标杆上网电价制度,建立了可再生能源发展基金等制度。加强能源法制建设,近年来新修订出台了《节约能源法》《可再生能源法》《循环经济促进法》《石油天然气管道保护法》《民用建筑节能条例》《公共机构节能条例》等法律法规。作为世界第一大能源生产国,我国主要依靠自身力量发展能源,能源自给率始终保持在 90% 左右。

8. 资源约束矛盾突出

我国人均能源资源拥有量在世界上处于较低水平,煤炭、石油和天然气的人均占有量仅为世界平均水平的 67%、5.4% 和 7.5%。虽然近年来我国能源消费增长较快,但目前人均能源消费水平还比较低,仅为发达国家平均水平的三分之一。

9. 能源效率有待提高

我国产业结构不合理,经济发展方式有待改进。我国单位国内生产总值能耗不仅远高于发达国家,也高于一些新兴工业化国家。能源密集型产业技术落后,第二产业特别是高耗能工业能源消耗比重过高,钢铁、有色、化工、建材四大高耗能行业用能占到全社会用能的40% 左右。能源效率相对较低,单位增加值能耗较高。

10. 环境压力不断增大

化石能源特别是煤炭的大规模开发利用,对生态环境造成严重影响。大量耕地被占用和破坏,水资源污染严重,二氧化碳、二氧化硫、氮氧化物和有害重金属排放量大,臭氧及细颗粒物(PM2.5)等污染加剧。

11. 能源安全形势严峻

近年来能源对外依存度上升较快,特别是石油对外依存度从 21 世纪初的 32% 上升至2014 年的 59.6%。能源储备规模较小,应急能力相对较弱,能源安全形势严峻。

12. 体制机制亟待改革

能源体制机制深层次矛盾不断积累,价格机制尚不完善,行业管理仍较薄弱,能源服务水平亟待提高,体制机制约束已成为促进能源科学发展的严重障碍。

1.3.2　我国能源政策

维护能源资源长期稳定可持续利用，是我国政府的一项重要战略任务。我国能源必须走科技含量高、资源消耗低、环境污染少、经济效益好、安全有保障的发展道路，全面实现节约发展、清洁发展和安全发展。

我国能源政策的基本内容是：坚持"节约优先、立足国内、多元发展、保护环境、科技创新、深化改革、国际合作、改善民生"的能源发展方针，推进能源生产和利用方式变革，构建安全、稳定、经济、清洁的现代能源产业体系，努力以能源的可持续发展支撑经济社会的可持续发展。

（1）节约优先　实施能源消费总量和强度双控制，努力构建节能型生产消费体系，促进经济发展方式和生活消费模式转变，加快构建节能型国家和节约型社会。

（2）立足国内　立足国内资源优势和发展基础，着力增强能源供给保障能力，完善能源储备应急体系，合理控制对外依存度，提高能源安全保障水平。

（3）多元发展　着力提高清洁低碳化石能源和非化石能源比重，大力推进煤炭高效清洁利用，积极实施能源科学替代，加快优化能源生产和消费结构。

（4）保护环境　树立绿色、低碳发展理念，统筹能源资源开发利用与生态环境保护，在保护中开发，在开发中保护，积极培育符合生态文明要求的能源发展模式。

（5）科技创新　加强基础科学研究和前沿技术研究，增强能源科技创新能力。依托重点能源工程，推动重大核心技术和关键装备自主创新，加快创新型人才队伍建设。

（6）深化改革　充分发挥市场机制作用，统筹兼顾，标本兼治，加快推进重点领域和关键环节改革，构建有利于促进能源可持续发展的体制机制。

（7）国际合作　统筹国内国际两个大局，大力拓展能源国际合作范围、渠道和方式，提升能源"走出去"和"引进来"水平，推动建立国际能源新秩序，努力实现合作共赢。

（8）改善民生　统筹城乡和区域能源发展，加强能源基础设施和基本公共服务能力建设，尽快消除能源贫困，努力提高人民群众用能水平。

《中华人民共和国国民经济和社会发展第十二个五年规划纲要》提出：到2015年，我国非化石能源占一次能源消费比重达到11.4%，单位国内生产总值能源消耗比2010年降低16%，单位国内生产总值二氧化碳排放比2010年降低17%。

我国政府承诺，到2020年非化石能源占一次能源消费比重达到15%左右，单位国内生产总值二氧化碳排放比2005年下降40%~45%。作为负责任的大国，我国将为实现此目标不懈努力。

2006年，我国政府发布《国务院关于加强节能工作的决定》。2007年，发布《节能减排综合性工作方案》，全面部署了工业、建筑、交通等重点领域节能工作。实施"十大节能工程"，推动燃煤工业锅炉（窑炉）改造、余热余压利用、电机系统节能、建筑节能、绿色照明、政府机构节能，形成3.4亿t标准煤的节能能力。开展"千家企业节能行动"，重点企业生产综合能耗等指标大幅下降，节约能源1.5亿t标准煤。"十一五"期间，单位国内生产总值能耗下降19.1%。

2011年，我国发布了《"十二五"节能减排综合性工作方案》，提出"十二五"期间节能减排的主要目标和重点工作，把降低能源消耗强度、减少主要污染物排放总量、合理控制能源消费总量工作有机结合起来，形成"倒逼机制"，推动经济结构战略性调整，优化产业结构和布局，强化工业、建筑、交通运输、公共机构以及城乡建设和消费领域用能管理，全面建设资源节约型和环境友好型社会。

1.3.3　我国节能领域的主管部门

《中华人民共和国节约能源法》第十条和第三十四条对我国节能工作的主管部门做出了规定。其中第十条："国务院管理节能工作的部门主管全国的节能监督管理工作。国务院有关部门在各自的职责范围内负责节能监督管理工作，并接受国务院管理节能工作的部门的指导。"第三十四条："国务院建设主管部门负责全国建筑节能的监督管理工作。县级以上地方各级人民政府建设主管部门负责本行政区域内建筑节能的监督管理工作。县级以上地方各级人民政府建设主管部门会同同级管理节能工作的部门编制本行政区域内的建筑节能规划。建设节能规划应当包括现有建筑节能改造计划。"

我国建筑节能工作的主管部门也有相关的法规规定。《民用建筑节能条例》第五条："国务院建设主管部门负责全国民用建筑节能的监督管理工作。县级以上地方人民政府建设主管部门负责本行政区域民用建筑节能的监督管理工作。"《公共机构节能条例》第四条："国务院管理机关事务工作的机构在国务院管理节能工作的部门指导下，负责推进、指导、协调、监督全国的公共机构节能工作。国务院和县级以上地方各级人民政府管理机关事务工作的机构在同级管理节能工作的部门指导下，负责本级公共机构节能监督管理工作。"

我国的节能工作整体上由国家发展和改革委员会指导，节能领域分为工业、建筑、交通和公共机构四个领域。每个领域有相应的主管部、局来领导节能工作。我国节能领域的分工和主管部门参见图 1-2。

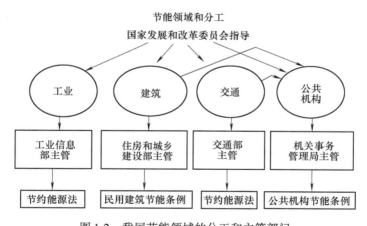

图 1-2　我国节能领域的分工和主管部门

1.4　我国建筑节能标准法规

1.4.1　建筑节能政策法规

中华人民共和国第十届全国人民代表大会常务委员会第三十次会议于 2007 年 10 月 28

日修订通过了《中华人民共和国节约能源法》。该法律作为一个宏观的能源节约法，从总体上对能源的管理、使用和技术进步进行了规定，它为我国建筑节能管理提供了明确的法律依据。明确住房和城乡建设部是建筑节能工作的主管部门，其职责为：拟定建筑节能规划，新建建筑节能监管，建立完善大型公共建筑节能运行制度、能耗定额制度、能效审计和披露制度，推进供热体制改革，推动可再生能源在建筑中的规模化应用。

在该法律的第三章"合理使用与节约能源"中设专节对建筑节能做出规定，主要涉及六个方面：①明确了建筑节能的监督管理部门为国务院建设主管部门及县级以上地方各级人民政府建设主管部门；②明确了建筑节能规划制度及既有建筑节能改造制度；③建立建筑节能效标识制度；④规定了室内温度控制制度；⑤规定了供热分户计量及按照用热量收费的制度；⑥鼓励节能材料、设备以及可再生能源在建筑中的应用。

1997年11月1日颁布，2011年4月22日修订的《中华人民共和国建筑法》第五十六条规定："建筑工程的勘察、设计单位必须对其勘察、设计的质量负责。勘察、设计文件应当符合有关法律、行政法规的规定和建筑工程质量、安全标准、建筑工程勘察、设计技术规范以及合同的约定。设计文件选用的建筑材料、建筑构配件和设备，应当注明其规格、型号、性能等技术指标，其质量要求必须符合国家规定的标准。"

《中华人民共和国可再生能源法》由中华人民共和国第十届全国人民代表大会常务委员会第十四次会议于2005年2月28日通过，自2006年1月1日起施行。该法律的第十七条对太阳能在建筑中的应用作出了明确的规定："国家鼓励单位和个人安装和使用太阳能热水系统、太阳能供热采暖和制冷系统、太阳能光伏发电系统等太阳能利用系统。国务院建设行政主管部门会同国务院有关部门制定太阳能利用系统与建筑结合的技术经济政策和技术规范。房地产开发企业应当根据前款规定的技术规范，在建筑物的设计和施工中，为太阳能利用提供必备条件。对已建成的建筑物，住户可以在不影响其质量与安全的前提下安装符合技术规范和产品标准的太阳能利用系统；但是，当事人另有约定的除外。"

《民用建筑节能管理规定》是国家部委规章，是国家建设部为了加强民用建筑节能管理，提高能源利用效率，改善室内热环境质量，根据相关法律法规而制定，2005年11月10日发布，自2006年1月1日起施行。该规定共三十条，涵盖民用建筑节能管理的主体、范围、原则、内容、程序及监督管理和法律责任等，是开展民用建筑节能管理工作的规范性文件。其中第二条规定："本规定所称民用建筑，是指居住建筑和公共建筑。本规定所称民用建筑节能，是指民用建筑在规划、设计、建造和使用过程中，通过采用新型墙体材料，执行建筑节能标准，加强建筑物用能设备的运行管理，合理设计建筑围护结构的热工性能，提高采暖、制冷、照明、通风、给排水和通道系统的运行效率，以及利用可再生能源，在保证建筑物使用功能和室内热环境质量的前提下，降低建筑能源消耗，合理、有效地利用能源的活动。"

《中国节能技术政策大纲》是中国节能技术政策的纲领性文件，早在1984年，国家计委、国家经贸委和国家科委就共同组织编制了《节能技术政策大纲》，1996年三部委对其进行了修订，为了适应新的经济形势，补充节能新技术，国家发改委和科技部于2005年6月组织专家对《中国节能技术政策大纲》进行了修订。修订的大纲通过推动节能技术进步，促进构建节约型产业结构、产品结构和消费结构，加快节约型社会的建设，为各地区、各行业制定节能中长期规划和年度计划提供依据，指导基本建设、技术改造和科学研究领域的节能工作。

2004 年 11 月 25 日国家发改委发布了我国第一个《节能中长期专项规划》，明确指出节能专项规划是我国能源中长期发展规划的重要组成部分，也是我国中长期节能工作的指导性文件和节能项目建设的依据。

自 2008 年 10 月 1 日起实施的《民用建筑节能条例》，对我国民用建筑节能工作做出了更加详细的规定。条例中规定了职能授权："国务院建设主管部门负责全国民用建筑节能的监督管理工作。县级以上地方人民政府建设主管部门负责本行政区域民用建筑节能的监督管理工作。县级以上人民政府有关部门应当依照本条例的规定以及本级人民政府规定的职责分工，负责民用建筑节能的有关工作。"

自 2008 年 10 月 1 日起实施的《公共机构节能条例》，对我国公共建筑节能工作做出了详细的规定："国务院管理节能工作的部门主管全国的公共机构节能监督管理工作。""公共机构的节能工作实行目标责任制和考核评价制度，节能目标完成情况应当作为对公共机构负责人考核评价的内容。""公共机构应当建立、健全本单位节能运行管理制度和用能系统操作规程，加强用能系统和设备运行调节、维护保养、巡视检查，推行低成本、无成本节能措施。"

除了上述法律法规与政策办法外，节能政策还体现在国家颁发的各种法律法规中，如《重点用能单位节能管理办法》（1999 年 3 月 10 日）、《节约用电管理办法》（2001 年 1 月 8 日）、《能源效率标识管理办法》（2004 年 8 月 13 日）、《能源发展"十二五"规划》（2013 年 1 月 1 日）、《粉煤灰综合利用管理办法》（2013 年 3 月 1 日）、《国家重点节能技术推广目录》（第一批～第六批）、《页岩气产业政策》（2013 年 10 月 22 日）、《天然气基础设施建设与运营管理办法》（2014 年 4 月 1 日）、《可再生能源发展专项资金管理暂行办法》（2015 年 4 月 2 日）等。同时各级地方政府还以国家颁布的法规条例为依据，结合当地实际，颁布实施了针对地方行业的节能政策办法。

1.4.2　我国建筑节能标准体系

建筑节能标准是实现建筑节能目标的技术依据和基本准则。建立和健全建筑节能标准规范体系，对推动建筑节能工作至关重要。首先，建筑节能标准体系是建造节能建筑的标尺和依据，引导相关的设计单位、施工单位等主体按照相应的标准从事有关的建设活动；其次，建筑节能标准体系中有些强制性条文能够规范相关的建设单位、设计单位以及施工单位执行节能标准，必须强制执行；第三，建筑节能标准体系的建立，将包括建筑工程的设计、施工、验收、运行等全过程，全面保证了建筑节能工作能够真正落到实处。

从 20 世纪 80 年代起，我国就开始为民用建筑建立相应的建筑节能标准。1986 年建设部发布了我国第一部民用建筑节能设计标准，即《民用建筑节能设计标准》。该标准适用于严寒寒冷地区的采暖居住建筑，提出了节能 30% 的节能目标。1995 年对该标准进行了修订，发布了《民用建筑节能设计标准（采暖居住建筑部分）》，节能目标提高到 50%。

随着我国南方建筑节能的发展，2001 年我国发布了《夏热冬冷地区居住建筑节能设计标准》（JGJ 134—2001），该标准对夏热冬冷地区居住建筑的建筑热工采暖空调，提出了与没有采取节能措施前相比节能 50% 的目标。2003 年我国又发布了《夏热冬暖地区居住建筑节能设计标准》（JGJ 75—2003），该标准对该地区居住建筑的建筑热工采暖空调同样提出了节能 50% 的目标。2012 年我国又进一步修订了《夏热冬暖地区居住建筑节能设计标准》（JGJ 75—2012），虽然由于学术争论不再提具体节能目标，但指出建筑节能设计应符合安全可靠、经济合理和环保的要求，按照因地制宜的原则，使用适宜技术。近年来，围绕大力发展节能省地环保型建筑和建设资源节约型环境友好型社会，建设部（2008 年更名为住建部）从规划、标准、政策、科技等方面采取综合措施，先后批准发布了《建筑节能工程施工质量验收规范》（GB 50411—2007）、《严寒和寒冷地区居住建筑节能设计标准》（JGJ 26—2010）、《公共建筑节能设计标准》（GB 50189—2015）等几十项重要的国家标准和行业标准。各地方也根据当地的情况，制定了许多地方建筑节能标准，如《江苏省公共建筑节能设计标准》（DGJ32—J96—2014）、《天津市公共建筑节能设计标准》（DB29—153—2010）、《北京市公共建筑节能设计标准》（DBJ11—687—2015）等。

　　2014 年 5 月新颁布的《绿色建筑评价标准》（GB/T 50378—2014）自 2015 年 1 月 1 日起开始实施。修订后的标准评价对象范围得到扩展，评价阶段更加明确，评价方法更加科学合理，评价指标体系更加完善，整体具有创新性。其他相关的绿色建筑评价标准已经颁布实施，如《绿色工业建筑评价标准》（GB/T 50878—2013）、《绿色办公建筑评价标准》（GB/T 50908—2013）、《建筑工程绿色施工评价标准》（GB/T 50640—2010）、《绿色医院建筑评价标准》（CSUS/GBC 2—2011）、《绿色校园评价标准》（CSUS/GBC 04—2013）等。各省市根据实际情况也颁布了相应的地方绿色建筑评价标准。

　　至此，我国民用建筑节能标准体系已基本形成，扩展到覆盖全国各个气候区的居住和公共建筑节能设计。从采暖地区既有居住建筑节能改造，全面扩展到所有既有居住建筑和公共建筑节能改造；从建筑外墙外保温工程施工，扩展到了建筑节能工程质量验收、检测、评价、能耗统计、使用维护和运行管理；从传统能源的节约，扩展到了太阳能、地热能、风能和生物质能等可再生能源的利用；基本实现对民用建筑领域的全面覆盖，也促进了许多先进适用技术通过标准得以推广。

思 考 题

1. 美国、德国和日本的能源政策各有哪些特点？请查找其他发达国家的能源政策，并且归纳总结。

2. 我国能源政策的基本内容是什么？

3. 随着我国建筑节能工作的深入开展，新的建筑节能标准和规范也在不间断地更新和颁布，试查找最新的节能标准和规范，并且简要说明新规范的特点。

第 2 章
地　热　能

2.1　地热能概述

　　地球是一个巨大的能源宝库，每天地球内部都会向地表传送大量的热能量，这些热量相当于全人类一天使用能量的 2.5 倍。且越接近地球内部，其温度就越高。这种储存于地球内部的能源，即地热能。地热能远比化石燃料丰富，特别是在世界各国对环境污染和全球气候变化问题日益重视的形势下，地热能作为一种清洁能源越来越多地被人们所关注。

　　人们认识地热能是从地热显示开始的。凡是人们能直接观察到的地球内部热能在地表的自然显示即为地热显示。地热显示千姿百态、绚丽多彩，并伴有各种奇异而有趣的现象。地热显示有强弱之分：强显示包括火山爆发、地震、沸（喷）泉、间歇喷泉、冒气孔、废泥矿（泉）等，它预示着高温地热田的存在，其热流体的温度通常在 150~200℃，如我国西藏羊八井地热田（150℃）；而温泉、热（矿）泉、泉华堆积物、水热蚀变产物、水热矿化现象等则属于弱显示。无论哪种显示，都是寻找地热资源时值得注意的矿苗或热点，若经过进一步勘探，很可能成为极有价值的地热田，为人类提供廉价而清洁的能源。

　　地热能从狭义上来讲是指蕴藏在地球内部的巨大的天然热能；从广义上说，是指来自地球深处的可再生热能。这部分热能一方面来源于地球深处的高温熔融体，另一方面则来源于矿物中具有足够丰度、生热率较高、半衰期与地球年龄相当的、多集中在地表层数百千米内的放射性元素（U、TU、^{40}K）的衰变。有人曾估计，在地球的热历史中，平均每年有 5 亿亿万 cal/年（5×10^{20} cal/年，1cal＝4.184J）的热量是由地球内部放射性元素衰变产生的。还有一小部分能量来自太阳，大约占总的地热能的 5%，表面地热能大部分来自太阳。地下水的深处循环和来自极深处的岩浆侵入到地壳后，把热量从地下深处带至近表层，其储量比目前人们所利用能量的总量多很多。地热能大部分集中分布在构造板块边缘一带，该区域也是火山和地震多发区。地热能不但是无污染的清洁能源，而且如果热量提取速度不超过补充的速度，那么热能还是可再生的。

　　地热能具有可再生、分布广泛、蕴藏量丰富、比开拓石化燃料和核能生产成本低等优点，且建造地热厂较为容易，建造周期短。其缺点在于资金投资大，受地域限制，热效率低（只有 30% 的地热能用来推动涡轮发电机），所流出的热水含有很高的矿物质，一些有毒气体会随着热气喷入空气中，造成空气污染。

　　根据地热流体温度的不同，其利用非常广泛：

　　1）20~50℃：沐浴、水产养殖、饲养牲畜、土壤加温、脱水加工。

　　2）50~100℃：供暖、温室、家用热水、工业干燥。

3）100～150℃：供暖、制冷、双循环发电、罐头食品、脱水加工、回收盐类。

4）100～200℃：双循环发电、制冷、工业干燥、工业热加工。

5）200～400℃：直接发电及综合利用。

经过多年的技术积累，在我国的地热资源开发中，地热发电效益显著提升。除地热发电外，直接利用地热水进行建筑供暖、发展温室农业和温泉旅游等利用途径也得到较快发展。全国已经基本形成以西藏羊八井为代表的地热发电、以天津和西安为代表的地热供暖、以东南沿海为代表的疗养与旅游和以华北平原为代表的种植和养殖的开发利用格局。

2.2 地热能的形式

地热资源是指在可预见的时间内能供人类经济开发利用的地球内部热能的总量，包括地热流体及其有用矿物和化学组分。按照温度的高低，地热资源可分为高温（＞150℃）、中温（90～150℃）和低温（＜90℃）资源。低温资源按其主要利用途径可分为热水（60～90℃）、温热水（40～60℃）和温水（25～40℃），可用于供暖、烘干、医疗保健、温室、灌溉、沐浴和水产养殖等。中高温资源可用于发电、干燥、工业利用。

地热资源带的划分与现代地壳构造运动密切相关，按板块构造特征分为板缘（板间）地热带和板内地热带两大类。板缘地热带因具全球规模且首尾相连，故又称环球地热带。板缘地热带属于火山型，多为高温地热田。在板内若存在热柱（点），也分布着少数高温地热资源。板内地热带属非火山型，以中低温资源为主，但资源量相当丰富，其地热田温度都低于当地沸点。

地热资源以其在地下热储中存在的形式分为水热型、干热岩型、地压型和岩浆型四大类，以水热型最为常见。水热型又分为蒸汽型和热水型两种。蒸汽型中又分为干蒸汽（以蒸汽为主的）和湿蒸汽（有的学者把干度小的湿蒸汽划入热水型中）两类。地热资源形式分类见表2-1。

表2-1　地热资源形式分类

资源类型			含　义	特　征	说　明
水热型	蒸汽型	干蒸汽	地下以蒸汽为主的对流系统的地热资源	以温度较高的过热蒸汽为主，杂有少量其他气体，水很少或没有，无水的干蒸汽资源罕见，含水的称为湿蒸汽资源	墨西哥赛罗布列托热田温度达388℃，干蒸汽田；新西兰怀拉开热田温度达266℃，湿蒸汽田
		湿蒸汽			
	热水型		热储中以水为主的对流系统的地热资源	包括低于当地气压下饱和温度的热水和温度等于饱和温度的湿蒸汽，分布广、储量大	中国广泛分布于中新生代沉积盆地及褶皱山系，大部分为中、低温，西藏、云南有湿蒸汽田
地压地热型			蕴藏在含油气沉积盆地深处（3～6km），由机械能（高压）、热能（高温）和化学能组成的地热资源	热储中受岩层和封存水负荷而导致高温（120～180℃）、高压（几百个大气压），并在高温高压下积累了溶于水中的烃类物质。是一种综合性能源	仅美国墨西哥湾内蕴藏的地压地热资源，就相当于20世纪80年代初期全美国年消耗能量的1000～1500倍

（续）

资源类型	含　义	特　征	说　明
干热岩型	地下一定深度（2~3km），含水量少或不含水，渗透性差而含有异常高热的地质体	含能量甚大，曾估计 1 立方英里（4.166km³）350℃ 的热岩体冷却到 150℃，可产出相当于 3 亿桶 ［1 桶（bbl）= 159L = 0.159m³］ 石油的热量。美国水热型资源只相当于本国干热岩资源的几千分之一。因此它是地热资源中最主要的形式	现代钻探技术可及，近年来美、日、意、英、瑞典等国均在积极开展试验开发干热岩资源
岩浆型	在熔融状或半熔融状炽热岩浆中蕴藏着的巨大能量资源	温度在 600~1500℃。一些火山地区资源埋藏较浅，而多数埋藏于目前钻探技术还比较困难的地层中，因此开采难度大	美、日等发达国家已制定了长期开发计划

2.3　地热能的利用

2.3.1　地热发电

1. 地热发电技术概述

地热发电技术是中高温地热资源利用的主要形式，是利用地下热水和蒸汽动力为动力源的一种新型发电技术。它是继地质学、地球物理、地球化学、钻探技术、材料科学以及发电工程等现代科学技术取得辉煌成就之后迅速发展起来的一种能源工业技术。

地热能实质上是一种以流体为载体的热能。地热发电属于热能发电，理论上可以把所有将热能转化为电能的技术和方法用于地热发电。其基本原理就是利用天然的地热水蒸气（或由地热水加热的低沸点工质蒸气）驱动汽轮机，再带动发电机发电。基本能量转换过程与火力发电类似，都是根据能量守恒原理，利用朗肯循环（Rankine Cycle），先将地热能转换成机械能，然后再把机械能转换成电能。

2. 地热发电方式

针对温度不同的地热资源，可以把地热发电分为四种方式，即地热蒸汽发电、地下水发电、全流循环式发电和干热岩发电。

（1）地热蒸汽发电　地热蒸汽发电系统主要用于高温蒸汽热田，是最简单的一种发电方式。美国的 Geyers，意大利的 Larderello、Monte、Travale 和日本的松川等地热电站都采用这种地热发电资源。高温蒸汽首先经过净化分离器，除去井下带来的各种杂质后推动汽轮机做功，并使汽轮机发电。所用发电设备基本上与常规火力发电设备一样。地热蒸汽发电系统可以分为两种，即背压式汽轮机循环系统和凝汽式汽轮机循环系统。

1）背压式汽轮机循环系统。该系统适用于压力超过 0.1MPa 的干蒸汽田。如图 2-1 所示，其工作原理为：先将干蒸汽从蒸汽井中引出并加以净化，经过分离器分离出所含的固体杂质，之后把蒸汽通入汽轮机中使之做功，驱动发电机发电。做功后的蒸汽既可以直接排入大气，也可以用于工业生产中的加热过程。这种发电方式的优点在于过程简单、运行费用低，但电站容量较小。大多用于地热蒸汽中不凝结气体含量很高的场合，或者综合用于工农

业生产和人民生活的场合。1913 年世界上第一座地热
电站——意大利拉德瑞罗地热电站中的第一台机组使
用的就是背压式汽轮机循环系统，容量为 250kW。

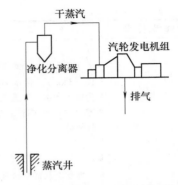

图 2-1　背压式地热蒸汽发电系统示意

2）凝汽式汽轮机循环系统。该系统适用于压力低
于 0.1MPa 的蒸汽田，地热流体中大多为汽水混合物。
事实上，在很多大容量的地热电站中，有 50% ~ 60%
的出力是在压力低于 0.1MPa 的情况下产生的。其之前
的工作过程与背压式蒸汽轮机循环系统类似，所不同
的是在汽轮机发电机组之后增加一些设备，使做功后
的蒸汽直接排入混合式凝汽器，并在其中被冷却水循
环水泵打入的冷却水冷却（图 2-2）。在凝汽器中，为
了保证很低的冷凝压力，即真空状态，设有两台带有冷却器的射汽抽气器来抽气，把由地热
蒸汽带来的各种不凝性气体和外界漏入系统的空气从凝汽器中抽走。在该系统中，由于蒸汽
在汽轮机中能膨胀到很低的压力，因而能做更多的功。美国盖瑟斯地热电站和意大利拉德瑞
罗地热电站就是采用这种循环系统，其容量分别为 1780MW 和 25MW。

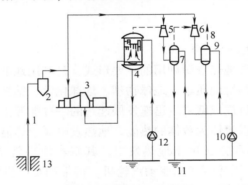

图 2-2　凝汽式地热蒸汽发电系统示意
1—干蒸汽　2—净化分离器　3—汽轮机发电机组　4—气压式凝汽器　5—一级抽气器　6—二级抽气器
7—中间冷却器　8—排气　9—最后冷却器　10—冷却水泵　11—冷却水　12—循环水泵　13—蒸汽井

（2）地下热水发电　地下热水发电系统分为两种方式：一种是直接将地下热水产生的
蒸汽通入汽轮机进行工作，这种方法叫作闪蒸式（扩容式）地热发电法；另一种是利用地
下热水加热某种低沸点工质，再将产生的工质蒸汽通入汽轮机进行工作，叫作双循环式
（中间介质式）发电法。

1）闪蒸式地热发电系统。闪蒸式发电法也叫作减压扩容法，是目前最常用的地热发电
法。该方法的原理是利用扩容降压的方法从地热水中产生蒸汽。水的沸点与压力有关，会随
着压力的降低而降低。当降低地热水的压力使它低于温度对应的饱和压力时，地热水就会沸
腾，一部分地热水会转化为蒸汽，直到温度降低到与该压力下的饱和温度相同为止。由于这
个过程进行得很迅速，是一种急闪蒸发过程，同时，热水蒸发为蒸汽时体积会迅速增大，所
以这个容器就叫作闪蒸器或扩容器。用这种方法产生的蒸汽发电系统就叫作闪蒸式地热发电
系统或减压扩容地热发电系统。这种方法适合于地热水质较好且不凝性气体含量较少的地热
资源。

采用闪蒸法的地热电站，热水温度低于100℃时，全热力系统处于负压状态。这种电站的优点是设备简单，易于制造，可以采用混合式换热器。缺点是设备尺寸大，容易腐蚀结垢，热效率低。由于是直接以地下热水蒸气为工质，因而对于地下热水的温度、矿化度以及不凝气体含量等有较高的要求。

闪蒸式地热发电系统可以分为单级扩容法系统和双级扩容法系统。

① 单级扩容法系统。单级扩容法系统简单、投资低，但热效率比双级扩容法系统低，用电率较高，适用于中温（90～160℃）地热田发电。其工作过程为：地热水从生产井中抽出进入扩容器后，经降压扩容转换成蒸汽；蒸汽通过扩容器上部的除湿装置，除去水滴变成干度大于99%的饱和蒸汽；饱和蒸汽进入汽轮机做功，使蒸汽的热能转化成汽轮机的机械能输出，带动发电机发电；汽轮机排出的蒸汽成为乏汽，进入冷凝器重新冷凝成水；冷凝水再被冷凝水泵抽出进入回灌井，以实现持续不断的循环。冷凝器中的压力一般只有 0.004～0.01MPa，远远低于扩容器中的压力，这个压力对应的饱和温度就是乏汽的冷凝温度。冷凝器的压力与冷凝的蒸汽量、冷却水的温度和流量以及冷凝器的换热面积等因素有关。另外，系统中还必须有一个抽真空设备不断地把蒸汽中存在的常温下不凝性气体从冷凝器中排除。这些不凝性气体部分是由闪蒸器释放到蒸汽中的，另外一些是管路系统和汽轮机的轴泄漏出来的，这些不凝性气体最后都会进入冷凝器从而影响系统运行。

② 双级扩容法系统。如前所述，双级扩容法系统热效率较高（一般比单级高20%左右，但由于增加蒸汽量的同时也会增加所需的冷却水量，实际上增加的发电量低于20%），用电率较低，但系统复杂，投资较高，适用于中温（90～160℃）地热田发电。

在扩容发电方法的扩容减压汽化过程中，溶解在地热水中的不凝性气体几乎全部进入扩容蒸汽中，造成真空抽气系统的负荷较大，抽气系统的耗电往往要占到总发电量的10%以上。因此，对于不凝结气体含量特别大的地热水，在进入扩容器之前要采用排除不凝性气体的措施或改用其他发电方法。

2）双循环发电系统。当地热水中不凝气体的含量超过3%（按蒸汽质量计）时，为避免抽气系统的耗功太大，一般不采用闪蒸系统。这时就可以选择双循环发电系统。双循环地热发电也叫作低沸点工质地热发电或中间介质法地热发电，其发电系统也称为有机工质朗肯循环系统，一般应用于中温地热水。它是以低沸点有机物，如正丁烷、异丁烷、氯乙烷、氨和二氧化碳等作为循环工质，使工质在流动系统中从地热流体中获得热量，产生的工质蒸气进入汽轮机推动汽轮机做功，带动发电机发电。由于这些工质多半是易燃易爆的物质，必须形成封闭的循环，以免泄漏到周围环境中，所以有时也称封闭式循环系统。又因为这些工质的沸点都比较低，所以也叫作低沸点工质地热发电。在这种发电方式中，地热水并不直接参与到热力循环中，只是作为热源使用。

该方法的原理是：很多有机物工质在常温下沸点都比水的沸点低得多，这样就可以用100℃以下的地下热水加热低沸点工质产生蒸气进行发电。具体过程为：首先，从井中泵上的地热水流过表面式蒸发器，加热蒸发器中的工质；工质在定压条件下吸热汽化，产生的饱和工质蒸气进入汽轮机做功，汽轮机再带动发电机发电；然后做完功的工质乏汽再进入冷凝器被冷凝成液态工质；液态工质又由工质泵升压打进蒸发器中，完成工质的封闭式循环。

这种发电方式的优点在于利用低温热能的热效率较高。当选用的工质非常合适时，热力循环系统可以一直处于正压状态下，运行状态中不需要再抽真空，减少生产用电，使电站净发电量增加10% ~20%；同时由于系统在正压下工作，工质的比体积远远小于负压下水蒸气的比体积，从而减小蒸汽管道和汽轮机的体积。缺点是不像扩容法那样可以方便地使用蒸发器和冷凝器。由于它的蒸发器是表面式蒸发器，传热温差明显大于扩容法中的闪蒸器，这将增加地热水的热量损失，使循环热效率下降。特别是长期运行时，地热水在换热面侧面产生结垢后，问题会更加严重。大部分低沸点工质的传热性能都比水差，因此此方法需要的换热器面积大。低沸点工质的价格高，并且有些还易燃、易爆、有毒、不稳定、对金属存在腐蚀性。

① 单级双循环地热发电系统，即单级中间介质法系统适用于中低温（50 ~100℃）地热田发电。其结构简单，投资少，但热效率低（比双级低20%左右），对蒸发器及整个管路系统严密性要求较高（不能发生较大的泄漏），还要经常补充少量中间介质，一旦发生泄漏将会对人体及环境产生危害和污染。单级中间介质法地热水发电系统如图2-3所示。

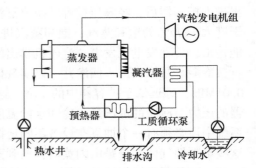

图2-3　单级双循环地热发电系统示意

② 两级双循环地热发电系统，即双级（或多级）中间介质法热力系统，适用于充分利用低温（50 ~100℃）地热田发电。该系统热效率高（比单级高20%左右），但结构复杂，投资高，对蒸发器及整个管路系统严密性要求高，也存在防泄漏和经常需要补充中间介质的问题。

3）全流循环式发电。全流循环式发电法是针对汽水混合型热水提出的一种新的热力循环系统。从能量利用角度看，闪蒸系统发电，无论采用多少级闪蒸，在最后一级闪蒸器中总是不可避免地要将大量热水的可用能废弃。全流循环式发电的提出就是为了最大限度地利用地热流体的可用能。它是将地热井口的全部流体，包括蒸汽、热水、不凝性气体以及化学物质等，不经处理直接送进全流动力机械中膨胀做功，然后将之排放或收集到凝汽器中。这种方法旨在充分利用地热流体的全部能量，但技术上有一定的难度。比如膨胀机的设计就要适应不同化学成分范围的地热水，特别是高温高盐的地热水。而且这种系统的设备尺寸大，容易结垢、受腐蚀，对地下热水的温度、矿化度以及不凝性气体含量等有较高的要求。所以虽然这一概念的提出已多年，可是仍处于研究阶段，未进入商业应用。

该方法的核心技术是一个全流膨胀机。地热水进入全流膨胀机进行绝热膨胀后，汽水混合物再流入冷凝器中冷凝成水，然后再用水泵将冷凝水抽出冷凝器，完成整个热力循环。从理论上看，在全流循环中地热水从初始状态一直膨胀到冷凝温度，其全部热量被最大限度地用来做功，因而全流循环式发电法具有最大的做功能力。但实际上全流循环的膨胀过程是气水两相流的膨胀过程，而气水两相膨胀速度差很大，没有哪种叶轮式的全流膨胀机能很有效地把这种气液两相流的能量转化为叶轮转子的动能。目前的容积式膨胀机，如活塞式、柱塞式和螺旋转子式，其效果较好，但膨胀比较小，难以满足实际要求。地热流如果不能完全膨胀，功率难以提高，只能做成小功率的设备，优势完全体现不出来。

（3）干热岩发电　干热岩地热资源，是比水热资源更为巨大的一种地热资源。干热岩的温度很高，但没有水或蒸汽作为热载体，因此需要一种特殊的方法才能把其中的热能提取出来。1970年，美国的莫顿和史密斯提出了利用地下干热岩发电的设想。他们在新墨西哥北部钻了两口深约 4000m 的深斜井，将冷水从一口井中注入干热岩体中，再从另一口井中取出被岩体加热而成的蒸汽，功率达 2300kW。

干热岩发电的具体方法是：先在热岩体上方打一口深井，并人为地使该处热岩体破碎，造成一个很大的人工热储；然后再钻一口深井到该热储底部，利用这口深井把冷却水从地面注入热储底部；冷水在热储内流动时被加热，变成热水或湿蒸汽，然后由顶部的另一口深井流出地表并加以利用。

比起天然蒸汽或热水发电，高温岩体发电在许多方面都表现出优越性。首先，干热岩热量储量大，可以较稳定地供给发电机热量，且使用寿命长。其次，热水夹带的杂质较少。这是因为从地表注入干热岩中的清洁水被干热岩加热后，热水温度高，在地下停留的时间短，还来不及溶解岩石中的大量矿物质就已经流出。

2.3.2 地热制冷与供热

1. 地热制冷

利用地热制冷空调或为生产工艺提供所需要的低温冷却水是地热能直接利用的一种有效途径。地热制冷是以足够高温度的地热水驱动吸收式制冷系统，制取温度高于 7℃ 的冷冻水，用于空调或生产。一般要求地热水温度在 65℃ 以上。用于地热制冷的制冷机有两种：一种是以水为制冷剂，溴化锂溶液为吸收剂的溴化锂吸收式制冷机；另一种是以氨为制冷剂，水为吸收剂的氨水吸收式制冷机。其中氨水吸收式制冷机由于运行压力高、系统复杂、效率低、有毒等原因，除了要求制冷温度在 0℃ 以下的特殊情况外，一般很少在实际中使用。

利用地热能进行制冷为建筑物或生产工艺提供所需的低温冷冻水，不仅能使地热能得到高效利用，而且吸收式制冷机使用的工质对大气层没有破坏作用，对环境无污染。另外，利用地热制冷空调或为生产工艺提供所需的低温冷冻水，也可以达到节约电能的目的。与常规的电压缩制冷系统相比，地热吸收式制冷系统可节电 60% 以上。

地热制冷系统主要是由地热井、地热深井泵、换热器、热水循环泵、制冷机、冷却水循环泵、冷却塔、冷冻水循环泵、空调末端设备和控制器等组成（图 2-4）。

地热井是开采地热水的必要设备，地热井的直径、深度由地质条件和所需开采量决定。地热深井泵用于提取地热水。换热器的作用是保护制冷机的安全，由于从井中抽取的地热水普遍含有固体颗粒和腐蚀性离子，故在制冷机与地热井之间设置换热器。以清洁的循环水为介质将地热水的热量传递给制冷机。降温后的地热水则从换热器排出，再作其他用途。

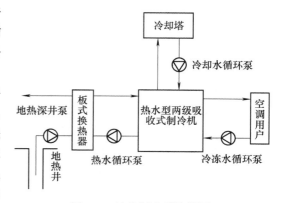

图 2-4 地热制冷系统简图

2. 地热供暖

地热供暖在地热直接利用领域中应用最为广泛。地热替代常规能源（煤、石油、天然气）对建筑物供暖已成为改善大气环境的有效途径之一。由于地热供热站占地面积小，运行费用低，资源综合利用收益大，资金回收快，而且对大气污染极小，已经受到人们越来越多的重视。

1. 地热供暖系统组成

地热供暖就是以一个或多个地热井的热水为热源向建筑群供暖，在供暖的同时满足生活热水以及工业生产用热的要求。根据热水的温度和开采情况，可以附建其他调峰系统如传统的锅炉和热泵等。地热供暖系统主要分成三部分：

第一部分为地热水的开采系统，包括地热开采井和回灌井、调峰站以及井口换热器。

第二部分为输送、分配系统，它是将地热水或被地热加热的水引入建筑物。

第三部分包括中心泵站和室内装置。地热水被输送到中心泵站的换热器或直接进入每个建筑中的散热器，必要时还可设蓄热水箱，以调节负荷的变化。

2. 地热供暖系统类型

根据热水管路的不同，地热供暖系统有以下三种类型：

（1）单管系统　即直接供暖系统。水泵直接将地热水送入用户，然后从建筑物排出或者回灌。直接供暖系统的投资少，但对水质的要求高，直接供暖的地热水中的固溶体须小于 300×10^{-6} mg/L，不凝气体须小于 1×10^{-6} mg/L，管道和散热器系统不能用铜合金材料，以免被腐蚀。目前我国的地热供暖系统大多是利用原有的室内供暖设备，循环后水温大约降低 $10 \sim 15$℃后排放。

（2）双管系统　利用井口换热器将地热水与循环管路分开。这种方式就是常见的间接供暖方式，可以避免地热水的腐蚀作用。

（3）混合系统　采用地热热泵或调峰锅炉将上述两种方式组合起来的一种混合方式。

3. 地热供暖的优点

1）充分合理地利用资源：用低于 90℃ 的低温地热水代替具有高品位能的化学燃料供热，可大大减少能量的损失。

2）地热供暖可以改善城市大气环境质量，提高人民的生活水平。

3）地热供暖的时间可以延长，同时可全年提供生活用热水。

4）开发周期短，见效快。

2.3.3　地源热泵

1. 地源热泵的定义

热泵是消耗一定高品位能源把能量从低温物体传递到高温物体的设备，这一过程如同水泵可以将水从低处提升到高处一样。《供暖通风与空气调节术语标准》（GB/T 50155—2015）中，给了热泵一个确切的定义：能实现蒸发器和冷凝器功能转换的制冷机。

地源热泵（Ground Source Heat Pump）也称地热热泵（Geothermal Heat Pump），它是以地源热能（土壤、地下水、地表水、低温地热水和尾水）作为低温热源，同时提供冬季供暖、夏季空调和生活热水的系统。它用来替代传统的用制冷机和锅炉进行空调、供暖和供热的模式，是改善城市大气环境和节约能源的一种有效途径，也是国内地热能利用一个新的发展方向。

2. 地源热泵的分类和工作原理

根据冷凝水出水温度的不同，可以把地源热泵分为常温型（低于55℃）和高温型（高于 70℃) 两种。根据地热能交换系统形式不同，地源热泵系统 (图 2-5) 分为地埋管地源热泵系统 (土壤源闭式系统)、地下水地源热泵系统和地表水地源热泵系统。地源热泵的工作原理，简单来说，就是制冷时，蒸发器吸收建筑物内的热量，通过制冷循环，冷却水将热量排到地下；供热时，蒸发器吸收地下热量，通过热泵循环，热水向室内供暖。对于地埋管地源热泵，从蒸发器或冷凝器中出来的循环水要到地热埋管中与土壤进行换热。在地源热泵系统中，循环水是载体，是沟通室外地能换热系统和水源热泵机组的中介。对于地下水地源热泵来说，此循环水直接来自于抽取的地下水，一般要进行回灌。对于地表水地源热泵来说，循环水既可以是江河湖泊水、海水，还可以是污水等。这三种地源热泵的不同主要是因为室外地能换热系统的不同。

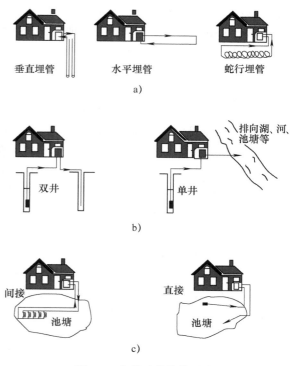

图 2-5　室外地热换热系统

a) 土壤源闭式系统　b) 地下水地源热泵系统 (开式系统)
c) 地表水地源热泵系统

地源热泵供暖空调系统主要分为室内地能换热系统、水源热泵机组和室内供暖空调末端系统三部分。其中水源热泵机主要有水-水式和水-空气式两种形式。三个系统之间靠水或空气换热介质进行热量传递，水源热泵与地能之间换热介质为水，与建筑物供暖空调末端换热介质可以是水也可以是空气。

3. 地源热泵的特点及优势

地源热泵作为一种高效、环保、节能的空调、供热设备，已越来越多地受到国内外的关注和重视，其优点主要表现在：

(1) 利用清洁可再生的低温能源　地源热泵利用的是储存于地表中清洁的、可再生的太阳能或地热能。地表浅层土壤和水体是一个大的太阳能集热器，收集了 47% 的太阳能量，比人类每年所消耗能量的 500 倍还多，同时也是一个巨大的动态能量平衡系统，自然保持能量吸收和发散的相对平衡，这使得利用储存于其中的近乎无限的太阳能或地热能成为可能。所以是一种清洁可再生的技术。

(2) 高效节能的技术　地源热泵以土壤、地下水、地表水的热能作为热源，一年四季温度基本上都稳定在 10 ~ 25℃。冬季制热运行时，地下水温度比环境温度高，水源热泵的蒸发温度比其他类型热泵的蒸发温度高，而且不受环境变化的影响；夏季制冷运行时，地下水、地表水比环境温度低，冷静压力降低，压缩机输入功率减少，制冷性能比风冷式或冷却塔式制冷机组高。一般地源热泵的制冷、制热系数可达 3.5 ~ 5.5。

(3) 系统简单、使用方便、应用范围广　一套地源热泵系统可以代替锅炉加制冷机组两套装置，其系统简单，不需要搭建锅炉和冷却塔，以及堆放燃料和燃烧废物的场地，能保持建筑外部美观，节省建筑场地和经费，避免腐蚀和气候影响，而且没有储煤、储油罐等安全隐患。机组可以灵活安置在各种地方，节约空间，系统末端也可有多种选择。各区域能独立选择制冷或供暖，分区灵活，使用方便。地源热泵是一种介于中央空调和分体空调之间的优化能源空调方式，它既具有中央空调系统能效高、成本低和安全可靠的优点，又具有分体式空调器调节灵活方便、便于计费的特点。地源热泵自动化程度高，无需专业人员操控，机组振动小，噪声小，对用户无干扰。

（4）环境保护　地源热泵以电为动力，不受地域、资源等限制，无需锅炉，既解决了热污染问题，又进一步提高能效比；运行时不会产生因燃油、燃煤所造成的空气污染，也没有废弃物；没有冷却塔，减少冷却塔水污染，杜绝"军团病菌"对人体的危害；无室外机，不会产生热岛效应；地源热泵机组通过换热器与地下土壤或水源进行热量交换，抽取的地下水或地表水（河水、海水、湖水）大多实行封闭式回灌，不消耗水资源，不污染地下物质，具备环保性能。

（5）经济效益显著　地源热泵耗电少。与空气热泵相比，地下水源热泵的能量利用率要高出40%以上；与电供热比较，节电70%。制热时，与燃气锅炉比较，节能50%；与燃油锅炉相比，节能70%。地源热泵运行工况稳定，比传统中央空调系统节省30%~60%的运行费用。据美国环保署（EPA）估计，设计安装良好的地源热泵，可以为用户节约30%~40%的供热制冷空调的运行费用。

（6）运行稳定可靠　地温的波动范围远远小于环境空气温度的变动，使地源热泵全年运行稳定。由于散热、取热均依靠深层土壤，不受环境温度变化的影响，即使在冬天制热量也不会衰减，更不会结霜。系统部件少，维护费用低，自动化程度高，使用寿命可达15年以上。

当然，地源热泵也有很多不足。如应用会受到不同地区、不同用户及国家能源政策、燃料价格的影响；一次性投资及运行费用会随着用户的不同而有所不同；采用地下水或地表水的利用方式会受到当地地下水资源的限制。埋管式土壤源热泵系统在我国还刚刚起步，地下埋管的初投资较高、技术缺乏等因素一直制约着该项技术的发展。

4. 地源热泵系统

地源热泵系统分为地埋管热泵系统、地下水地源热泵系统和地表水地源热泵系统。

（1）地埋管地源热泵系统　地埋管地源热泵就是以岩土体为释热和吸热对象，将地埋管换热器埋在地下，传热介质（水或加防冻液的水）在管内循环，通过竖直或水平地埋管换热器与岩土体进行热交换的地热能交换系统。夏季循环水将制冷机组吸收的热量传向土壤，冬季吸收土壤中的热量并将其传至室内。

地埋管地源热泵系统可分为水平地埋管地源热泵系统和竖直地埋管地源热泵系统。水平埋管通常采用浅层埋设，开挖技术要求不高，但换热能力比垂直热管低，而且占地面积和开挖工程量大。垂直埋管通常有 U 形管和套管两种，常用的方式是 U 形埋管换热器，虽然其换热能力不如套管式换热器，但投资小，工程实际应用高。

地埋管地源热泵空调系统具有以下优点：

1）土壤温度全年波动小且数值相对稳定，热泵机组的季节性能系数具有恒温热泵热源的特性，这种定温热性使地埋管地源热泵空调系统比传统的空调系统运行效率高40%~60%，节能效果明显。

2）土壤具有较好的蓄能作用。夏季从室内释放到土壤中的热量可以补偿冬季从土壤中取出的热量。

3）当室外的温度条件处于极端环境时，对能源的需求量也处在高峰期。土壤对地面空气温度波动有衰减和延迟作用，可以保证较高的蒸发温度与较低的冷凝温度，因此供热和制冷能力都能得到提高，而且无需辅助热源和冷源，节能效果更好。

4）地埋管地源热泵空调系统运行费用低。据世界环保组织估计，如果其设计安装情况良好，地源热泵系统平均可以为用户节约30%～40%的空调运行费用。

基于以上优点，地埋管地源热泵系统在国外得到了广泛的应用。近年来，这项技术在国内发展迅速。

（2）地下水地源热泵系统　地下水地源热泵系统的低位热源为地下水。热泵机组冬季从生产井提供的地下水中吸热，提高品位后，对建筑物供暖。取热后的地下水通过回灌井回到地下，同时蓄存一部分冷量供夏季使用。夏季抽取地下水作为热泵机组的冷却水源，吸热后回灌到地下，将热量转移到地下供冬季使用。如果地下水温度较低，可以直接利用地下水冷却或者预冷。地下水系统适用于地下水源丰富的地区，由于地下水常年温度稳定，不受外界气温影响，机组可以高效运行。

把地下水作为冷源的技术在我国已有较长的历史。新中国成立初期，北京、上海等地就已经利用地下水作为主要冷源进行空调制冷。由于地下水源热泵系统比较简单，投资少，运行也较简单，往往是地源热泵空调系统的首选。然而，大量开采地下水，易造成地下水层的减少，并且引起地层下沉等问题，对地下结构造成了很大影响，有关部门已经对地下水的使用做出了明确的规定。当然，在对地下水源热泵的应用中仍存在着不少的问题。如地下水的回灌问题，流量判断错误等，下面就对这些应用上的问题做一介绍。

1）地下水源热泵系统分类。以地下水为热源或冷源的水源热泵有两种形式：一是开式环路，二是闭式环路。所谓开式环路就是通过潜水泵将抽取的地下水直接送入热泵机组。这种系统管路连接简单，初投资低，但由于地下水含较多杂质，当热泵机组采用板式换热器时容易造成管路堵塞。另外，由于地下水中成分复杂，易使管路及设备产生腐蚀和结垢，因此在使用开式系统时应采取相应的措施。所谓闭式系统就是通过一个板式换热器将地下水和建筑物内的水系统隔绝开来。

2）地下水的水质处理。为保障地下水安全回灌及水源热泵机组正常运行，地下水尽可能不直接进入水源热泵机组。目前尚没有关于地下水源热泵所用水源水质的有关规定，在参考《工业循环冷却水处理设计规范》（GB 50050—2007）和某些地区地下水回灌水质的有关规定，直接进入水源热泵机组的地下水水质应满足以下要求：含砂量小于1/200000，pH为6.5～8.5，CaO小于200mg/L，矿化度小于3g/L，Cl^-小于100mg/L，SO_4^{2-}小于200mg/L，Fe^{2+}小于1mg/L，H_2S小于0.5mg/L。当水质达不到要求时，应该进行水处理。经过处理仍达不到规定的，应在地下水与水源热泵机组之间加设中间换热器。对于腐蚀性及硬度高的水源，应设置抗腐蚀的不锈钢换热器。在使用海水时，建议在海水进入换热器前增加氯气处理装置对海水进行处理，以防止藻类在换热器内部滋生。

下面介绍一些常用的水处理方法：

① 板式换热器。对于一些矿化度较高的水源，由于其对金属的腐蚀性高，直接进入机组会使机组因被腐蚀而寿命减少。如果通过水处理的办法减少矿化度，费用又很大。通常采

用的是加装板式换热器的中间换热方式，把水源水与机组隔开，使机组彻底避免水源水可能产生的腐蚀作用。不同矿化度的水源，使用的板式换热器也不同。

② 除砂器与沉淀。当地下水含砂量大于 1/200000 时，应采用过滤器或除砂设备进行处理。目前普遍使用的除砂器是旋流式除砂器。其体积小，除砂效率高，可在不间断供水的情况下清除水中的砂粒。沉淀池投资比除砂器低。

③ 电子水处理仪。在地下水源热泵空调系统运行过程中，冷凝器中的循环水温度较高，特别是冬季制热时，循环水的温度可达到 45℃ 以上，水中的钙、镁离子容易析出形成水垢，影响换热效果。通常采用的措施是在冷凝器循环水管路中安装电子水处理仪，防止管路结垢，增强管壁的缓蚀性，使已经形成的水垢剥蚀、溶解。

④ 净水过滤器。有些水源水蚀度较大，用于回灌时会造成的管井滤水管和含水层堵塞，影响供水系统的稳定性和使用寿命。对水蚀度大的水源，可以安装净水器进行过滤。

⑤ 除铁设备。我国的地下水含铁量一般都超过允许值，所以在使用水源前要进行除铁。当水中含铁量大于 0.3mg/L 时，应在水系统中安装除铁处理设备。现地下水源热泵系统大多使用了除铁设备进行除铁，虽然初投资和管理费用都较高，但效果很好。

⑥ 离子棒防垢水处理设备。离子棒防垢器是一种新兴的、先进的水处理设备，它能够达到防垢、除垢、除锈、防腐蚀的目的。把该设备水平安装在热泵机组入口处的管路上，不需另外设置阀门和旁通管路。该设备的优点是安装容易，不占空间，功耗低，安装费用低，使用寿命长，且使用安全。

3）地下水的回灌问题。将被水源热泵机组交换热量后排出的水再注入地下含水层中去，此过程称为回灌。应用地下水源热泵技术，地下水经热交换后必须回灌，这是由该技术的原理决定的。回灌的目的一是储能，提供冷热源，即冬灌夏用、夏灌冬用；二是为保持含水层水头压力，防止地面沉降，保护地下水资源。不过因为技术原因，很难保证 100% 回灌。《地源热泵系统工程技术规范》（GB 50366—2005）规定：必须采取可靠回灌措施，确保置换冷量或热量后的地下水全部回灌到同一含水层，并不得对地下水资源造成浪费及污染。系统投入运行后，应对抽水量、回灌量及其水质进行定期监测。

可靠回灌措施是指将地下水通过回灌井全部送回原来的取水层的措施，要求从哪层取水必须再灌回哪层，且回灌井要具有持续回灌能力。同层回灌可避免污染含水层和维持同一含水层储量，保护地热能资源。热源井只能用来置换地下冷量或热量，不能用于取水等其他用途。抽水、回灌过程中应采取密闭等措施，不能对地下水造成污染。

目前，地下水地源热泵空调系统的地下水回灌技术主要包括真空回灌、重力（自流）回灌、压力回灌和单井回灌。

地下水的灌抽比虽然从理论上说可以达到 100%，但由于大部分国家的回灌技术尚不成熟，对于砂粒粗的含水层，其孔隙较大，回灌比较容易，但在含水层砂粒比较细的情况下，井极容易被堵，回灌速度大大低于抽水速度。而对于现在的技术，国内普遍认为这种堵塞是不可避免的。可以根据井的堵塞性质和原因，运用连续回扬法、化学法和灭菌法等处理管井堵塞问题。另外，采用双功能的回灌井即抽水井与回灌井定期交换作用，使每口井都轮流工作于取水和回灌两种状态，也是防止回灌堵塞的技术措施之一。

回扬法是一种预防和处理管井堵塞的方法。回扬是指在回灌井中开泵抽排水中堵塞物。在国内，通常采用回扬清洗的方法来维持地下水的回灌。此外，为清除滤水管的沉淀物和铁细菌，一般对水进行化学处理。用 HCl（浓度为 10%，加酸洗抗蚀剂）处理滤水管的沉淀物，通过水中加药或提高 pH（加石灰）使之变为碱性水，以抑制铁细菌的生长。回扬和清洗都是非常专业的工作，不但增加了维护工作量，而且这种操作对井的损害也很大，会减少系统的使用寿命。最好的解决方法就是从根本上解决地下水回灌的堵塞问题，这样就无须经常回扬。一般来说一年仅需回扬几次，也无须对地下水进行化学处理。

（3）地表水地源热泵系统　地表水包括地球表面的各种水资源，如江、河、湖、海水等，是人类赖以生存的重要资源。由于水的热容量大，传热性能好，地表水可以间接或直接用于建筑物供热制冷。如果建筑物附近有可利用的地表水，而且水温合适（10～20℃），利用地表水系统最节能、最经济。地表水供热制冷效率高，节能环保，在建设资源节约型社会中越来越受到重视。

地表水地源热泵系统的原理简单说就是：夏季冷凝器吸热后的冷却水经密封的管道系统流入湖或池中，利用温度稳定的池水或湖水散热；冬季吸收湖水或池水的热量并将热量传递给热泵机组工质，并通过工质传给室内。

与地表水进行热交换的地热能交换系统分为开式地表水换热系统和闭式地表水换热系统，因此，地表水地源热泵系统分为开式系统和闭式系统。开式系统就是地表水在循环泵的驱动下经处理直接流经水源热泵机组或通过中间换热器进行热交换的系统。闭式系统是将封闭的换热盘管按照特定的排列方式放入具有一定深度的地表水体中，传热介质通过换热管管壁与地表水进行热交换的系统。

1）开式地表水源热泵系统。开式地表水地源热泵系统和开式地下水地源热泵系统相似，但由于地表水的传热特性与地下水的传热特性相差甚远，因此在设计上与地下水地源热泵系统不同。在开式地表水地源热泵系统中，夏季地表水的作用与冷却塔近似，而且不需要消耗风机的电能及运行维护费用，冬季地表水为热泵机组提供低温热源，因此初投资较低。

开式地表水地源热泵系统具有以下优点：

① 增加了机组的制冷量或制热量。由于减少了湖水换热器，增加了地表水与制冷剂之间的传热温差，因此比闭式地表水地源热泵机组的换热量大。

② 如果湖水较深，湖水底部的温度较低，夏季可以利用湖水底部的低温水来预冷新风或空调房间的回风，节约能量。

③ 把热泵机组排出的温水排放到湖水上部温度较高的区域，这样保证湖水温度分布不发生改变，对湖水温度影响小。

开式地表水地源热泵系统最大的缺点就是热泵机组的结垢问题。可采用可拆卸的板式换热器，并定期对其进行清洗或对机组进行定期的反冲洗等。而且地表水易受污染，泥沙、水藻等杂质含量大，水表面直接与空气接触，水体含氧量高，腐蚀性强。另外，制热时，若湖水温度较低，机组换热器会存在冻结的危险，因此开式系统只能用于温暖气候的地区或热负荷很小的寒冷地区。在实际工程中，开式系统多用于容量小的系统。

2）闭式地表水地源热泵系统。闭式地表水地源热泵系统与地埋管地源热泵系统相似，相当于将地下换热器换成在水体中的地表水换热器。与地埋管地源热泵系统相比，闭式地表水地源热泵系统的投资、泵的输送、耗电量、湖水换热器的投资及运行费用均比较低。与开式地表水地源热泵系统相比，其具有的优点如下：

① 在热泵机组换热器内的循环介质为干净的水或防冻液，机组结垢的可能性很小。

② 湖水换热器环路水泵比开式系统的耗电量低。这是因为开式系统要克服湖水到热泵机组的静水高度，而闭式系统却不用。

③ 闭式系统应用范围更广。当冬季湖水温度较低时，为防止机组换热器内循环液冻结，必须采用闭式系统。湖水温度低于5℃时，环路内必须使用防冻液。

虽然闭式系统内部结垢的可能性小，但盘管外表面往往会结垢，使外表面换热系数降低。如果湖水换热器处于公共区域，还可能遭到人为破坏。另外，当湖水或河水较浅，水温受大气温度的影响较大，这将会影响机组效率和制冷量的变化，不过这个影响比空气温度的变化对空气源热泵的影响小，故地表水地源热泵的实际运行效率比空气源热泵高。当湖水水质比较浑浊时，位于湖底的换热器可能结垢，影响传热效果。

地表水体是一种很容易得到的能源。开式系统水源热泵与其他系统相比，省去了打井、管材等费用，其运行费用是所有地源热泵中最低的。闭式系统也比地埋管系统的费用要低。不过，地表水体的温度变化也比其他系统的冷（热）源变化大，因而，对水体在各个季节的温度变化情况及湖、池塘等的不同深度温度的变化情况的测定，是地表水地源热泵系统设计的一项主要工作。

2.3.4 地热能的其他利用

1. 地热干燥

地热干燥技术是地热能直接利用的重要项目之一。虽然这项技术在地热直接利用领域所占比例很小，仅为1%，但随着地热能综合利用和梯级开发利用水平的提高，人们对地热干燥的兴趣日益增大。国外地热干燥所用的地热流体温度大都在100℃以上，而国内所用的地热流体的温度大多在100℃以下，这是我国地热干燥的一大特点。

（1）干燥机理和方法简介　干燥通常是指通过某种方法将热量加于含水物料，使湿物料的水分蒸发分离的过程。在干燥过程中首先必须使热量有效地传给湿物料，使其表面水分蒸发；随后由于物料表面和内部的湿度差，内部水分开始向表面转移并吸收热量继而蒸发。在整个干燥过程中上述两个过程相继发生，轮流控制干燥速率。在干燥的初始阶段，强化外部条件可以起到较大的作用，而当物料表面已经没有充足的自由水分时，干燥速率主要取决于水分从物料内部向表面转移的速率。此过程的主要机理是：扩散、毛细管作用和由于干燥过程中物料收缩引起的内部压力，它主要取决于物料的结构、特性和形状等。因此，针对不同的产品，干燥设计的首要任务就是要选择合适的干燥方法，制定合理的干燥工艺，并且在干燥过程的不同阶段采取不同的强化方法。

按换热方法不同，可以把干燥设备分为热传导型、对流换热型、热辐射型以及微波和介电加热型等。按干燥类型不同，又可分为托盘式、带式、传鼓式、流化床、气流或喷雾式等。

在选用干燥器时必须考虑湿物料的类型和状态，也要考虑干燥能源的取得以及价格等经济因素和运行、维护的成本等。

（2）干燥特点及干燥器的选择　地热干燥与其他能源的干燥方法相比，具有以下特色：
① 洁净无污染，因此环境和设备清洁卫生。
② 由于是梯级综合利用的一部分，所以价格便宜，经济性较好。
③ 能源供给稳定，受其他因素影响小，生产工艺稳定，调节方便，产品质量好。

④ 因为是中间的利用环节，所能利用的温度和温差都受到限制，热风温度偏低，只能用于低温干燥，干燥速度也较低。

以上这些特点都决定了地热干燥主要用于农副产品和食物等的干燥，例如各种水果、蔬菜、菇类等。因为在干燥的第二阶段，这些物料的干燥速度将极大地受水分从内部向表面转移的传质过程的限制，而这些农副产品采用地热干燥比传统采用的晒干和风干更干净卫生，产品质量更好，干燥速度也更快。

地热用于农副产品和食品干燥的形式主要有：水平气流厢式干燥器、穿流气流厢式干燥器、隧道式干燥器和带式干燥器等。

地热干燥还可以应用于工业上的干燥，轻纺、造纸、木材等行业都有烘干工序。地热水是难得的稳定热源，烘干质量好，可以避免过热而损坏产品。

2. 地热在农副业方面的应用

在我国，地热水也广泛用于农副业生产。目前我国地热养殖的种植规模相当大。北京、河北、广东等地用地热水灌溉农田，调节灌溉水温，用 $30 \sim 40℃$ 的地热水种植水稻，以解决春寒时的早稻烂秧问题。我国凡是有地热资源的地方，基本都建有地热温室，用来栽种蔬菜、水果、花卉等，如辽宁省某地温室利用 83℃ 的地热水供暖，用于冬季种植瓜菜，并用地热育地瓜秧。地热水还可以用于繁殖水生植物和饲养水生动物，如北京地区就用地热水培育水浮莲和在冬季通过向养殖池输送温度恒定的地热水来养殖鲤鱼。

由于地热利用的是低温地热水和经过发电、工业、供暖等之后的地热水的余热，其在农业和水产养殖方面的应用引起了人们广泛的兴趣。国内外已将一水多用或梯级利用定为地热开发的目标。有的还与太阳能利用相结合，建立互补能源系统的现代化温室，它可以实现人工控制和模拟各种最优自然环境，进行农业育种、栽培、禽类孵化、牲畜越冬和水产养殖等多种经营。截止到 2012 年，我国已有 20 个省、市、区建有地热温室，总面积超过 200 万 m^2。地热温室的温度恒定，易于控制，在农业和水产业方面容易推广。在南方地区，地热温室已作为人工养鳗、甲鱼和珍贵水产品的基地。

在国外，地热的应用也十分广泛。匈牙利的地热直接利用居世界首位，主要用于农业温室和温泉浴疗，此外还有地热养殖、地热水加热空气进行农副产品脱水等。美国对地热农业利用也相当重视，在许多缺水地区分布着中温地热资源系统，采用梯级开发的方法，将温度较低的地热尾水用于灌溉。日本的地热资源也很丰富，在农业上的应用主要有作物的育苗繁殖、蔬菜和花卉的栽培、水产养殖、地热水养鸡等，还利用地热水酿制酱油、加工山茶、烘干香菇等农副产品。俄罗斯、冰岛、瑞典等国家在地热的农业利用方面也做了大量的研究和应用工作。

3. 地热在工业上的应用

除了地热干燥技术，目前我国也已将地热能用于烤胶、造纸、纺织、印染、水泥制品、制革等工业生产。国外还将地热水管路铺设在人行道下面，这样冬季气温较低时道路也不会出现结冰现象。另外，在酿造业和大型沼气工程中，也可以采用地热水保温，使微生物繁育旺盛，提高产出率。有些地热流有较多的矿物盐，在利用其热能之外，可从副产品中回收硫、硝、食盐等化工原料。

4. 地热医疗

地下水由于具有一定的压力和温度，它与周围岩石相互作用，溶解各类物质并不断向地表上涌和运移，在适当的条件下（如遇断层）则可露出地表成为温泉。温泉和地下热矿水除拥有较高温度外，还含有各种特殊的化学成分、气体成分、少量的活性离子以及少量的放射性物质，一些热矿泉附近常常还沉积有矿泥等，这些都能对人体起到良好的治疗和保健作用。

人类利用温泉进行医疗和保健历史悠久，在我国已有四千年以上历史。但直到1742年德国医师Hoffman首次对温泉的化学成分进行了测定，人们才开始以现代科学的手段对温泉的医疗作用进行研究。进入20世纪以后，苏、德、日、美等国家都建立了多个地热矿泉研究所，地热医疗技术从此得到迅速发展，并被人们广泛用于多种治疗和康复目标。

2.4 地源热泵系统的设计计算

地源热泵系统的设计，包括建筑物内空调系统的设计和室外地能换热系统的设计两个内容。建筑物内空调系统的设计主要包括空气处理方案的确定及设备选型、水源热泵机组的选择、室内整个空调系统的风系统和水系统设计，已有比较成熟的技术。室外地能换热系统的设计是指地下埋管的换热器、地表水系统的换热器以及地下水系统的钻井系统等方面的设计，这部分是地源热泵区别于其他系统之所在，在国内的标准还不够规范。地源热泵系统设计的两部分互相关联，如建筑物的制冷、供热负荷，水源热泵的选型、进水温度、制冷性能系数都与地下部分换热器的结构、性能有密切的关系。

2.4.1 工程勘察

地源热泵系统应用的基础是工程场地的资源条件和是否允许使用。工程场地的资源条件包括工程场地状况，岩土类型、分布、厚度，水文地质条件、地层温度分布情况等。在地源热泵系统设计的初期阶段，要按照建筑物的设计供暖、供冷负荷的要求，对其进行勘探或调查，为地源热泵项目的可行性评估和地源热泵工程设计提供依据，以便根据实际情况合理选择地埋管、地下水或地表水地源热泵系统。

1. 工程产地状况调查的主要内容

1）场地规划面积、形状及坡度。工程场地可利用面积应满足修建地表水抽水构筑物（地表水系统），或修建地下水抽水井和回灌井（地下水系统），或埋设水平或垂直地埋管换热器（地埋管系统）的需要。同时应满足放置和操作施工机具及埋设室外管网的需要。

2）场地内已有建筑物和规划建筑物、树木植被和其他设施的占地面积及其分布，已有的、计划修建的地下管线和地下建筑物的分布及其埋深，自然或人造地表水资源的类型和范围，现有的水井位置及其腐蚀状况，附属建筑物和地下服务设施。

2. 岩土体地质勘察

岩土体地质勘察的内容包括：岩土体热物性；岩土体温度随深度和四季的变化；地下水静水位、水温、水质及分布；地下水径流方向、速度；冻土层厚度。

采用水平地埋管换热器时，应通过槽探、坑探或钎探进行岩土体地质勘探，为系统设计提供依据。槽探方案应根据场地形状确定，推荐10000m²以上的场地至少挖两条坑，深度应超过计划埋管深度1m。

采用竖直地埋管换热器时，应通过钻探进行岩土体地质勘探，为系统设计提供依据。钻探方案应根据场地大小确定。一般要求 2700m² 以下面积的建筑物布置一个实验孔，较大面积的建筑物布置两个孔，且勘探孔深度应比钻孔至少深 5m。

可直接采用埋管区域已有权威部门认可的岩土体热物性参数。否则，应进行岩土体热导率、密度及比热容等热物性测定，具体方法可分为实验室法或现场测定法。

（1）实验室测定　对勘探孔不同深度的岩土体样品进行测定，并以其深度加权平均，计算该勘探孔的岩土体热物性参数；对测试坑不同水平长度的岩土体样品进行测定，并以其长度加权平均，计算该测试坑的岩土体热物性参数。

（2）现场测试岩土体　岩土体测试应在埋管状况稳定后进行。根据埋管深度或长度，测试一般应在测试埋管安装完毕 72h 后进行。未安装垂直换热器的勘探孔，应从钻孔底部向顶部灌浆封闭。

两个勘探孔（坑）及两个以上勘探孔（坑）的测试，其测试结果取算术平均值。

3. 水文地质勘察

（1）地下水水文地质勘探　选择地下水地源热泵系统时，应对工程场地地下水水文地质条件进行勘探。地下水水文地质勘探应采用物探和钻探的方式进行。内容如下：

1）地下水类型。

2）含水层岩性、分布、埋深及厚度。

3）含水层的富水性和渗透性。

4）地下水径流方向、速度和水力坡度。

5）地下水水温及其分布。

6）地下水水质。

（2）水文地质试验　地下水水文地质勘探应进行水文地质试验。内容如下：

1）抽水试验。

2）回灌试验。

3）抽水和回灌试验时，测定静水位和动水位。

4）测量井水水温。

5）测水样并化验分析水质。

6）水流方向试验。

7）渗透率、流速试验。

4. 地表水水文地质勘察

选择地表水地源热泵系统时，应对工程场区地表水源的水文状况进行勘探。地表水水源包括江水、湖水、海水、水库水、工业废水、污水处理厂排放水、热电厂冷却水等。勘探内容包括：

1）地表水源性质、水面用途、深度、面积及其分布。

2）地表水水温、水位动态变化。

3）地表水流速和流量动态变化。

4）地表水水质及其动态变化，引起腐蚀与结垢的主要化学成分。

5）地表水利用现状。

6）地表水取水和回水的适宜地点及路线。

完成工程勘探后应撰写工程勘探报告，为下一步确定地源热泵系统提供依据。

2.4.2 建筑物冷、热负荷计算

在进行地源热泵系统选择、设备选型及系统设计之前,必须计算建筑物的冷、热负荷。计算时首先应进行空调分区,然后确定每个分区的冷、热负荷,最后计算整栋建筑物的总冷、热负荷。分区负荷用于各分区水源热泵机组的选型,总负荷用于确定热泵系统总设备容量及地源热泵系统需要的附属设备的选型。

1. 建筑空调分区

一个空调分区是指这样一个区域:该区域内可设一个温控器,也可根据需要设几台热泵机组、几个温控器;该区域可由若干个区间组成,但同一空调区域内,任意时刻负荷性质必须相同,即要么都是冷负荷,要么都是热负荷。

通常一个分区,其朝向或地理位置相同,内部的空间用途或使用功能相同,空间温度设定相同,人员、设备照明、太阳得热及冷风渗透或通风负荷相同。内区或核心区不应有明显的外表面。对于大开间的办公室,即使没有内墙分隔,周边区与内区或核心区的负荷特性也不相同。由于顶层与底层的传热负荷及主要入口的渗透负荷与其他层不同,应区别对待。

在准确分区前,应提供建筑平面详图。建筑平面详图主要包括室内人数、设备及照明使用情况、工作时间表及在建筑中所处的方位。同时还需要明确地点及与设计有关的建筑法规等。

2. 分区设计热负荷与冷负荷计算

建筑空调分区完成后,就要进行负荷计算。主要包括分区负荷和制冷、供暖高峰负荷。通过计算分区负荷可以选择不同的水源热泵机组,以满足不同功能要求。计算制冷、供热高峰负荷的目的是作为地埋管换热器或井水用量设计的依据。这两个高峰负荷根据建筑物功能的不同可能发生在不同的时间,一般制冷高峰负荷多在白天,供暖高峰负荷多在夜间。

3. 建筑物冷负荷与热负荷确定

建筑物热负荷与冷负荷主要用于确定设计供暖工况下建筑物内系统水环路最大吸热量和设计供冷工况下系统水环路最大散热量。其值为各分区负荷之和的峰值。将分区负荷按下列方法进行累计,可确定建筑物冷负荷与热负荷:

1)分别对设计日不同时刻的所有分区冷负荷求和。

2)选择设计日不同时刻总冷负荷中的最大值最为建筑物冷负荷。

3)所有分区的热负荷之和即为建筑物热负荷。

2.4.3 地源热泵系统类型选择

为了能更好满足项目要求,必须合理选择地源热泵的类型。

1. 地埋管地源热泵系统

地埋管地源热泵系统适用于现场缺乏地下水,又无可利用的地表水或地表水的水域范围和深度不太合适,或者就现场地下水状况而言采用地下水地源热泵系统不经济的情况。在设计地埋管地源热泵系统时应考虑以下方面:

1)地埋管换热器所需要的地表面积可参考表 2-2 给出的数据进行计算。所需的地面面积与埋管的形式有关。

2)垂直换热器通常用在 6 层以下的建筑物,以满足所用管道的承压要求。如果选用耐压更高的管道，楼层可增加。但高强度管更昂贵且难以加工。

3）采用水平式换热器时，建筑高度不受限制，主要考虑的问题是埋设换热器的地表面积。

4）许多采用地源热泵系统的商用或公用项目中，具有像运动场、草坪和公园等地面，可供地埋管换热器使用。

5）除非水环路温度总高于 7.2~10℃，否则为避免管道表面结露和热损失，水管均需保温。除一些以冷负荷为主的大楼内区，或位于南方的建筑物外，都需考虑采用防冻水溶液。

6）水源热泵机组选择时的进水温度，供暖时从北方区的 -1.1℃ 到南方区的 12.7℃，供冷时从北方区的 32℃ 到南方区的 40.6℃。

表 2-2　地埋管换热器所需的地表面积　　　　　　　　（单位：m²/kW）

换热器形式 地区 管沟埋管数	水 平 式		垂 直 式
	北　方	南　方	
每管沟双管	52.9	92.4	1.6~10.5
每管沟四管	37	63.4	
每管沟六管	37	63.4	

2. 地下水地源热泵系统

如果有充足的地下水量、水质较好，有开采手段，当地规定又允许，则应考虑采用地下水地源热泵系统。在设计地下水地源热泵系统时应注意以下方面：

1）地下水井的流量应满足建筑物最大冷负荷和热负荷的要求。

2）优先考虑闭式地下水系统，即在地下水和建筑物水环路之间采用板式换热器进行换热。

3）如果采用开式地下水系统，建筑物应有一个注入地下水面的低层结构，以便减少水泵的能耗。

4）如果选择带有板式换热器的闭式地下水系统，建筑物的高度不受限制。

5）地下水系统运行的管道必须保温，闭式地下水系统的循环水路要采用防冻水溶液。

6）采用地下水系统时，较大建筑物的经济性能比小建筑物好。

7）选择水源热泵机组的进水温度，供暖时从北方区的 4.4℃ 到南方区的 10℃，供冷时从北方区的 23.8℃ 到南方区的 29.4℃。

3. 地表水地源热泵系统

如果存在地表水或通过开发能够引导地表水，则应考虑地表水地源热泵系统。设计地表水地源热泵系统时应注意以下方面：

1）对大型商业或公用建筑开发的项目，需要解决大水体的排水问题。

2）地表水的表面面积要求不小于 279m²，深度不小于 1.8m，以满足供冷设计工况下的放热量和供暖设计工况下的吸热量的要求。

3）对建筑高度没有限制。

4）选择水源热泵机组的进水温度，供暖时从北方区的 -1.1℃ 到南方区的 12.8℃，供冷时从北方区的 26.7℃ 到南方区的 35℃。

2.4.4　分区水源热泵机组选择

根据各区的冷热负荷和工厂提供的资料就可以初步选定各种性能数据的水源热泵机组。首先根据机组在分区中所要安装的位置，选择合适的机组形式。例如，落地式机组可以安装在外墙窗下，水平式机组可以安装在吊顶内，垂直式机组适合安装在壁橱或机房里等。然后根据以下步骤选择具体的型号：

1）根据每个分区的设计冷负荷选择热泵机组。为保证机组的制冷量能够满足实际要求，机组的制冷量不小于分区峰值冷负荷的95%。

2）比较机组制热量和分区设计热负荷。可以选择大一号的机组，但机组制冷量不得超过设计冷负荷的125%，除非热泵机组具有多速风机和自动调节风量的手段。

3）在内区或外区建筑的内区，一般没有热负荷，可以考虑采用定风量水冷空调机组。在核心区冷负荷变化较大的区域，可考虑选择变风量水冷空调机组。

4）水源热泵机组标准制冷工况的回风干球温度为27℃，湿球温度为19℃；标准制热工况的回风干球温度为20℃，湿球温度为15℃。

5）进水温度取决于所选择的系统类型。例如，当地下水作为低温热源时，其标准制冷工况的进水温度为18℃，标准制热工况的进水温度为15℃；当采用地表水或土壤作为低温热源时，其标准制冷工况的进水温度为25℃，标准制热工况的进水温度为0℃。这些进水温度值可作为初始设计的进水温度值，如果可能可用现场实际数据代替或分析计算得出的数值。

6）如果所选热泵机组的负荷过大，可以对服务区再分区或重新分区，以满足热泵机组的选择。

7）对每个分区的热泵机组，根据需要确定送风管、回风管及新风管的设计和布置。

2.4.5　确定供冷设计工况下循环水最大吸热量

循环水最大吸热量发生在与最大建筑冷负荷相对应的时刻，其确定过程如下：

1）确定每个分区各种型号水源热泵机组的数量。

2）确定每个分区各种型号水源热泵机组的总制冷量和每个分区的总冷负荷。

3）对每个分区，总冷负荷除以所安装机组的总制冷量。

4）确定水源热泵机组的制冷性能系数 COP_c 值，水泵输入功率没有包括在机组的 COP_c 值内。

5）确定每个分区内水源热泵机组释放到循环水中的热量，即：分区冷负荷 × $(1 + 1/COP_c)$。

6）所有热泵机组水流量相加，得到所需的总水量。

7）确定其他过程向循环水释放的能量（正值）或吸收的热量（负值），如加热生活水的热泵释放的热量。

8）确定水泵释放到循环水中的热量。

9）将所有分区热泵机组释放的热量、各种过程释放的热量以及水泵释放的热量相加，就得到供冷设计工况下释放到循环水中的总热量。

2.4.6 确定供暖设计工况下循环水最大放热量

循环水最大放热量发生在最大建筑物热负荷相对应的时刻，其确定过程如下：

1）确定供暖设计工况下有热负荷的所有分区。

2）可能存在只有冷负荷的分区，放给循环水的热量可用来补偿周边区循环水温度的降低。

3）内区的新风热负荷可能超过内部得热量，这样内区机组有供暖负荷。

4）在热泵机组选择过程中，如果需要重新分区或再分割区，则需修正分区热负荷。

5）根据空气侧具体参数，确定已选热泵机组的供热量。

6）所有热泵机组的水流量相加，就得到所需的总流量。

7）确定水源热泵机组的制热性能系数 COP_h 值。水泵输入功率没有包括在机组的 COP_h 值内。

8）确定每个分区内水源热泵机组从循环水中吸收的热量，即：分区的热负荷 $\times (1 - 1/COP_h)$。

9）确定水环路的热损失。这些损失可来自其他散热设备，或其他处理过程的附加热量。

10）确定水泵加到水环路的热量。

11）热泵机组的吸热量、处理过程的吸热量（或散热设备）、水泵加到水环路中的热量的综合，就是供热设计工况下循环水的总放热量。

2.4.7 地埋管地源热泵系统设计

地埋管地源热泵系统设计的核心是地埋管换热器的设计，包括换热器的形式、长度、布置方式的确定、埋管材料选用以及环路循环泵的选择。对于给定的建筑场地条件，所设计的系统应能以最低的成本得到最好的运行性能。下面简单介绍地埋管地源热泵系统的设计规范。

1. 地埋管换热器埋管形式选择

地埋管换热器主要有垂直埋管和水平埋管两种形式。换热管埋置在水平管沟内的地埋管换热器为水平埋管换热器，埋置在垂直钻孔内的地埋管换热器为垂直埋管换热器。水平埋管换热器又可分为水平单管、水平双管、水平四管、水平六管及新开发的水平螺旋状和扁平曲线状管等；垂直埋管换热器有单 U 形管、双 U 形管、小直径螺旋盘管、大直径螺旋盘管、套管等。

换热器的选择主要取决于现场可用地表面积、当地岩土类型及钻孔费用。当可利用地表面积较大、浅层岩土体的温度及热物性受气候、雨水、埋设深度影响较小时，宜采用水平地埋管换热器，否则宜用垂直地埋管换热器。水平埋管初投资通常比垂直埋管少些，但换热性能比起垂直埋管差很多，且往往受到可利用土地面积的限制，所以实际应用中，垂直埋管多于水平埋管。

在水平埋管中，多层埋管的换热效果好过单层。由于造价等因素的限制，水平埋管的地沟深度不能太深，多层埋管两层应用较多。根据国外资料，单层管最佳深度为 0.8 ~ 1m，双层管为 1.2 ~ 1.8m，但无论如何，均应埋在当地冰冻线以下。螺旋状管的换热性能好过直管，节省空间，适用于可利用地表面积小的场所，但施工比较困难。

垂直埋管中使用最多的是 U 形管、套管式和单管式。U 形管施工简单，换热性能好，安装在钻孔的管井内；一般管井直径为 100～150mm，井深 10～200m，U 形管直径一般在 50mm 以下，主要是受流量不宜太大的限制。套管式外管直径一般为 100～200mm，内管直径为 15～25mm；由于增大了管外壁与岩土的换热面积，可减少钻孔数和埋深，但内管与外腔中的流体发生热交换会带来热损失。单管式在国外称为"热井"，安装和运行费用较低，但这种方式受水文地质条件限制，使用有限。

2. 地埋管换热器环路形式选择

地埋管换热器中流体的流动路线即环路形式分为串联和并联两种。串联系统仅有一条流动路线，并联系统流体具有两个或两个以上的循环路线。两种线路各有优缺点。

串联方式一般需采用较大直径的管子，因此单位长度埋管换热量略高于并联方式，且管内积存的空气容易排出。由于系统管径较大，在冬季气温低地区需充注的防冻液（如乙醇水溶液）多，因而成本高。管路系统不能太长，否则系统阻力损失太大。

并联方式一般采用较小直径的管子，所需防冻液少、成本低。但设计安装中必须注意确保管内流体流速较高，以充分排出空气；各并联管道的长度尽量一致（偏差应小于或等于10%），以保证每个并联回路有相同的流量；确保每个并联回路的进口与出口有相同的压力，使用较大管径的管子做集管，可达到此目的。

从国外工程实践看，中、深埋管采用并联方式较多，浅埋管采用串联方式的多。

换热器环路形式按照分配管和总管的布置方式不同，又分为同程式系统和异程式系统。在同程式系统中，流体流过各埋管的流程相同，因此各埋管的流动阻力、流量和换热量比较均匀。异程式系统中流体通过各埋管的路程不同，因此阻力不同，导致分配给每个埋管的流体流量也不均衡，使得各埋管的换热量不均匀，不利于发挥各埋管的换热效果。由于地埋管各环路难以设置调节阀或平衡阀，为保持系统环路间的水力平衡，在实际工程中多采用同程式系统。

地埋管换热器无论采用何种环路形式，其主要组成如下：

1）供、回集管。供、回集管是地埋管换热器从水源热泵机组到并联环路的流体供、回管路，它们输送热泵机组的全部流量。为使管道当量长度的流体压降最小，集管宜采用大直径管子。

2）环路。管道从供给集管到一个孔洞或沟，再接到回流集管。

3）同程回流管。同程回流管是为了保证并联系统中每个环路有相同的压力降。它用于消除沿集管长度方向上压力损失的影响。

4）U 形弯头。它是地埋管换热器回路中使用的一种使流体在孔洞底部或地沟端部产生180°转向的连接管件。

3. 地埋管换热器埋管的选择

（1）管材所需的特性　地埋管所使用的场合特殊、施工复杂，所选管材必须具备特定的性能才能保证施工顺利进行，系统正常工作。对管材的要求一般包括以下六点：

1）化学稳定性好。一般情况下地埋管埋入地下后不可能再进行维修和更换，因此，要求其具有较强的化学稳定性，能够在一定温度和压力下安全运行几十年。

2）耐腐蚀。由于埋入地下的管材表面与地下土壤及地下水直接接触，易受土壤或水中多种化学介质的侵蚀，易发生电化学腐蚀，因此需要卓越的耐腐蚀性能。

3）流动阻力小、热导率大。由于管材中的水经过机组及地埋管换热器不断循环，因此要求管材表面不会产生结垢层，防止因长时间运行管道发生堵塞而影响系统的运行。

4）较强的耐冲击性。管材应防止挤压造成管道破裂而导致系统无法运行，因此要求管材具有较强的耐冲击性，同时具有一定的承压能力。

5）管道连接处强度要高，密封性能要好，不会因施工、土壤移动或荷载的作用导致接口处出现裂缝、断开。

6）管材必须易于施工且连接方便。选择地埋管系统的管材时，应优先考虑价格较低的塑料管材。虽然金属管材换热能力较好，但接头处耐压能力差，容易产生泄漏。目前管材最常使用的材料是聚乙烯（HDPE）和聚丁烯（PB），它们可以弯曲或热熔形成更牢固的形状，并保证使用寿命50年以上。

（2）对管材质量的要求

1）选用管材和管件时，应有质量检验部门的产品合格证及认证证书。管材和管件上要标明规格、公称压力、生产厂家及商标。包装上应标有批号、数量、生产日期和检验代号。

2）要求管材外观一致。内部光环平整，管身不得有裂纹，管口不得有破损、裂口、变形等缺陷。管材端面应平整，与管中心轴线垂直，轴向不得有明显的弯曲现象。管材外径及圆度必须符合规定。弹性橡胶圈外观应光滑平整，不得有气孔、裂缝、破损、重皮和接缝等现象。热收缩带应平整、无气泡、夹渣或裂口。管件表面应光滑、无裂缝、无起皮及断裂，安装牢固。

3）地埋管质量应符合国家现行标准中的各项规定，管材公称压力不应小于0.1MPa。工作温度应在 $-20 \sim 50℃$。地埋管壁厚宜按附录A选择。

4）埋入土壤中的地埋管，应能按设计要求长度成捆供应，中间不应有机械接口及金属接头。

5）管道材料构成、管材抵抗环境应力致裂的能力应满足埋设在地下的要求。

6）高密度聚乙烯管应符合《给水用聚乙烯（PE）管材》（GB/T 13663—2000）的要求。聚丁烯管应符合《冷热水用聚丁烯（PB）管道系统 第2部分：管材》（GB/T 19473.2—2004）的要求。在保证要求的情况下，宜选择薄壁管材，以减少换热热阻。

（3）选择地埋管规格 在地埋管换热器中推荐使用聚乙烯管（PE63、PE80、PE100）和聚丁烯管（PB），其中聚乙烯管的PE63系列分为SDR11、SDR13.6、SDR17.6、SDR26、SDR33；聚乙烯管的PE80系列分为SDR11、SDR13.6、SDR17、SDR21、SDR33五个等级；PE100系列分为SDR11、SDR13.6、SDR21、SDR26五个等级。其公称压力和规格尺寸见附录B。

在选用管子时，地下环路尽量选薄壁管子，集管选壁厚较厚的管子，以满足结构强度的要求。

（4）选择地埋管管径 选择管径大小应考虑以下两点：

1）管径足够大可以减少循环泵功耗，但投资高，所需防冻液多。

2）管径小可使管内流体处于紊流状态，流体与管内壁之间的换热效果好，但处理和安装难度大。

根据上述原则，管径大小的选取应基于流体的压力损失和换热性能。选管时对两者进行折中。选管时应以安装成本最低、地埋管换热器中流体流量最小且能保持紊流状态为原则，在可选的管系中选择管子规格。兼顾上述条件，地埋管管径通常采用 DN25～50，一般并联环路用小管径，集管用大管径。管内流速大小按以下原则选取：对小于 DN50 的管子，管内流速应在 0.46～1.2m/s，对大于 DN50 的管子，管内流速应小于 1.8m/s，并使所有管子的压降小于 400Pa/m。

（5）确定地埋管管子长度　地埋管管子的长度取决于流体流量和允许的压力损失。如果地埋管换热器中流体压力损失过大而影响泵的有效工作，可采取下列措施：

1）采用较短的管子。

2）采用管径较大的管子。

3）采用并联系统。

一般流体流过水源热泵换热器的压力损失与流体流过地埋管换热器以及相关管道的压力损失大小应大致相当。虽然这不是一个硬性要求，但设计最好满足这个要求。

地埋管管道的压力损失包括沿程阻力和局部阻力。当埋管内流体的流动处于紊流区时，单位管长的摩擦阻力可按下式计算：

$$\Omega_l = 0.1582\rho^{0.75}\mu^{0.25}D_i^{-1.25}v^{1.75} \tag{2-1}$$

式中　Ω_l——单位管长的摩擦阻力（Pa/m）；

ρ——流体密度（kg/m³）；

μ——流体动力黏度（Pa·s）；

D_i——埋管直径（m）；

v——流体速度（m/s）。

计算管段的沿程阻力损失可按下式计算：

$$\Omega_y = \Omega_l L \tag{2-2}$$

式中　Ω_y——计算管段的沿程阻力损失（Pa）；

L——计算管段的长度（m）。

局部阻力可通过局部元件的当量长度法计算。管道的总阻力损失等于沿程阻力与局部阻力之和。

附录 B 的表 B-4 给出了水在 10℃时通过聚乙烯管的单位管长摩擦阻力。附录 C 给出了阀门和管件的当量长度。对于水以外的其他流体，可用上式直接进行计算。附录 D 给出了水、质量分数为 20% 的氯化钙和 20% 丙烯乙二醇在不同温度下的密度和黏度数据。

4. 地埋管换热器设计

（1）选择地埋管换热器布置方式　主要是确定埋管环路构造、埋管间距、埋管的深度及埋管换热器的最终位置。埋管换热器的位置，应尽量选在建筑物位置的边界内。为降低造价，埋管应尽可能靠近建筑物周围布置，可布置成任意形状，如线形、方形、矩形、圆弧形等。但为了防止埋管间的热干扰，必须保证埋管间有一定的距离。该距离的大小与运行状况（如连续运行还是间歇运行，间歇运行的开、停机比等）、埋管的布置形式（如单行布置，只有两边有热干扰；多排布置，四面均有热干扰）等有关。

几种典型的水平和垂直埋管的环路构造如图 2-6 和图 2-7 所示。不管是水平埋管还是垂直埋管，考虑一定的水平间距可以减少各埋管之间温度的互相影响。对于水平埋管，还应考虑不受外界气候温度的影响。水平埋管间距与埋深如图 2-6 所示。垂直埋管的单排布置工程较小，地源热泵间隙运行，埋管的水平间距可取 3.0m；多排布置工程量大，地源热泵间隙运行，间距可取 4.5m；若连续运行（或停机时间较少），间距可取 5~6m。从换热角度分析，间距大时热干扰少，对换热有好处，但占地面积大，埋管造价有所增加。

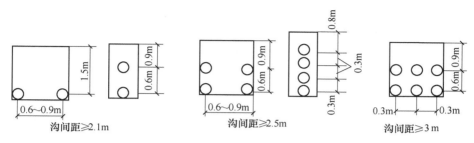

图 2-6 水平埋管的典型环路构造

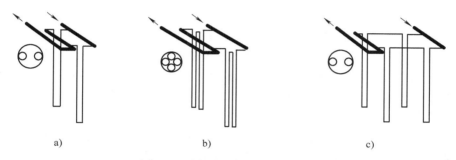

图 2-7 垂直埋管的典型环路构造
a）单 U 形管单竖井环路 b）双 U 形管单竖井环路 c）单 U 形管多竖井环路

水平埋管管沟与现场障碍物的推荐最小距离见表 2-3。垂直埋管钻孔与现场障碍物的推荐最小距离见表 2-4。

表 2-3 水平埋管管沟与现场障碍物的推荐最小距离

现场障碍物类型	最小距离/m
与其他管沟最小距离	1.5
环路最小埋设深度（以最上端管道为准）	0.6（必须在冻土层以下）
与公用设施和其他管路设施的最小距离	1.5
与场地边线、地基、排水沟、化粪池、井、泻湖、厕所、污水坑、饲养场和下水管的最小距离	3.0

表 2-4 垂直埋管钻孔与现场障碍物的推荐最小距离

现场障碍物类型	最小距离/m
与相邻钻孔的最小距离	4.5
与非公共井的最小距离	6.1
与公用设施和其他管路设施的最小距离	3.0
与场地边线、公用设施、地基、排水沟的最小距离	3.0
与化粪池的最小距离	15.3
与公共井、污水坑、泻湖、厕所、饲养场和下水管的最小距离	30.5

（2）检查流体最小速度　根据地埋管换热器的布置和采用的流体特性，检查流体的速度是否能使其流动状态处于紊流流动。具体过程如下：

1）确定通过管道的流量 q_V（m³/h）、管子公称直径和流体特性。

2）根据公称直径确定管子的内径 D_i（m）。

3）计算管子的断面面积 A（m²）：

$$A = \frac{\pi}{4} D_i^2 \tag{2-3}$$

4）计算流速 v（m/s）：

$$v = \frac{q_V}{3600A} \tag{2-4}$$

5）计算流体的雷诺数 Re：

$$Re = \frac{\rho v D_i}{\mu} \tag{2-5}$$

要确保流态为紊流，Re 应大于 2300。若 $Re < 2300$，应重新选择管子规格或重新选择埋管布置，重复以上步骤，直到确保管内流体流态处于紊流状态。

（3）排气设计　应保证能将地埋管换热器中所有存在的空气或污物排出，这对于整个地埋管的长期正常运行是十分必要的。因此要特别注意集管和排气阀的设计，尽可能减少地埋管换热器中的弯头。

（4）确定地埋管换热器的长度　在埋管布置方式和管材确定后，可根据当地土壤特性和设计条件，采用以下工程设计计算公式确定地埋管换热器的长度。

制冷工况：

$$L_c = \frac{1000 Q_c (R_p + R_s F_c)}{t_{max} - t_H} \left(\frac{COP_c - 1}{COP_c} \right) \tag{2-6}$$

供暖工况：

$$L_h = \frac{1000 Q_h (R_p + R_s F_h)}{t_L - t_{min}} \left(\frac{COP_h - 1}{COP_h} \right) \tag{2-7}$$

式中　L_c——按照制冷工况确定的地埋管换热器所需要的长度（m）；

L_h——按照供热工况确定的地埋管换热器所需要的长度（m）；

Q_c——夏季建筑物设计最大冷负荷（kW）；

Q_h——冬季建筑物设计热负荷（kW）；

F_c——制冷运行系数，它考虑了热泵间歇运行的影响，F_c = 一个制冷季中热泵的运行小时数/（一个制冷季天数 ×24），或当运行时间取一个月时，F_c = 最热月份运行小时数/（最热月份天数 ×24）；

F_h——供暖运行份额，F_h = 一个供热季中热泵的运行小时数/（一个供热季天数 × 24），或 F_h = 最冷月运行小时数/（最冷月份天数 ×24）；

t_{max}——水源热泵机组制冷时冷凝器设计最大进液温度，可取 37 ~ 40.6℃；

COP_c——在 t_{max} 下水源热泵机组的制冷性能系数，可从样本中选取；

t_{min}——水源热泵机组制热时蒸发器设计最小进液温度，可取 −2 ~ 5℃；

COP_h——在 t_{min} 下水源热泵机组的制热性能系数，可从样本中选取；

t_H、t_L——全年土壤的最高、最低温度，取决于设计地点和换热器埋管深度；

R_p——管道热阻（m·K/W），可按式（2-11）和式（2-12）确定；

R_s——土壤热阻（m·K/W），可按下面 3）中介绍的方法确定。

1）确定地下土壤温度。全年空气温度、湿度和土壤的类型及植被情况，都对地下土壤温度有影响。可以使用下面两个方法来确定地下土壤的温度。

① 以经验或检测数据为基准，得到当地土壤温度情况。

② 用以下方程式来计算全年任一时间、任一深度的土壤温度。

$$t_{(H_s,\tau)} = t_M - A_s \exp\left[-H_s\left(\frac{\pi}{365a}\right)^{-\frac{1}{2}}\right]\cos\left\{\frac{2\pi}{365}\left[\tau - \tau_o - \frac{H_s}{2}\left(\frac{365}{\pi a}\right)^{\frac{1}{2}}\right]\right\} \tag{2-8}$$

式中　$t_{(H_s,\tau)}$——土壤深度为 H_s、时间为 τ 时的土壤温度（℃）；

t_M——土壤平均温度（℃），由于土壤温度在一定深度以下基本恒定，因此工程中的 t_M 可假定等于设计点地下水温度或每年平均空气温度加 1.1℃；

A_s——每年土壤表面温度波动（℃），一年中每天平均值的温度振幅，取决于地理位置、土壤类型和含水量；

a——土壤热扩散率（m²/d），取决于土壤的类型和含水量；

τ_o——相常数（d），最低土壤表面温度的天数；

H_s——土壤深度（m）；

τ——时间（d）。

$$t_L = t_M - A_s \exp\left[-H_s\left(\frac{\pi}{365a}\right)^{\frac{1}{2}}\right] \tag{2-9}$$

$$t_H = t_M + A_s \exp\left[-H_s\left(\frac{\pi}{365a}\right)^{\frac{1}{2}}\right] \tag{2-10}$$

式中　t_L——每年土壤的最低温度（℃）；

t_H——每年土壤的最高温度（℃）。

对于水平埋管的一沟多管换热器，土壤温度是由各个深度的土壤温度平均值来确定的。而对于垂直埋管换热器，取 $t_L = t_H = t_M$

2）计算管道热阻。

① 对于单管，管道热阻为

$$R_p = \frac{1}{2\pi\lambda_p}\ln\left(\frac{D_o}{D_i}\right) \tag{2-11}$$

② 对于多管，管道热阻用下式的当量管道热阻代替：

$$R_p = \frac{1}{2\pi\lambda_p}\ln\left(\frac{D_e}{D_e - (D_o - D_i)}\right) \tag{2-12}$$

式中　D_o——管道外径（m）；

D_i——管道内径（m）；

λ_p——管道材料的热导率 [W/(m·K)]；

D_e——多管布置时的当量直径（m），$D_e = \sqrt{N}D_o$，N 为每个沟的管数。

3）计算土壤热阻。表 2-5 所示是国际地源热泵协会给出的不同土壤类型、不同管径的水平和垂直地埋管换热器的土壤热阻实验值。这些热阻值是以管源理论为理论基础，假定热泵运行是连续的，连续时间为 1500h。它所产生的土壤热阻值可能会比实际运行的热阻值大。由于它将土壤类型划分得比较粗略，只有重土-潮湿、重土-干燥、轻土-潮湿和岩石四种，因此在工程设计中只可用作估算。若要计算管道精确长度，必须要依据当地土壤热阻值。

表 2-5　土壤热阻　　　　　　（单位：m·K/W）

管道尺寸/in	$\dfrac{R_s（重土-潮湿）}{R_s（重土-干燥或轻土-潮湿）}$										$\dfrac{R_s（岩石）}{R_s（重土-潮湿）}$
3/4	$\dfrac{0.59}{0.80}$	$\dfrac{0.61}{0.83}$	$\dfrac{0.63}{0.85}$	$\dfrac{0.64}{0.86}$	$\dfrac{0.76}{1.02}$	$\dfrac{0.79}{1.06}$	$\dfrac{1.18}{1.59}$	$\dfrac{1.24}{1.65}$	$\dfrac{1.22}{1.65}$	$\dfrac{1.09}{1.46}$	$\dfrac{0.35}{0.61}$
1	$\dfrac{0.56}{0.76}$	$\dfrac{0.59}{0.79}$	$\dfrac{0.60}{0.81}$	$\dfrac{0.61}{0.82}$	$\dfrac{0.73}{0.98}$	$\dfrac{0.76}{1.02}$	$\dfrac{1.16}{1.55}$	$\dfrac{1.21}{1.61}$	$\dfrac{1.20}{1.61}$	$\dfrac{1.06}{1.43}$	$\dfrac{0.33}{0.58}$
$1\frac{1}{4}$	$\dfrac{0.53}{0.72}$	$\dfrac{0.56}{0.76}$	$\dfrac{0.57}{0.77}$	$\dfrac{0.58}{0.79}$	$\dfrac{0.71}{0.94}$	$\dfrac{0.73}{0.98}$	$\dfrac{1.13}{1.51}$	$\dfrac{1.18}{1.57}$	$\dfrac{1.67}{1.57}$	$\dfrac{1.03}{1.39}$	$\dfrac{0.31}{0.55}$
$1\frac{1}{2}$	$\dfrac{0.51}{0.70}$	$\dfrac{0.54}{0.73}$	$\dfrac{0.56}{0.75}$	$\dfrac{0.57}{0.76}$	$\dfrac{0.69}{0.92}$	$\dfrac{0.72}{0.96}$	$\dfrac{1.11}{1.49}$	$\dfrac{1.17}{1.55}$	$\dfrac{1.15}{1.54}$	$\dfrac{1.02}{1.36}$	$\dfrac{0.31}{0.54}$
2	$\dfrac{0.49}{0.66}$	$\dfrac{0.51}{0.69}$	$\dfrac{0.53}{0.72}$	$\dfrac{0.54}{0.73}$	$\dfrac{0.66}{0.88}$	$\dfrac{0.69}{0.92}$	$\dfrac{1.09}{1.45}$	$\dfrac{1.14}{1.51}$	$\dfrac{1.12}{1.51}$	$\dfrac{0.99}{1.32}$	$\dfrac{0.29}{0.51}$

注：表中水平埋管布置图中的尺寸单位为 in，1in = 25.4mm。

　　土是由岩石经风化作用形成的松散堆积物。由三相不同的物质组成：固相（矿物颗粒和有机质）、液相（水溶液）、气相（气体），固体颗粒物构成土的骨架，土骨架间分布有空隙，空隙中充有水和空气。由于土是一个包含固、液、气三相的粒状介质，固其热物理性质取决于各组分的容量比例、固体颗粒大小和排列以及固、液相间的界面关系。表 2-6 列举了矿物质、水、和空气热导率和体积热容的大致范围。

表 2-6　矿物质、水和空气的热导率和体积热容

物 质 种 类	热导率 λ/[W/(m·K)]	体积热容 c/[MJ/(m^3·K)]
矿物质	2 ~ 7	~2
水	0.6	4.2
空气	0.024	0.0013

　　因为水和空气的热导率比矿物质小，所以岩土热导率会随着孔隙率的增加而减小。土壤容重的增加可降低孔隙率，并改善固体颗粒间的热接触。导热能力低的空气量的减少，总热导率增加。另一方面，由于水的比热容较大，因此当含水量增加时，岩土的比热容也将增加。如果岩石的孔隙率很低，热物理性质主要取决于矿物质。如果岩石孔隙率较高，则岩石的含水量对其热物性产生很重要的影响。水渗透到土壤中使其容重变大所造成的热导率的增加，比容重大的密实土壤所造成的影响大得多。这是因为颗粒间接触点上水膜不仅减少了颗粒间的接触热阻，而且水分（热导率是空气的多倍）取代了土壤空隙间的空气，同时潮湿

土壤中热湿迁移的作用大大增强，这些使其传热能力远大于相同密度下干燥的土壤。

竖直埋管地换热器可能经过几个不同的岩土层。显然，不同的岩土层对应的热物理性质不同。岩石与土壤相比有较高的热导率和热扩散率，几种典型土壤及岩石的热物性可参照表2-7确定。

表2-7 几种典型土壤及岩石的热物理性质

岩土层类型	热物理性质及其值	热导率 λ /[W/(m·K)]	热扩散率 a /[10^{-6}m²/s]	密度 ρ /(kg/m³)
土壤	致密黏土（含水量15%）	1.4~1.9	0.49~0.71	1925
	致密黏土（含水量5%）	1.0~1.4	0.54~0.71	1925
	轻质黏土（含水量15%）	0.7~1.0	0.54~0.64	1285
	轻质黏土（含水量5%）	0.5~0.9	0.65	1285
	致密砂土（含水量15%）	2.8~3.8	0.97~1.27	1925
	致密砂土（含水量5%）	2.1~2.3	1.10~1.62	1925
	轻质砂土（含水量15%）	1.0~2.1	0.54~1.08	1285
	轻质砂土（含水量5%）	0.9~1.9	0.64~1.39	1285
岩石	花岗岩	2.3~3.7	0.97~1.51	2650
	石灰石	2.4~3.8	0.97~1.51	2400~2800
	砂岩	2.1~3.5	0.75~1.27	2570~2730
	湿页岩	1.4~2.4	0.75~0.97	—
	干页岩	1.0~2.1	0.64~0.86	—

上面介绍的计算方法比较繁琐，并且部分数据不易获得。在实际工程中，可以利用管材"换热能力"来计算管长。换热能力即单位垂直埋管深度或单位管长的换热量，一般可参照已有的类似工程所取得的经验数据，在通常的情形下，垂直埋管的单位管长换热量在35~55W/m，水平埋管的单位管长换热量为20~40W/m。此时埋管长度可按下列公式计算：

$$L = \frac{1000Q_{max}}{q_1} \tag{2-13}$$

式中 L——埋管总长（m）；

q_1——每米管长换热量（W/m）；

Q_{max}——夏季向埋管换热器排放的最大热量和冬季从埋管换热器吸收的最大热量中的较大者（kW）。

$$Q_1 = Q_c\left(1 + \frac{1}{COP_c}\right) \tag{2-14}$$

$$Q_2 = Q_h\left(1 - \frac{1}{COP_h}\right) \tag{2-15}$$

式中 Q_1——夏季向埋管换热器排放的最大热量（kW）；

Q_2——冬季从埋管换热器吸收的最大热量（kW）。

注意：上述确定地埋管换热器管道长度的方法，适用于最大吸热量和最大放热量相差不大的工程。当两者相差较大时，宜用较小值确定地埋管换热器管道长度，两者相差的负荷采用辅助散热（增加冷却塔）或辅助供热的方式来解决，一方面经济性较好，另一方面也可避免因吸热与放热不平衡引起岩土体温度的降低或升高。

（5）确定地埋管换热器的管沟数或竖井数　将系统总流量（等于所有热泵机组水流量之和）除以每个环路的目标流量（0.16~0.19L/s）后，再根据已确定的环路构造，确定水平埋管的管沟数或垂直埋管的竖井数。

水平埋管的管沟数或垂直埋管的竖井数可根据下式确定：

$$N = \frac{L}{nH} \tag{2-16}$$

式中　N——管沟数或竖井数（个）；

　　　L——埋管总长（m）；

　　　H——竖井深度或管沟长度（m）；

　　　n——每一管沟或竖井中的管子数（根）。

应对管沟数或竖井数计算结果进行圆整。若计算结果偏大，可以增加竖井深度或沟长。不同管径的埋管竖井深度及最小钻孔孔径推荐值见表2-8。注意最终确定的埋管换热器布置应同时满足系统流量和现场规划条件的要求。

表 2-8　不同管径的埋管竖井深度及最小钻孔孔径

管径（内）/mm	20	25	32	40
竖井深度/m	30~60	45~90	75~150	90~180
最小钻孔孔径/mm	75	90	100	120

（6）确定地埋管换热器内的工作流体　在国内南方地区，由于地下土壤温度较高，冬季地埋管进水温度在0℃以上，因此多采用水作为工作流体；北方地区，由于地下土壤温度较低，地埋管进水温度一般会低于0℃，因此一般应采用防冻液。防冻液应具有使用安全、无毒、无腐蚀性、导热性好、成本低、寿命长等特点。目前应用较多的有：盐类溶液（如氯化钙和氯化钠水溶液）、乙二醇水溶液、酒精水溶液等。

一般来说，盐溶液安全、无毒、无污染、导热性能好、价格低、使用寿命长，但系统有空气存在时，对大部分金属具有腐蚀性。在选用管材正确、部件和系统内空气被排除干净的情况下，盐溶液是一种很好的防冻液。

乙二醇水溶液相对安全、无腐蚀性，具有较好的导热性能，价格适中，但使用寿命有限，且有毒。

酒精水溶液具有无腐蚀性、导热性好、价格适中、使用寿命长等优点。缺点是具有爆炸性和毒性。在使用酒精之前应用水将其稀释，以降低其爆炸的可能性。由于其无腐蚀性，作为防冻液很受欢迎。

三种流体的热物理性质参数见表2-9。

表 2-9　三种流体的热物理性质参数

流体种类 热物理性质参数	水（5℃）	20%（质量分数） $CaCl_2$ 溶液（-5℃）	20%（质量分数） 乙二醇水溶液（-5℃）
密度/（kg/m³）	1000	1190	1025
运动黏度/（m²/s）	1.519×10^{-6}	3.22×10^{-10}	3.73×10^{-6}
热导率/[W/（m·K）]	0.55	0.535	0.49
热扩散率/（m²/s）	1.3×10^{-7}	1.49×10^{-7}	1.24×10^{-7}

（7）计算埋管换热器阻力　选择压力损失最大的热泵机组所在环路，作为最不利环路进行阻力计算，包括沿程阻力和局部阻力计算。由于埋管换热器内流体的流动要求处于紊流或紊流光滑区内，故单位长度的沿程阻力可按式（2-1）计算。局部阻力可通过局部元件的当量长度法计算。将最不利环路所有管段沿程阻力、局部阻力和热泵机组的压力损失相加，得出总阻力。

（8）选择系统水泵型号　地埋管系统中泵的选择方法，与一般中央空调系统中的循环泵选择方法相似，即根据总流量和总压头去选择适合的泵。总流量一般容易确定，而总的压力则因系统的不同会有区别。如对居住和小型商用建筑物，由于其供冷（供暖）负荷比较小，一般采用单一循环系统，即建筑物内的液体循环系统（水源热泵循环系统）和埋管换热器的液体循环系统采用同一台泵来完成。如对较大型的商业建筑物（如层高 6 层）或供冷（供暖）负荷较大（如 350kW 以上），则可采用水源热泵液体循环系统和埋管换热器液体循环系统之间加上板式换热器的两套系统，其中内循环是一个闭式系统，外循环（地下）是另一个闭式系统。各系统分别按流量和压头选择其所需的泵。一般循环水泵消耗功率，与热泵名义制冷量之比控制在 14.2 ~ 21.3W/kW 为好。

（9）校核埋管换热器管材承压能力　校核埋管换热器最下端管道的重力作用，静压是否在其耐压范围内。对埋管换热器，在不考虑地下水或竖井灌浆引起的静压抵消情况下，管路承受的最大压力等于大气压力、最下端管道的重力作用静压和水泵扬程一半的总和，即

$$p = p_b + \Delta h \rho g + 0.5 p_h \tag{2-17}$$

式中　p——管路承受的最大压力（Pa）；

p_b——建筑物所在的当地大气压（Pa）；

ρ——埋管中流体密度（kg/m²）；

g——当地重力加速度（m/s²）；

Δh——埋管最低点与闭式循环系统最高点的高度差（m）；

p_h——水泵扬程相应的压力（Pa）。

管路承受的最大压力应小于管材的最大工作压力。如果超过管材的耐压范围，则需换用耐压极限更高的管材，或用板式换热器将埋管换热器与建筑物内的水环路分开。

（10）其他装置设计　与常规空调系统类似，需在高于闭式循环系统最高点处（一般为 1m）设计膨胀水箱或膨胀罐、放气阀等附件。

在某些商用或公用建筑物的地埋管热泵系统中，系统的供冷量远大于供热量，导致地埋管换热器十分庞大，价格昂贵。为节约投资或受可用地面积限制，地埋管可以按照设计供暖工况下最大吸热量来设计，同时增加辅助换热装置，如冷却塔 + 板式换热器，承担供冷工况下超过地埋管换热能力的那部分散热量（板式换热器主要是使建筑物内环路可以独立于冷却塔运行）。该方法可以降低安装费用，保证地源热泵系统具有更大的市场前景，尤其适用于改造工程。

2.4.8　地下水地源热泵系统设计

地下水是指埋藏和运移在地表以下含水层中的水体。地下水分布广泛，水质比地表水水质好，水温随气候变化也比地表水小，是地源热泵可以利用的较理想的水源。地下水按埋藏条件分为上层滞水、潜水、层间水、裂缝水和溶洞水五类。地下水地源热泵系统主要利用潜

水和浅层层间水。

地下水热泵系统简单，投资少、开采易，运行也最方便，所以往往成为地源热泵系统的首选。在设计过程中，如果能与水文地质部门相配合，取得较正确的技术资料并进行合理的设计，可以获得较好的效果。但由于大量开采地下水会造成地下水层的减少和对地下结构产生不良的影响（如海水倒灌、地层下陷），有关部门已对地下水的开采有了明确的规定，因此地下水的利用必须十分谨慎。

1. 地下水地源热泵系统分类

地下水地源热泵系统可分为把地下水供给水-水热泵机组的中央系统和把地下水供给水-空气热泵机组（水环热泵机组）的单元式系统。又可根据其与建筑物内循环水系统的关系，分为开式环路地下水系统和闭式环路地下水系统。在开式环路地下水系统中，地下水直接供给水源热泵机组；在闭式环路地下水系统中，使用板式换热器把建筑物内循环水系统和地下水系统分开。地下水由配备水泵的水井或井群供给，然后排向地表（湖泊、河流、水池等）或者排入地下（回灌）。大多数家用或商用系统采用间接供水，以保证系统设备和管路不受地下水矿物质及泥沙的影响，减少系统维护费用。图2-8和图2-9所示分别为开式环路地下水系统和闭式环路地下水系统的示意图。

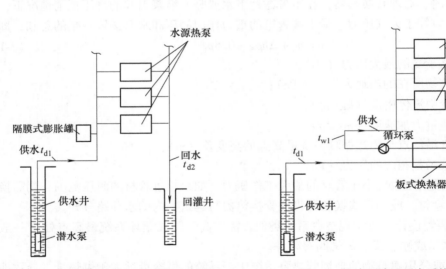

图 2-8　开式环路地下水系统示意图　　　　图 2-9　闭式环路地下水系统示意图

2. 开式环路地下水系统设计

地下水水量、水温、水质和供水稳定性，是影响地下水地源热泵系统运行效果的重要因素。如果当地地下水水量充足，水温和水质满足水源热泵机组的使用要求，并具有较高的稳定水位，且建筑物高度低（降低了井泵能量损耗），可采用开式环路地下水系统。

在图2-8中，地下水被直接供给并联连接的每一台水源热泵机组。系统定压由井泵和隔膜式膨胀罐来完成。在供水管上设置电磁阀或电动阀来控制在供热或供冷工况下向机组提供的水流量，在每个热泵机组换热器的进口应设置球阀，用于调节压力损失，以最终确定其流量，同时也可以防止换热器管道结垢。为了解决腐蚀问题，建议使用铜镍合金换热器，但当水中含有硫化氢或氨成分时，则不能使用铜镍合金换热器。

开式环路地下水热泵系统的设计步骤如下：

（1）完成试验井　根据项目现场的地质水文情况，选择一个及一个以上的试验井，测出试验井的每日出水量和井的水质资料，以及其他水文地质资料。这一般由当地水文地质单位来完成。

（2）确定所需的地下水总水量　根据供冷和供暖工况下水环路的最大散热量和最大吸热量，计算井水流量。在开式环路地下水热泵系统中，地下水总水量等于所有水源热泵机组的设计流量之和。设计流量取供冷工况水流量与供暖工况水流量的较大者。

（3）供水井和回灌井设计　供水井和回灌井的设计一般由水文地质工作者完成。通过与工程人员的紧密合作，应用勘测的实际结果和预期的冷热负荷，去确定满足系统峰值流量要求的最佳方案，包括水井的数量、间距和供水井、回灌井的尺寸。如果现有的地下水供给能力能够允许供水井和回灌井的运行过程互换（具备 100% 的备用、恢复、清洁、热力平衡能力），水文地质工作者应该通知工程人员，以便在系统设计中使这种能力得到体现。

在设计中，应考虑安全余量，以应对某些事件的发生，如水泵保养或出现故障，回灌井可能出现的堵塞等。水文地质工作者应运用水文地质勘测结果相关数据，以确保回水能返回到被抽取的同一含水层，并应告知系统设计中必须考虑的相关事项，如温度的高低、压力的升降、是否夹杂氧气、被溶解气体的浓度变化，以及供水和回灌井之间的 pH 差异等。

水井设计应确定的内容：

1）每口井的预期功能和容量。

2）水井的数量与具体位置。

3）井深和直径。

4）套管要求。

5）灌浆和回填材料，以及操作过程。

6）取水点和回灌点的位置、朝向和大小。

7）钻井设备的要求。

水井设计注意事项：

1）氧气会与井内存在的铁反应形成铁的氧化物，也能产生气体黏合物，引起井阻塞。为此，热源井设计时，应采取有效措施消除氧气侵入现象。

2）回灌点应低于回灌井静水位至少 3m。

3）总的设计取水量，应超过预期饮用水水量和地下水热泵系统所需最大水量之和。

4）在系统未运行时，通过使用连通管消除水井间的虹吸作用。

5）当供水井数量大于一口井时，每口井应安装井源逆止阀。

6）应采取措施，使地下水排水管维持较小的正压状态，这样可以防止空气进入管道、降低噪声、防止水锤发生。可以使用重锤式逆止阀或稳压阀，它们使系统运行更平稳，但价格更高，系统更复杂，维护工作量也会增加。

7）在每个回灌井的井口，稳压装置的后面安装一个排气阀。排气阀的作用是排出空气，以避免空气被带入回灌区域。

8）使用适当的材料，以保证水井具有合理的使用寿命。

9）在确保抽水和回灌不相互影响的前提下，抽水井应尽可能靠近回灌井，以减小对地下水正常分布的影响。同时，较小井间距，可以降低成本和节约浅层地能资源。通常热源井的位置宜靠近机房，便于检修和维护。

10）供水井越深，打井费用越高。但深层水质较好，适于饮用。因此，通常井深不宜超过200m。

（4）确定水井群与热泵机组的连接方式　在地下水井群到热泵供水干管之间设置一过滤器，并设置旁通管，以便拆除和维修过滤器。在开式系统中，热泵供水干管与过滤器之间的供水管上，设置一隔膜式膨胀罐，每根供水管均设置关断阀和排污阀。每台热泵都与供水管和排水管连接。供水管起始端与供水干管相连，排水管末端与回水立管相连，然后接入排水系统。

（5）计算每组供水管和回水立管的水流量　各供水管的水流量为连接在此供水管上所有的热泵机组的设计流量之和。回水立管的设计水流量，为与回水立管相连的所有排水管流量之和。重复以上步骤计算所有供水管和回水立管的流量。

（6）确定潜水泵至膨胀罐的管道尺寸　从潜水泵至膨胀罐的管道尺寸，应根据地下水总水量确定。

（7）选择管材　一般开式地下水系统可选用铜管或PVC管，但在对管材有强度要求的地方不应使用PVC管。

（8）确定隔膜式膨胀罐出口侧各管段尺寸　按照通过管道的压力损失≤400Pa/m的条件来确定管径，且当管径<50mm时，流速≤1.2m/s；当管径>50mm时，流速≤2.4m/s。

（9）确定总管尺寸（即供水管的起始端、排水管的末端）　总管管径应根据管路总流量确定。

（10）确定回水立管管径　如果回水立管没有排气管，选择适当的管材并根据每个管段流量确定管径。每个管段流量根据前面所述的最大流速或压力损失的限制条件确定。如果回水立管有排气管，使用标准的排气水管。

（11）选择需要的管件　根据需要选择堵头、三通管、异径三通、异径管段间的管接头以及弯头，完成开式系统管道的设计。

（12）计算开式系统并联管路的压力损失　选择从隔膜式膨胀罐内侧到回水立管（如果有排气），或到排水系统的出口之间（如果无排气）具有最大摩擦阻力的管段（一般是最长的管段）进行计算。

（13）计算隔膜式膨胀罐出口侧压头　隔膜式膨胀罐出口侧压头，取决于排水系统的设计及是否采用排气管。分为三种情况：

1）使用不带排气管的回水立管并向地表排水的方案。该方案中，隔膜式膨胀罐出口侧压力由四部分组成：①膨胀罐到开式系统供、排水管最高点的垂直距离（图2-10中的H_1）；②运行期间回水立管出口的垂直淹没高度（图2-10中的H_2）；③上面计算的并联管路最大压力损失；④热泵机组中具有的最大换热器压力损失与虹吸作用产生的压头差值。p_2计算式见图2-10中的注。

2）使用带排气管的回水立管并向地表排水的方案（即无虹吸作用）。该方案中，隔膜式膨胀罐出口侧压力等于从膨胀罐到开式系统供、排水管最高点的垂直距离（图2-10中的H_1）相应的压力，膨胀罐到回水立管末端之间并联管路的最大压力损失以及热泵机组中具有的最大换热器压力损失这三项的总和。

3）使用不带排气管的回水立管向回灌井回灌的方案。该方案中，隔膜式膨胀罐出口侧

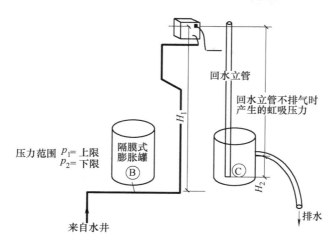

图 2-10 开式环路地下水系统中膨胀罐的出口侧最小压力

注：膨胀罐最小压力 $p_2 = p_{H_1} + p_{H_2} + p_{B-C}$，式中，$p_{B-C}$ 为虹吸压力

压力，等于从膨胀罐到系统供回水管最高点的垂直距离（图 2-10 中的 H_1）相应的压力，运行期间回水立管在回灌井中的淹没深度相应的压力，并联管路中从膨胀罐至回灌井中的排水口之间管段的最大摩擦阻力，热泵机组中具有的最大换热器压力损失与虹吸作用产生的压头差值这四项的总和。

（14）选择膨胀罐 膨胀罐的压力下限，等于隔膜式膨胀罐的出口侧压力，其值取决于上面描述的三种设计方案。膨胀罐的最小容积的数值，为设计流量数值的两倍，例如 $0.4 m^3/min$ 的设计流量，需要有容积为 $0.8 m^3$ 的膨胀罐。膨胀罐的压力上限等于下限压力值加上 138kPa。

（15）确定潜水泵与膨胀罐间管道尺寸 依据通过管道的压力损失 ≤400Pa/m 的条件及相应的井水流量，可选出最小的标准管径，每个供水井管道设计均按此方法进行。

（16）选择潜水泵型号 如图 2-11 所示，潜水泵的扬程相应的压力等于供水井水泵最低抽水水面与膨胀罐的垂直高度（H）相应的压力、膨胀罐压力上限（p_1）、从潜水泵到隔膜式膨胀罐之间管道压力损失这三项之和。根据井的水流量和水泵的扬程，选择一个潜水泵。选择的潜水泵在设计工况下的扬程应比计算值大，并且是在潜水泵的最高效率点附近运行。一般来说，潜水泵的运行通过膨胀罐的压力开关来控制。当开式系统中的水温升至温度上限或降至温度下限时，压力开关分级起动潜水泵。

（17）确定管道保温层的厚度 开式系统管道要求敷设保温层以避免出现结露现象。管道保温层的厚度应依据以下几个参数选定：选择的保温层类型、预计的环路最低水温、建筑物内空气温度，以及空气的最大相对湿度、管径。

3. 闭式环路地下水系统设计

当地下水水质不能满足水源热泵机组的使用要求，或者建筑物高度高，采用开式环路地下水系统时井泵能耗大，此时可采用闭式环路地下水系统。在闭式环路地下水系统中，由于使用板式换热器，把建筑物内循环水系统和地下水系统分开，所以在设计内容方面不完全与开式环路地下水系统相同。下面就不同点进行阐述。

（1）确定所需的地下水总水量 根据供冷和供暖工况下水环路的最大放热量和最大吸

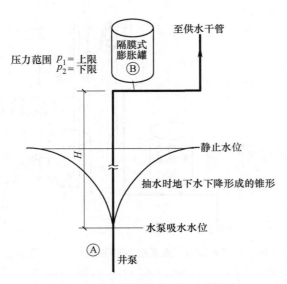

图 2-11   开式环路地下水系统中水泵的扬程

注：水泵扬程 $= H + \dfrac{1}{\gamma}(p_1 + p_{A-B})$，式中，$p_{A-B}$ 为 A 至 B 的压力损失（Pa）；γ 为水的重度（N/m^2）

热量计算井水流量。在冬季和夏季需要的地下水水量，实际上应与系统选择的水源热泵性能、地下水温度、建筑物内循环水温度、冷热水负荷，以及换热器的形式有关。一些国外品牌的水源热泵机组可提供专用计算机选型软件，输入相关参数后，即可迅速得到相应的水流量等数据。在初步估算流量时，可采用下面两个公式进行计算。

1）在夏季供冷时的水流量

$$q_{V,c} = \frac{3600 Q_1}{\rho c_p (t_2 - t_1)} \tag{2-18}$$

式中 $q_{V,c}$——夏季供冷所需地下水量（m^3/h）；

　　　　Q_1——夏季设计工况下换热器换热量（kW），计算方法见式（2-14）；

　　　　ρ——水的密度（kg/m^3），可取 1000kg/m^3；

　　　　c_p——水的比定压热容，可取 4.19kJ/(kg·℃)；

　　　　t_1——进入换热器的地下水温度（℃），按下面介绍方法确定；

　　　　t_2——离开换热器的地下水温度（℃），$t_2 =$ 建筑物环路回水温度 t_{w2} − 换热器回水侧逼近温差（一般在 1～3℃ 范围内），t_{w2} 按下面介绍的式（2-20）计算。

2）在冬季供暖时的水流量

$$q_{V,h} = \frac{3600 Q_2}{\rho c_p (t_2 - t_1)} \tag{2-19}$$

式中 $q_{V,h}$——冬季供热所需地下水量（m^3/h）；

　　　　Q_2——冬季设计工况下换热器换热量（kW），计算方法见式（2-15）；

　　　　t_1——进入换热器的地下水温度（℃）；

　　　　t_2——离开换热器的地下水温度（℃），$t_2 =$ 建筑物环路回水温度 t_{w2} + 换热器回水侧逼近温差（一般在 1～3℃ 范围内），t_{w2} 按下面介绍的式（2-21）计算。

根据式（2-18）和式（2-19）计算出的夏、冬季地下水流量，取较大值作为所需要的地下水量。

（2）确定地下水水温 所谓水源的水温应合适，是指适合水源机组运行工况的要求。例如，在制热运行工况时，水源水温应为 12 ~ 22℃；在制冷运行工况时，水源水温应为 18 ~ 30℃。因此，地下水温度为 18 ~ 22℃，水源热泵机组制冷状态和制热状态均处于最佳工况点。如天津地区，地下水深度 200 ~ 400m 范围内，水温通常在 16 ~ 22℃，对夏季空调和冬季供暖都十分有利。但如果处在地热异常区，地下水的温度会偏高，冬季使用时尚可以采用小流量、大温差的措施；但在夏季使用时地下水源的优势不一定明显，这时可以采用冷却塔的方式。

地下水水温随自然地理环境、地质条件及地下深度不同而变化。近地表处为变温带；变温带之下的一定深度为恒温带，地下水温不受太阳辐射影响。不同纬度地区的恒温带深度不同，水温范围在 10 ~ 22℃。

如果冬季地下水温度较高或夏季地下水温度较低，为了节约地下水资源，可在地下水侧采用大温差、小流量的运行方式，也可以采用与机组回水混合的运行方式，以尽量满足机组要求的水温。

（3）确定建筑物环路回水温度 在闭式系统中，建筑物环路回水温度即为循环水侧板式换热器的进水温度，可由下面两个公式计算：

1）制冷时

$$t_{w2} = t_{w1} + \frac{3600Q_1}{\rho c_p q_V C_F} \tag{2-20}$$

式中 t_{w2}——循环水侧板式换热器的进水温度（℃）；

t_{w1}——夏季设计工况下热泵的进水温度（℃）；

Q_1——夏季设计工况下换热器换热量（kW），计算方法见式（2-14）；

C_F——在循环中使用防冻液时的修正系数，$C_F = \dfrac{(密度 \times 比热容)_{防冻液}}{(密度 \times 比热容)_{水}}$；

q_V——设计循环水体积流量（m³/h）。

2）供暖时

$$t_{w2} = t_{w1} - \frac{3600Q_2}{\rho c_p q_V C_F} \tag{2-21}$$

式中 t_{w2}——循环水侧板式换热器的进水温度（℃）；

t_{w1}——冬季设计工况下热泵的进水温度（℃）；

Q_2——冬季设计工况下换热器换热量（kW），按式（2-15）计算。

（4）选择板式换热器的型号 根据以上计算出的地下水流量、建筑物内循环水流量、地下水温度、建筑物内循环水温度，以及现场勘测得到的地下水参数和工作压力，选择板式换热器的具体型号。目前有很多板式换热器的供应商，一般使用计算机程序选择换热器。板式换热器价格主要取决于其换热面积。

通常当地下水的温度低于 26.7℃，氯化物质量分数在 200×10^{-6} 以下时，采用 304 不锈钢板和中性橡胶密封垫（丁腈橡胶）的板式换热器，已能达到满意的使用寿命；但当氯化物质量分数超过 200×10^{-6} 时，则应使用 316 不锈钢板的换热器。

4. 地下水的回灌

地下水热泵系统中回水的处理是十分重要的。目前我国一些地方，已经出现由于抽取地下水供空调使用后，无法回灌地下而引起的技术和经济问题，应该引起设计者和业主的高度重视。为避免影响城市的地下结构，保护水资源并延长地下水热泵系统的使用寿命，采用地下水时，应全部回灌，并确保回灌不得对地下水资源造成污染。

地下水回灌就是将被水源热泵机组或板式换热器交换热量后排出的水，再注入地下含水层去。这样做可以补充地下水源，调节水位，维持储量平衡；可以回灌储能，提供冷热源，如冬灌夏用，夏灌冬用；可以保持含水层水头压力，防止地面沉降。所以，为保护地下水资源，确保地下水地源热泵系统长期可靠地运行，地下水地源热泵系统工程中应采取回灌措施。为了降低深井投资并节省水泵运行能耗，应尽可能减少深井回灌回路循环水量，为此就需要尽量加大此回路的供回水温差。

（1）回灌水的水质   对于回灌水的水质，要求是好于或等于原地下水水质，回灌后不会引起区域性地下水水质污染。实际上，地下水经过水源热泵机组或板式换热器后，只是交换了热量，水质几乎没有发生变化，回灌不会引起地下水污染。

（2）回灌类型   根据工程场地的实际情况，可采用地面渗入补给、诱导补给及注入补给。注入式回灌一般利用管井进行，常采用无压（自流）、负压（真空）及加压（正压）回灌等方法。无压自流回灌适用于含水层渗透性好、井中有回灌水位和静止水位差的情况。真空负压回灌适用于地下水位埋藏深（静水位埋深在10m以下）、含水层渗透性好的情况。加压回灌适用于地下水位高、透水性差的地层。对于抽灌两用井，为防止井间互相干扰，应控制合理井距。

（3）回灌量   回灌量大小与水文地质条件、成井工艺、回灌方法等因素有关，其中水文地质条件是影响回灌量的主要因素。一般来说，出水量大的井回灌量也大。在基岩裂隙含水层和岩溶含水层中回灌，在一个回灌年度内，回灌水位和单位回灌量变化都不大。在砾卵石含水层中，单位回灌量一般为单位出水量的80%以上；在粗砂含水层中，回灌量是出水量的30%～50%。采灌比是确定抽灌井数的主要依据。

（4）回扬   为预防和处理管井堵塞，主要采用回扬的方法。回扬是指在回灌井中开泵抽排水中堵塞物。每口回灌井回扬次数和回扬持续时间，主要由含水层土壤颗粒大小和渗透性而定。实验证实，在几次回灌之间进行回扬，与连续回灌不进行回扬相比，前者能恢复回灌水位，保证回灌井正常工作。

（5）单井回灌技术   从原理上讲，单井回灌与多井自然回灌有所不同。单井抽灌在地下局部形成抽灌的平衡和循环，其原理如图2-12所示，深井被人为地分隔为上部的回灌区和下部的抽水区两部分。

当系统运行时，抽水区的水通过潜水泵提升到井口换热器，与热泵机组进行换热后，通过回水管回到井中。抽水区的水被抽吸时，抽

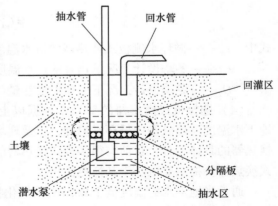

图2-12   单井抽灌原理图

水区局部形成漏斗。回灌的水在水头压力的驱动下，从井的四周往抽水区渗透，因此单井抽灌兼具真空及压力回灌的优点，在此过程中完成回灌水与土壤的热交换。此时回灌水所经过的土壤，就成为一个开放式的换热器。单井抽灌变多井间的小水头差为单井的高水头差，因此单井抽灌比多井更容易解决水的回灌问题，同时还有占地面积小的优点。在实际应用中，单井回灌技术一般适用于供暖制冷负荷较小的情况。

2.4.9　地表水地源热泵系统设计

当项目附近有地表水体（江、河、湖、海），可以当作冷热源时，应首先搜集和确定使用地表水所需的资料。水池或湖泊的面积及深度对系统供冷性能的影响要比对供暖性能的影响大。为使系统运行良好，湖水或河水的深度应超过 4.6m。对于浅水池或湖泊（4.6~6.1m），热负荷应不超过 13W/m² 水面；对于深水湖（>9.2m），热负荷应不超过 69.5W/m² 水面。

地表水热泵系统按其地下换热器的水环路形式，可分为闭式环路地表水热泵系统和开式环路地表水热泵系统。闭式环路地表水热泵系统，实际上是将地埋管地源热泵系统中的地埋管换热器换成了在水体中的地表水换热器。开式环路系统是将水从河流或湖泊中抽出灌入热泵中，而从热泵排出的水又排回到河流或湖泊中，这种系统的费用是地源热泵系统中最低的，闭式系统也比地埋管地源热泵系统的费用要低。

闭式环路地表水热泵空调系统的设计步骤如下：

（1）确定水体在一年四季不同深度的温度变化规律　由于地表水体的温度变化比其他两种地源热泵系统大，因而对水体在全年各个季节的温度变化和不同深度的变化的测定，是设计的一项主要工作内容。

（2）确定地表水换热器类型及材料　地表水热泵系统的设计，主要是地表水体中换热器的设计。目前地表水换热器一般均采用高密度聚乙烯盘管。这些盘管一般是采用将工厂生产的捆卷在现场拆散后，重新捆绑成松散捆卷，然后在底部加上（轮胎、石块等）重物，再放入水中。每卷盘管的长度生产厂有一定的规格，但也可以根据实际需要进行订购。另外，也有采用伸展开的盘管的情况。

（3）选择地表水换热器中的防冻剂　在冬季，当水体温度为 5.6~7.2℃ 时，盘管出口的温度会在 1.7~4.4℃，由于系统液体在 0.037L/(s·kW) 流量运行时，温度降为 2.8~3.3℃，这样即使在南方的水体中运行，水源热泵的出口温度也会接近甚至低于 0℃。如果用水就会产生冻结，因此必须采用防冻剂。常用的防冻剂有氯化钙、丙烯乙二醇、甲醛、酒精。设计者可根据需要选用。

（4）确定地表水换热器盘管的长度　盘管的长度取决于供冷工况时的最大散热量，或供暖工况时水环路的最大吸热量。设计者可参考图 2-13 至图 2-16（图中 HDPE 为高密度聚乙烯，1in=25.4mm），根据接近温度，即盘管出口温度与水体温度之差，确定单位热负荷所需的盘管长度；然后根据供冷工况时的最大散热量，或供暖工况时水环路的最大吸热量，计算出地表水换热器所需盘管的总长度。

（5）设计盘管的构造和流程　确定盘管数量（环路数量），把盘管分组连接到环路集管上，根据现有水体布置环路集管。设计原则如下：

1）每个盘管的长度相等且作为一个环路，环路的流量要保证使其内的工作液体处于紊流流动（$Re > 3000$），同时使盘管的压力损失不超过 61kPa。

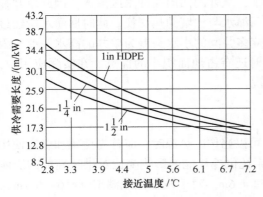

图 2-13　供冷工况伸展开或 Slinky 盘管需要长度

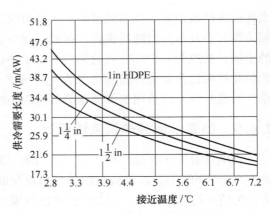

图 2-14　供冷工况松散捆卷盘管需要长度

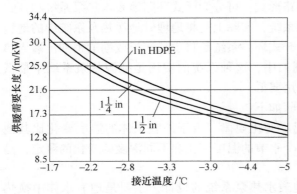

图 2-15　供暖工况伸展开或 Slinky 盘管需要长度

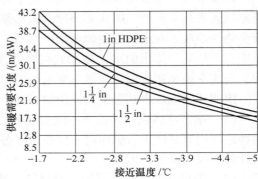

图 2-16　供暖工况松散捆卷盘管需要长度

2）盘管分组连接到环路集管的设计方法，与地埋管地源热泵系统相同。

3）合理布置各个环路组成的环路集管，使之与现有水体形状相适应，并使环路集管最短。在每个环路集管中，环路的数量应相同，以保证流量平衡和环路集管管径相同。

（6）系统的阻力计算及泵选择　与地埋管地源热泵系统相似。

2.5　地热能利用与环境保护

地热是一种清洁廉价的新型能源，也是一种环境友好、绿色环保的能源，它可以广泛应用于发电、供暖、制冷、医疗、温泉洗浴、种植养殖、旅游等领域。所以地热资源的开发利用不仅可以取得显著的经济和社会效益，而且由于地热的开发无需燃料，可以取得明显的环境效益。但是，同国外先进国家相比，我国的地热开发利用在地热勘探、开采、地热水回灌、防腐、防垢等方面的技术和设备还存在较大的差距。此外，地热资源的大规模利用也给环境带来一些问题。

2.5.1　地热利用和开采对环境的影响

随着全球对自然资源认识的改变，地热利用引起的环境问题越来越受到人们的关注。人们不仅认识到地热对周围生态环境、社会系统、地形的影响，而且也认识到更加有效、更加广泛地使用自然资源的重要性。越来越多的国家已经把环境问题列入法律条文中。

1. 对地表水的影响

地热能的利用使一些化学物质随着地热水的排放进入地表水中，对地表水造成一定的污染。在我国南、北方地区，这种污染的影响和程度不完全相同。南方地区雨量多，河水流量大，有限的地热水排入后很快会被河水稀释，影响不明显，水质仍可达到农田灌溉的标准。例如福州郊县永泰鲤鱼场地热水氟化物含量为 15~15.7mg/L，养鱼后的尾水排入附近小溪，溪水中氟化物仅为 0.56mg/L。但在北京小汤山地区，地热水直接排入附近的葫芦河，地热水中氟的含量为 5.84mg/L，总排放量为 24300t/d，河水量为 25900t/d，两者地水量的比值是 1:1。在冬季地热水开采量增加，而河水量反而减少，水质监测结果表明，葫芦河上游的河水中氟化物的含量为 0.84mg/L，经小汤山地区后河水中氟化物的含量升为 2.43mg/L。

2. 对地下含水层的影响

地下水是北方地区生活用水的主要来源。检测结果表明，在地热开采井的附近，地下水的氟含量和矿化度都有升高的趋势。冀津地区土壤多为碱性盐渍土，地下水化学类型为 $HCO_3^- $-$Cl^- $-$Na^+$ 或 $HCO_3^- $ Ca^{2+}-Na^+ 型，容易积累氟。所以地热开发利用地区地下水的矿化度和氟含量都有不同程度的升高，一般为对照点的 2.5~5 倍。例如，河北雄县文家营地热井周围浅层地下水氟含量达 1.2~1.4mg/L，矿化度为 1474~2484mg/L，而对照点水含氟量为 1mg/L。华北的一些地区地下水中总固体和氟化物等的含量已经超出或者将要超出饮用水标准，预计随着开采时间的延续和开采量的增加，地表水排放对浅层地下水的影响会更严重。

3. 对土壤的影响

地热水中氟及其他有害元素对土壤的影响程度与土壤的结构和渗透性能有关。虽然地热水中的钾、钠、磷等元素可以改进土壤性质，但地热水中大量的盐类排入农田会造成严重的土壤板结和盐碱化，因而多数的地下水不能直接用于农田灌溉。

4. 空气污染和放射性污染

地热开发中，所含的各种气体和悬浮物将排入大气，其中在高温发电地区浓度较高、危害较大的有硫化氢、二氧化碳等不凝性气体。硫化氢对人体有害，二氧化碳是造成温室效应的罪魁祸首。

地热水中含有不同程度的氡、铀和钍等放射性物质，在它们的衰变释放产物中有伽马射线，对人体的危害性及危害程度尚在研究中。所以在地热资源开发利用时必须要进行环境影响评价。

5. 对环境的热污染

在地热开发和利用过程中，必然会向大气和水体中排放大量的热量，再加上我国许多地方地下热水的热能利用率很低，排放的尾水温度高，使周围的空气或水体温度上升，影响环境和生物的生长和生存，破坏水体的生态平衡。热气体冷凝成雾有时还会影响人体健康和交通。温度较高的地热尾水排放到下水道等排污管道，也会造成细菌等各种微生物的大量繁殖。比如一些地区排放热水的下水道中常年聚居着蚊虫，不但影响周围居民的生活，也会传播大量疾病。

6. 地面沉降问题

当地热水的抽取量超过天然补给量时就可能发生地面沉降，其沉降量取决于抽出的地热水水量和热储中岩石的强度。1956年新西兰的怀拉开地热区建成试验井后就开始做地面沉降的观测工作。统计结果表明1964~1974年期间的地面沉降量最大，约为4.5m，影响范围达65km²，并且产生了水平运动，最大水平移动达0.4m。

7. 对农、副产品的影响

高氟含量的土壤对农作物品质的影响尚不明显。实验表明，一些植物能利用空气和水将土壤中的无机氟通过生化途径合成有机氟化物，有些对生物普遍有毒害作用。另外，在地热开发区及其附近地区农作物中氟的含量均高于当地对照点农作物中氟的含量，而且不同品种、不同部位间有一定差距，一般而言粮食和豆类高于蔬菜，稻根高于稻米。

鱼能够吸取水中的氟，并富集在体内，使体内的含氟量升高。研究表明鱼体内的氟化物含量与水体中含氟量有着直接的关系。

此外，过量开采地下水还会引起海水入侵、突发性岩溶塌陷等问题。岩溶塌陷虽然影响范围较小，但因其突发性的特征会直接危及生命财产的安全。

2.5.2 地热开采中的环境问题

1. 钻井

我国的地热钻井深度一般在1000~4000m，多数在2000m左右。在钻井过程中钻机提升能力和转盘扭矩都能满足正常钻井，且噪声小，安装方便，适合在城市进行地热资源勘探。突出问题是由于泥浆泵泵量及压力满足不了井内冲洗液的上返速度，导致井底岩屑重复破碎，钻井速度低。现代水井工程技术以气举反循环、泵吸反循环、潜孔锤钻进等技术为代表，实现了"高效、低耗、优质"的目的。但国内大多数地热井工程仍是采用传统的成井工艺，无论在结构设计、材料选择和使用管理方面都存在一定的问题。

2. 金属井管腐蚀与地下水污染问题

目前我国地热资源开发的主要手段是利用钻机通过回转的方式钻井，然后再利用水泵提取地下的热水，其井管一般为金属管材（石油套管或普通无缝钢管）。管材本身质量上存在表面粗糙、杂质含量高等问题，再加上工业、生活污染严重，导致地下水中有害离子和元素增加，加速了金属井管的腐蚀。对于一些特殊场合下的腐蚀或因井管腐蚀报废的水井，如果不做技术处理往往造成局部或区域性的地下水污染。深层地下水大面积遭受污染势必会给人类的生产、生活带来严重危害。

地下金属管道腐蚀带来的环境污染主要包括以下几方面：

（1）水井涌砂和地面沉降　金属井管腐蚀破裂位置在砂层或土层时，水井在使用过程中出现涌砂或砾料问题。轻者加速抽水设备的磨损，堵塞管道，不能正常使用；重者使地面产生沉降，造成周围建筑物倾斜或开裂，严重时会造成泵房下沉。

（2）水温下降和水质污染　井管腐蚀破裂位置在水井止水封闭位置以上时，地表浅水层将与下部深层水混合。浅层水污染时，势必造成该井或该井周围区域地下水污染；当该井是地热井时，上下水混合后水温将下降，起不到地热井的作用。

（3）水量减小和地层坍塌　井管腐蚀破裂后，在水流作用下地层中的砂粒一部分抽到地面，一部分淤积在井底堵塞下部的滤水管，导致水量减小，达到一定限度时，地层中将形成大空洞，一旦地层压力失去平衡，上部坍塌封闭下部含水层，最终导致水井抽不出水而报废。

2.5.3　地热水污染的防治措施

1. 制定有关法规

目前我国在地热资源勘探和开发过程中环境保护意识仍十分薄弱，对于每个地热开发项目没有严格的执行环境质量的评价。虽然在"地热资源，开发利用管理条例"中有规定"在制定地热开发利用规划时，必须包括对开发利用后所产生的环境影响进行评价和预测，并提出防治和解决措施，否则计划主管部门不予批准"，但真正执行起来并没有具体的监督措施。因此加强环保意识，建立权威的监督机构是当务之急。

2. 地热尾水回灌

地热尾水的回灌是保护地热资源和环境的最佳方法。不仅保护环境，还能维持热储层的压力，防止地面沉降。同时回到地下的热水又可以将热储岩体中的热量再次汲出，从而延长地热田的寿命，保护地热资源。

3. H_2S 处理

地热水向大气排放的 H_2S 是一种有害气体。目前最有效的去除 H_2S 的方法就是通过燃烧把 H_2S 气体变成有商业价值的硫酸产品。

4. 控制地热水的热污染

除了进行回灌，大力推广地热资源的梯级利用，尽可能降低地热尾水的排放温度，是提高地热资源利用率和防止热污染最好的方法。

5. 加强地热基础理论和基础地质工作

我国的地热研究和开发利用已有一段时间，但除了有明显地热露头的对流型地热资源的"源、储、盖、通"地热资源要素条件比较清晰之外，对大量存在的平原盆地型低温地热资源的地热要素并不很清楚。特别是对于新生代沉积盆地深部地层的时代划分，由于缺乏深孔资料而难以确定，影响开采储层的准确判断和今后地热资源的正确评价。

6. 注重地热成井工艺质量

由于地热井深度大，揭穿地层复杂，成井工艺十分关键，特别是平原地区松散沉积盖层地区施工更是如此，否则即使具备地热资源条件也打不出地热水，从而造成错误的结论和重大的经济损失。

7. 重视地热资源评价

目前地热井的勘探、开采施工绝大部分是市场商业行为，单井探测、单井论证、单井施工，成则皆大欢喜，否则两败俱伤，很少也较难进行认真的地热资源评价。相信随着地热开发的深入和地热资源管理的加强会予以相应的重视，以防止单井或地热田过度开采而引起的问题。

8. 可持续发展

地热水是宝贵的热矿水资源，由于其深埋地下，开采成本较高，无论从经济效益还是从资源、环境保护来说，都应该努力实现梯级利用、循环利用，走可持续发展的道路。

总之，和其他常规能源相比，地热资源污染小，节约经济成本，在某种程度上缓解了环境污染，是一种清洁环保的新能源，具有广阔的发展前景。虽然在开采、利用过程中存在一定的问题，但只要合理开发、科学利用，就能充分发挥地热绿色能源的优势。地热资源作为一种集水、热、矿于一体，具有独特的、不可代替的复合型资源，将成为未来经济发展和城市化水平提高的独特的优势资源。

2.6　地热能在建筑中的应用实例

2.6.1　工程概况

该工程建筑地点为天津市大港区，工程名称：大港××办公楼地源热泵工程中央空调设计。子工程：暖通空调工程。层数3层，建筑面积1000m²。

1. 空调系统设计

（1）热源形式

1）该工程空调系统冷、热源采用土壤源热泵的系统形式。该栋小楼设计计算总冷负荷为100kW，设计计算总热负荷为80kW。

2）主体冷、热源设计采用土壤源热泵机组一台，单台额定工况制冷量103kW，制热量82.3kW。夏季提供7℃/12℃冷水。冬季提供45℃/40℃热水，为空调系统冷热源。

3）地埋管换热器形式为竖直地埋管，菱形布置。地埋管管材选用高密度聚乙烯（PE），双U形布置，井深120m。设计取用的额定工况土壤换热器夏季平均放热能力为70.8W/m，冬季平均取热能力为48W/m。实际取、放热能力数据待建设单位提供测试报告后，重新核准，并调整钻孔数量。

4）室内侧水系统及地源侧水系统均为闭式系统，介质均为清水。其中室内侧水系统采用变流量系统，根据末端最不利环路供回水压调节末端流量。空调水系统和地埋管系统采用变频定压装置作为定压补水设备，补水箱单独设置水系统联动。室内侧水系统定压压力为0.25MPa，室内侧最大工作压力0.57MPa。地源侧最大工作压力1.55MPa。

5）空调水系统采用两管制，变流量运行。机房内空调水系统冬夏共用，即空调冷热水公用管道系统、定压装置及水处理装置。

（2）空调系统形式　采用风机盘管系统形式。风机盘管卧式安装于吊顶内或落地安装，送风经散流器顶送，回风由吊顶回风口、风机盘管回风箱回至风机盘管，或直接送、回风。

2. 节能设计

1）合理确定室内设计参数，选用高效节能设备，其各项技术性能满足《天津市公共建筑节能设计标准》的相关要求。

2）冷、热源系统采用土壤源热泵这种节能的系统形式，并实现了可再生能源的利用。

3）空调水系统采用一次泵变流量系统，有效降低水系统输送能耗。

4）风机盘管设有温控器及电动两通阀。

5）空调系统设置自动控制系统。

6）风管水管保温材料及保温厚度满足公共建筑节能相关要求。

3. 环保设计

1）水泵设减振基础，管道用软接头与泵连接，管道安装采用弹性支、吊架。

2）各主要房间的设计噪声控制标准满足相关规范的要求。

4. 管材及保温要求

空调供、回水管道采用热镀锌钢管或无缝钢管，凝结水管道采用热镀锌钢管。保温材料采用阻燃型橡塑保温。防火性能达到难燃 B1 级。

5. 消声隔振

1）风机盘管采用减振支、吊架。

2）所有水泵均采用弹簧减振器隔振，水泵及冷水机组进出口均设有可曲挠橡胶软接头。

2.6.2 工程范围

地源热泵空调系统室外换热系统及机房设计。

2.6.3 设计依据

（1）《公共建筑节能设计标准》（GB 50189—2015）

（2）《天津市公共建筑节能设计标准》（DB29—153—2005）

（3）《民用建筑供暖通风与空气调节设计规范》（GB 50736—2012）

（4）《建筑设计防火规范》（GB 50016—2014）

（5）《地源热泵系统工程技术规范》（GB 50366—2005）

（6）《全国民用建筑工程设计技术措施 暖通空调》（2009 年版）

（7）《全国民用建筑工程设计技术措施 节能专篇》（2009 年版）

（8）《办公建筑设计规范》（JGJ 67—2006）

（9）甲方提供的设计任务书及有关设计要求的文件

（10）建筑专业提供的总平面图及单位平、立、剖面图

2.6.4 室内设计参数

室内设计参数见表 2-10。

表 2-10 室内设计参数

	夏季室内温度	冬季室内温度	照明/(W/m²)	人流密度/(m²/人)	设备/(W/m²)	噪声/dB（A）
大厅	26℃	20℃	18	2.5	5	≤45
办公	26℃	20℃	11	10	13	≤50
卫生间	27℃	16℃	—	—	—	—

2.6.5 室外设计参数

夏季室外日平均温度：28.5℃

夏季空调计算干球温度：31.4℃

夏季空调计算湿球温度：26.4℃

夏季通风计算干球温度：28℃

冬季供暖计算温度：－8℃

冬季空调计算干球温度：－10℃

冬季室外计算相对湿度：62%

2.6.6 浅层地下土壤温度

天津地区地下 5m 以下深度的土壤，一年中温度变化很小。理论上 15m 以下深度的土壤为恒温层，恒温层的温度一年中恒定不变。其温度值应为当地年平均气温加 4℃ 左右。天津市年平均气温为 12℃，通过大量工程实际测量天津地区恒温层温度为 15～16℃。恒温层下面为增温层，平均深度每增加 100m，温度提高 3℃。

地埋管换热器大部分埋在恒温层中，部分埋在增温层。

2.6.7 建筑物冷、热负荷计算

已知该工程设计计算总冷、热负荷 Q_c、Q_h 分别为：$Q_c = 100\text{kW}$，$Q_h = 80\text{kW}$。

2.6.8 土壤源热泵系统设计方案

1. 确定地埋管换热器的长度

在土壤源热泵空调系统设计时，可根据当地土壤特性和设计条件，采用式（2-6）～式（2-13）计算地埋管换热器的长度。

土壤平均温度 t_M 根据天津浅层地下土壤温度确定。由于埋管孔深 120m，取土壤平均温度 $t_M = 18℃$，土壤深度 $H_s = 120\text{m}$，土壤热扩散率 a 天津地区取 $0.742 \times 10^{-6}\text{cm/s}$，每年土壤表面温度波动 A_s 取 25℃。则对于水平埋管换热器，由式（2-9）和式（2-10）得全年土壤的最高温度 t_H、最低温度 t_L 均为 18℃。

对垂直埋管换热器，$t_H = t_L = t_M = 18℃$

该工程采用多管，当量管道热阻采用式（2-12）计算。管道采用高压聚乙烯（PE100 SDR11）管材，公称直径为 De32，查附录 A 的表 A-1 得管壁厚，管内径 $D_i = 29\text{mm}$，当量直径 $D_e = \sqrt{16} \times 0.08\text{m} = 0.32\text{m}$，管材热导率 $\lambda_p = 0.3\text{W/(m·K)}$，则当量管道热阻

$$R_p = \frac{1}{2\pi \times 0.3}\ln\left(\frac{D_e}{D_e - (0.08 - D_i)}\right) = 0.092\text{m·℃/W}$$

土壤热阻的阻值取 $R_s = 0.6\text{m·℃/W}$

制冷运行系数 $F_c = \dfrac{90 \times 8}{24 \times 90} = 0.33$

供暖运行份额 $F_h = \dfrac{120 \times 8}{24 \times 120} = 0.33$

则据式（2-6），制冷工况下地埋管换热器长度

$$L_c = \frac{1000 \times 100 \times (R_p + 0.33R_s)}{(39 - t_H)}\left(\frac{\text{COP}_c + 1}{\text{COP}_c}\right) = 1381\frac{\text{COP}_c + 1}{\text{COP}_c}$$

据式（2-7），制热工况下地埋管换热器长度

$$L_h = \frac{1000 \times 80 \times (R_p + 0.33R_s)}{(t_L - 3)}\left(\frac{\text{COP}_h - 1}{\text{COP}_h}\right) = 1547\frac{\text{COP}_h - 1}{\text{COP}_h}$$

式中 COP_h 和 COP_c 可有产品样本查询。

2. 确定地埋管换热器的管沟数或竖井数

根据式（2-16），确定水平埋管的管沟数和竖直埋管的竖井数。

水平埋管管沟数

$$N = \frac{L}{nH} = 1.746 \frac{\text{COP}_\text{c} + 1}{\text{COP}_\text{c}}$$

竖直埋管竖井数

$$N = \frac{L}{16 \times 0.12} = 272.8 \frac{\text{COP}_\text{c} + 1}{\text{COP}_\text{c}}$$

3. 确定地埋管换热器内的工作流体

天津属北方地区，工作流体应采用防冻液。使用氯化钙水溶液作为工作液体。

4. 计算埋管换热器阻力

沿程阻力按式（2-1）计算

$$\Omega_l = 0.1582 \rho^{0.75} \mu^{0.25} D_i^{-1.25} v^{1.75} = 1.63 \times 10^{-15} \text{Pa}$$

5. 选择系统水泵型号

选择水-水模块式水源热泵机组，机组型号为 MWH030CB。

6. 校核埋管换热器管材承压能力

根据式（2-17）对埋管换热器最下端管道进行校核

$$p = 1.01 \times 10^5 + 9.8 \Delta h \rho + 0.5 p_\text{h}$$

2.6.9 设计依据和设计说明

1. 设计依据

（1）《民用建筑供暖通风与空气调节设计规范》（GB 50736—2012）

（2）《建筑给水排水设计规范》（2009 版）（GB 50015—2003）

（3）《地源热泵系统工程技术规范》（GB 50366—2009）

（4）甲方提供的原设计图样与资料

2. 设计说明

1）空调负荷：该工程空调总冷负荷为 100kW，空调热负荷为 80kW。

2）该工程室外采用双 U 垂直式换热系统，室外共钻孔 16 个，孔深 120m，间距 0.5m，孔径 180mm。

3）室外换热系统水平集管采用单管区域集中 + 检查井式系统，水平集管埋深 1.5m。

4）垂直钻孔回填方式采用原浆加 5% 膨润土混合物无压回填，地埋管换热器采用双 U，孔深 120m，间距 5m。

5）地埋管换热器垂直管道采用高压聚乙烯（PE100 SDR11 De32）管材，水平管道及集分水器采用高压聚乙烯（PE100）管材，具体型号详见图样标注。

6）室外检查井采用砖体结构。具体做法可根据现场情况灵活调整。

7）水平管道试压合格后进行分层回填，管道上方首先需铺设 15cm 细砂，然后回填 50cm 原土（不得含有碎石、块、垃圾等杂物），夯实，最后进行原土机械回填。

8）对连接完毕的管道进行水压试验。应缓慢升压，垂直及水平管道试验压力均为 0.6MPa，稳压 20min，压力不得超过 0.05MPa。

2.6.10 自控系统

末端系统风机盘管的起停由温控器自动控制，或由三速开关控制风机盘管的散冷量或散热量。

热泵机组由自带的控制器按输入的参数控制热泵机组运行状态及负荷调节。冷、热能输送系统采用定（变）流量系统，系统投入运行前，必须进行一次性调整。

2.6.11 土壤源热泵机房建筑方案

土壤源热泵机房的建筑面积为 16.065m²，长 6.3m，宽 2.55m，净高度 3m，地面标高 −0.150m，结构形式为矩形。机房位于办公楼首层东北角。

2.6.12 运行费用分析

1. 系统运行概况

该系统供冷期从 6 月 15 日至 9 月 15 日共 90 天。

该系统供暖期从 11 月 15 日至 3 月 15 日共 120 天。

2. 工程所在地电价

该工程所在地采用平均电价，电价为 0.8443 元/(kW·h)。

3. 单位冷、热量的耗电量计算

该工程选用 MWH030CB 热泵机组，由样本查出：

供冷工况热泵机组单位冷量耗功为 103kW/kW。

供暖工况热泵机组单位热量耗功为 80.3kW/kW。

水泵及辅机消耗功率为热泵机组的 23%。

供冷工况空调系统单位冷量耗功为 103×1.23 kW/kW = 126.69kW/kW。

供暖工况空调系统单位冷量耗功为 80.3×1.23 kW/kW = 98.77kW/kW。

思 考 题

1. 地热资源的存在形态有哪些？请分别进行详细的描述。

2. 描述地热发电的原理及应用。

3. 地源热泵的特点及国内外应用现状。

4. 地热能的概念、释放形式、应用及种类。

5. 地热能的利用方式有哪些？请分别进行描述。

6. 地热开采对环境的影响有哪些？分别描述浅层地热能的定义、特点及意义。

7. 地源热泵系统的特点及优势。

8. 地源热泵系统的一般形式。

9. 地热供暖的优点和缺点。

10. 地源热泵的分类。

第 3 章

太 阳 能

3.1 太阳能辐射原理和特点

3.1.1 太阳能辐射原理

太阳是距地球最近的一颗恒星，它的构成物质主要是氢和氦，按质量百分比计算，氢约占 73%，氦占 25%，其他各类元素约占 2%。太阳的直径是 1.4×10^6 km，约为地球的 109 倍。质量约为 2×10^{30} kg，约为地球的 33 万倍。平均密度约为 1.4×10^3 kg/m³，约为地球平均密度的四分之一，和地球之间的距离大概是 1.5×10^8 km。

太阳的结构可分为内外两部分。内部可划分为内核、中介层和对流层；外部大气部分可分为光球、色球和日冕三个层次。如果把内部这部分的半径设为 R，则 $0 \sim 0.23R$ 是内核部分，核内的温度约为 1.57×10^7 K，中心压力约为 2.33×10^{16} Pa，质量约为太阳总质量的 40%。这里进行的热核反应释放出巨大的能量，约占太阳总能量的 90%，并以对流和辐射方式向外传递。$0.23 \sim 0.7R$ 属于中介层，也称为辐射输能区，这一区域内的温度约下降为 1.29×10^6 K。$0.7 \sim 1R$ 的区域称为对流层，温度约 5770K。

太阳大气部分最内侧是光球层，密度下降到 10^{-9} kg/m³，厚度约为 500km，主要成分是电离的气体，能吸收和发射连续的辐射光谱，太阳能的绝大部分能量都由此辐射到太空。外侧紧邻的是色球层，厚度为 $1 \times 10^4 \sim 1.5 \times 10^4$ km，大部分由氢和氦组成，温度约为 5000K，密度约为 10^{-9} kg/m³。色球层不稳定，边缘的电子流会形成太阳风，进而在地球上产生磁暴和激光。最外侧是深入太空的日冕，图 3-1 所示是太阳的结构示意图。

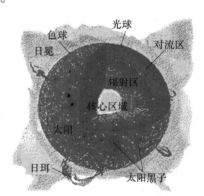

图 3-1 太阳结构示意图

太阳像一个持续运作的熔炉，不停以电磁辐射的形式向四周空间放射出巨大能量，辐射波长从 0.1nm 以下的宇宙射线到无线电波的大部分，人类肉眼所能接受的可见光部分（波长 $400 \sim 780$ nm）只占整个电磁辐射的小部分。

太阳的能量主要来自两种热核反应，一种是质子-质子循环，另一种是碳-氮循环。

质子-质子循环过程可以描述如下：

$$^1_1H + ^1_1H \longrightarrow ^2_1D + e^+ + \nu + h\nu$$
$$^2_1D + ^1_1H \longrightarrow ^3_2He + \nu$$

$$_2^3\mathrm{He} + _2^3\mathrm{He} \longrightarrow _2^4\mathrm{He} + 2_1^1\mathrm{H}$$

式中，$_1^2\mathrm{D}$ 是氘；e^+ 是正电子；ν 是中微子；$h\nu$ 是光子。

碳-氮循环过程可以描述如下：

$$_1^1\mathrm{H} + _6^{12}\mathrm{C} \longrightarrow _7^{13}\mathrm{N} + \nu$$

$$_7^{13}\mathrm{N} \longrightarrow _6^{13}\mathrm{C} + e^+$$

$$_6^{13}\mathrm{C} + _1^1\mathrm{H} \longrightarrow _7^{14}\mathrm{N} + \nu$$

$$_7^{15}\mathrm{N} + _1^1\mathrm{H} \longrightarrow _8^{15}\mathrm{O} + \nu$$

$$_8^{15}\mathrm{O} \longrightarrow _7^{15}\mathrm{N} + e^+$$

$$_7^{15}\mathrm{N} + _1^1\mathrm{H} \longrightarrow _6^{12}\mathrm{C} + _2^4\mathrm{He}$$

这两种热核反应都是使 4 个氢原子聚合成一个氦原子核，在反应过程中质量损失 0.7%。根据爱因斯坦能量方程

$$E = mc^2 \tag{3-1}$$

1kg 质量可以转化为 $9 \times 10^{16}\mathrm{J}$ 的能量，则消耗 1kg 氢元素时由质量损失转化而来的能量总值为

$$9 \times 10^{16}\mathrm{J} \times 0.7\% = 6.3 \times 10^{14}\mathrm{J}$$

辐射通量与温度的关系可以用斯忒藩-玻耳兹曼公式表述

$$\varepsilon = \sigma T^4 \tag{3-2}$$

式中　ε——表面发射率（$\mathrm{W/m^2}$）；

σ——斯忒藩-玻耳兹曼常量，$\sigma = 5.67 \times 10^{-8}\mathrm{W/(m^2 \cdot K^4)}$；

T——温度（K）。

太阳辐射功率为 $3.8 \times 10^{26}\mathrm{W}$，每秒消耗 $6 \times 10^{11}\mathrm{kg}$ 氢燃料，实际质量损失为 $4.2 \times 10^9\mathrm{kg}$（每秒即达 $3.865 \times 10^{26}\mathrm{J}$，相当于每秒烧掉 $1.32 \times 10^{16}\mathrm{t}$ 标准煤所释放出来的能量）。按目前辐射水平，太阳寿命可达几十亿年。地球所能接受的能量仅是太阳发出总量的 22 亿分之一，约有 $1.73 \times 10^{17}\mathrm{W}$ 到达地球大气外边缘。能量穿越大气层时会有衰减，尽管如此，最后约有 50% 的能量到达地面，约为 $8.5 \times 10^{16}\mathrm{W}$。

3.1.2　太阳能辐射的特点

资源匮乏失衡、环境恶化与生态破坏已经成为制约我国可持续发展的瓶颈，科学技术的进步对于解决上述问题，实现可持续发展具有重要作用。大力发展利用太阳能、风能和生物质能等可再生能源可以有效降低资源和能源消耗，具有传统能源无可比拟的优越性。太阳能与其他能源相比有以下特点：

1. 广泛性和廉价性

太阳光普照大地，太阳能洒遍全球。太阳辐射到处都是，无需运输挖掘，可谓是取之不尽，用之不竭，而且几乎没有原始成本。

2. 清洁性

现在使用的主要能源形式是矿物燃料，矿物燃料在燃烧时会排放出大量废气，同时剩余废渣，这些都会对环境造成污染。而太阳能的利用则没有这方面的问题，因此把太阳能作为清洁能源。

3. 间歇性和分散性

太阳高度角是在不停变化的，同时地球的大气环境也是随时变化的，这就造成了太阳能辐射的不稳定，具有间歇性的特点。尽管太阳能辐射遍及全球，但是单位面积上的入射功率却很小，也就是单位面积能量密度小，这也给利用造成了较大麻烦。因为要得到较多的能量，就必须有较大的受光面积，也就意味着相关设备、材料和占地问题比较突出。

4. 地区性

在地球的不同区域，接收到的太阳能辐射是不同的，这除了与当地的地理纬度有关系外，还和气象条件、大气透明度和海拔等诸多因素有关。

3.1.3 评价和影响因素

1. 太阳常数 I_0

由于地球以椭圆形轨道绕太阳运行，因此太阳与地球之间的距离不是一个常数，而且一年里每天的日地距离也不一样。大家知道，某一点的辐射强度与距辐射源的距离的平方成反比，这意味着地球大气上方的太阳辐射强度会随日地间距离不同而异。然而，由于日地间距离太大（平均距离为 $1.5 \times 10^8 km$），地球大气层外的太阳辐射强度几乎是一个常数。因此人们就采用所谓"太阳常数"来描述地球大气层上方的太阳辐射强度。太阳常数是指平均日地距离时，在地球大气层上界垂直于太阳辐射的单位表面积上所接受的太阳辐射能。近年来，通过各种先进手段测得的太阳常数的标准值为 $I_0 = 1.35 kW/m^2$。一年中由于日地距离的变化所引起太阳辐射强度的变化不超过 3.4%。

2. 太阳辐射光谱

图 3-2 所示是大气上层太阳辐射量随波长分布曲线。从图中可知，不同波长的辐射量差别很大。当太阳辐射尚未进入大气层时，能量集中的波段主要是 $0.15 \sim 4\mu m$，占太阳辐射总量的 99%。进入大气层后，X 射线及其他短波辐射被大气分子吸收；大部分紫外线被臭氧吸收；水汽对红外线光谱能量有极大地削弱作用，使之到达地球上的能量微乎其微；同时由于地球大气的散射作用，对可见光也有一定的减弱作用。因此，在地球上利用太阳能，仅需考虑波长为 $0.29 \sim 2.5\mu m$ 的辐射。这部分辐射透过大气时，约有 43% 因散射和反射折回宇宙空间，剩余 57% 进入地表和大气。这 57% 中又有 14% 被大气层吸收，剩余的 43% 中，以直接辐射占 27% 和间接辐射占 16% 的比例到达地面。

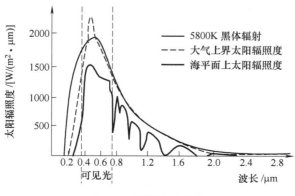

图 3-2 辐射分布曲线

3. 太阳高度角和方位角

太阳能收集器的设计计算都要涉及太阳高度角、方位角以及日照时间等问题，下面求解太阳高度角 h、太阳方位角 A、日出日落时角 ω_θ、日出日落时间 n 等。

（1）太阳高度角 h 的计算　太阳与地平面的夹角 h 就是太阳高度角，如图 3-3 所示。它可以由下式确定

$$\sin h = \sin\phi\sin\delta + \cos\phi\cos\delta\cos\omega \qquad (3\text{-}3)$$

式中　ϕ——当地纬度；

　　　　δ——太阳赤纬；

　　　　ω——时角。

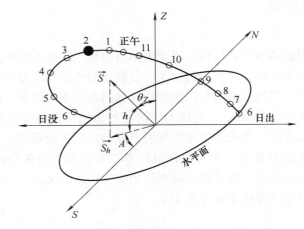

图 3-3　太阳视运动轨迹与太阳高度及方位示意图

太阳正午时，$\omega = 0$，式（3-3）可简化为

$$\sin h = \sin\phi\sin\delta + \cos\phi\cos\delta = \cos(\phi - \delta) \qquad (3\text{-}4)$$

因为 $\cos(\phi - \delta) = \sin[90° \pm (\phi - \delta)]$，所以

$$\sin h = \sin[90° \pm (\phi - \delta)] \qquad (3\text{-}5)$$

1）当正午太阳在天顶以南，即 $\phi > \delta$ 时，取

$$\sin h = \sin[90° + (\phi - \delta)] \qquad (3\text{-}6)$$

$$h = 90° + (\phi - \delta) \qquad (3\text{-}7)$$

2）当太阳在天顶以北，即 $\phi < \delta$ 时，取

$$\sin h = \sin[90° - (\phi - \delta)] \qquad (3\text{-}8)$$

$$h = 90° - (\phi - \delta) \qquad (3\text{-}9)$$

3）当 $\phi = \delta$ 时，即正午太阳正对天顶，则

$$h = 90° \qquad (3\text{-}10)$$

（2）太阳方位角的计算　在图 3-3 中 $\vec{S}$ 在地平面上的投影线与南北方向线之间的夹角 A，就是太阳方位角。A 可以由下列两式中任何一个确定：

$$\sin A = \frac{\cos\delta\sin\omega}{\cos h} \qquad (3\text{-}11)$$

$$\cos A = \frac{\sin h\sin\phi - \sin\delta}{\cos h\cos\phi} \qquad (3\text{-}12)$$

（3）日出日没时角 ω_θ 及日出日落时间 n、日照时间 N 的计算　太阳视圆面中心在出没地平线的瞬间，太阳高度角 $h = 0$。如果不考虑地表曲线及大气折射的影响，可以得出日出日没时角 ω_θ 表达式：

$$\cos\omega_\theta = -\tan\phi\tan\delta \qquad (3\text{-}13)$$

由于 $\cos\omega_\theta = \cos(-\omega_\theta)$，所以这两个解是

$$\omega_{\theta日出} = -\omega_\theta；\quad \omega_{\theta日没} = \omega_\theta \qquad (3\text{-}14)$$

ω_θ 以弧度表示，ω_θ 负值表示日出时角，正值表示日没时角。

相应的日出日没时间分别为

$$n_{日出} = -\omega_\theta \frac{12}{\pi} + 12；\quad n_{日没} = \omega_\theta \frac{12}{\pi} + 12 \qquad (3\text{-}15)$$

日照时间 N 为

$$N = \omega_\theta \frac{24}{\pi} = \frac{24}{\pi}\arccos(-\tan\phi\tan\delta) \qquad (3\text{-}16)$$

4. 大气质量

太阳辐射穿过地球大气层时，不仅受到大气中的空气分子、水汽和灰尘所散射，而且受到大气中 O_2、O_3、H_2O 和 CO_2 的吸收，致使到达地面的太阳直接辐射量衰减以及太阳光谱能量分布发生变化，由此可见在研究计算中，大气质量是一个非常重要的因素。

所谓"大气质量"，是一个无量纲的量，指太阳光线穿过地球大气的路径与太阳光线在天顶方向时的路径之比值，并假定在标准大气压（$p = 760\text{mmHg}$）和气温为 0℃时，海平面上太阳光线垂直入射的路径为 1。显然地球大气上界的大气质量为 0。如图 3-4 所示，A 为地表海平面上的一点，O 和 O' 为大气上界的点。太阳在天顶位置时，太阳光线路径 OA 为一个大气质量，那么太阳位于 S' 的位置时，太阳光线穿过大气层的路径为 $O'A$，则大气质量为

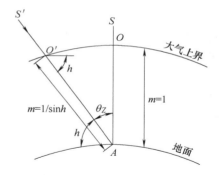

图 3-4　大气质量示意图

$$m(h) = \frac{O'A}{OA} = \frac{1}{\cos\theta_Z} = \frac{1}{\sin h} \qquad (3\text{-}17)$$

式中　$m(h)$——海平面上空的大气质量；

　　　　θ_Z——太阳天顶距（角）；

　　　　h——太阳高度角。

式（3-17）是从三角函数推导出来的，是假定地表为水平面，并略去地球大气的曲率及折射因素的影响而得出的。当 $h \geq 30°$ 时，按公式计算的 m 值，与大气质量的观测值非常接近，其精度达 0.01；但当 $h < 30°$ 时，由于折射和地面曲率的影响增大，特别是在太阳高度很小时靠近地面大气层的减弱影响异常增大，此式的结果就不准确了。在我国太阳日射观测站，当 $h \leq 20°$ 时，采用查表算 m 值。在太阳能工程中，也可以采用下式计算

$$m(h) = [1229 + (614\sin h)^2]^{1/2} - 614\sin h \qquad (3\text{-}18)$$

温度对于 m 值的影响，一般可以忽略不计。但对于海拔高度较大的地区，应对大气压

力进行修正，即

$$m(z,h) = m(h)\frac{p(z)}{760} \tag{3-19}$$

式中　z——为观测点的海拔高度，

　　　p——为观测点的大气压，以 mmHg 表示。

5. 直射辐射和散射辐射

直射辐射就是指以平行光线的方式从太阳直接投射到地面上的辐射能。散射辐射是由于地球大气以及云层的反射和散射作用而改变了方向的太阳辐射，它来自半球天空四面八方的各个方向，在计算时也需要考虑。

3.1.4　我国太阳能总资源量及分布

我国地处北半球，土地辽阔，幅员广大，国土总面积达 960 万 km²。南从北纬 4°的曾母暗沙，北到北纬 52.5° 的漠河，西自东经 73° 的帕米尔高原，东至东经 135° 的黑龙江与乌苏里江汇流处，距离都在 5000km² 以上。在我国广阔富饶的土地上，有着丰富的太阳能资源。全国各地的年太阳辐射总量为 928 ~ 2333kW·h/m²，中值为 1626kW·h/m²。

根据各地接受太阳总辐射量的多少，可将全国划分为五类地区。

一类地区为我国太阳能资源最丰富的地区，年太阳辐射总量 6680 ~ 8400MJ/m²，相当于日辐射量 5.1 ~ 6.4kW·h/m²。这些地区包括宁夏北部、甘肃北部、新疆东部、青海西部和西藏西部等地。尤以西藏西部最为丰富，最高达 2333kW·h/m²（日辐射量 6.4kW·h/m²），居世界第二位，仅次于撒哈拉大沙漠。

二类地区为我国太阳能资源较丰富地区，年太阳辐射总量为 5850 ~ 6680MJ/m²，相当于日辐射量 4.5 ~ 5.1kW·h/m²。这些地区包括河北西北部、山西北部、内蒙古南部、宁夏南部、甘肃中部、青海东部、西藏东南部和新疆南部等地。

三类地区为我国太阳能资源中等类型地区，年太阳辐射总量为 5000 ~ 5850MJ/m²，相当于日辐射量 3.8 ~ 4.5kW·h/m²。主要包括山东、河南、河北东南部、山西南部、新疆北部、吉林、辽宁、云南、陕西北部、甘肃东南部、广东南部、福建南部、江苏北部、安徽北部、台湾西南部等地。

四类地区是我国太阳能资源较差地区，年太阳辐射总量 4200 ~ 5000MJ/m²，相当于日辐射量 3.2 ~ 3.8kW·h/m²。这些地区包括湖南、湖北、广西、江西、浙江、福建北部、广东北部、陕西南部、江苏南部、安徽南部以及黑龙江、台湾东北部等地。

五类地区主要包括四川、贵州两省，是我国太阳能资源最少的地区，年太阳辐射总量 3350 ~ 4200MJ/m²，相当于日辐射量只有 2.5 ~ 3.2kW·h/m²。

太阳能辐射数据可以从县级气象台站取得，也可以从国家气象局取得。从气象局取得的数据是水平面的辐射数据，包括水平面总辐射、水平面直接辐射和水平面散射辐射。

从全国来看，我国是太阳能资源相当丰富的国家，绝大多数地区年平均日辐射量在 4kW·h/m² 以上，西藏最高达 7kW·h/m²。与同纬度的其他国家或地区相比，和美国类似，比欧洲、日本优越得多。上述一、二、三类地区约占全国总面积的 2/3 以上，年太阳辐射总量高于 5000MJ/m²，年日照时数大于 2000h，具有利用太阳能的良好条件。特别是一、二类地区，正是我国人口稀少、居住分散、交通不便的偏僻、边远的广大西北地区，经济发展较为落后，可充分利用当地丰富的太阳能资源，采用太阳光发电技术，发展经济，提高人民生活水平。

3.2 太阳能利用技术

3.2.1 利用形式

太阳能（Solar），一般是指太阳光的辐射能量。地球生物主要以太阳提供的热和光生存，自古人类就懂得以阳光晒干物件，并作为保存食物的方法。但在当今能源危机的前提下，才有意进一步发展太阳能。

太阳能是各种可再生能源中最重要的基本能源，生物质能、风能、海洋能、水能等都来自太阳能，广义地说，太阳能包含以上各种可再生能源。而狭义的太阳能作为可再生能源的一种，则是指太阳能的直接转化和利用。

太阳能利用涉及的技术问题很多，根据太阳能的特点，一般来说主要的共性技术有四项，即采集、转换、存储和传输。人类所有的太阳能利用技术都是围绕这四个方面展开的。

太阳能的应用技术形式总的来说有以下几种形式。

1. 太阳能发电

未来太阳能的利用形式主要是发电，利用太阳能发电有直接和间接两种方式。直接发电包括光伏发电和光偶极子发电。间接发电形式比较多，包括光热动力发电、光热离子发电、热光伏发电、光化学发电、光生物发电（叶绿素电池）和太阳能热气流发电等。

2. 光热利用

光热利用的基本原理是将太阳辐射收集起来，通过与媒介的相互作用转换成热能加以利用。一般根据集热的温度和用途不同把太阳能光热利用分为低温（＜200℃）、中温（200～800℃）和高温（＞800℃）。目前低温利用主要有太阳能热水器、太阳能温室、太阳能干燥及太阳能空调制冷等；中温利用主要有太阳灶和太阳能热发电聚光集热系统等；高温利用主要有太阳能炉等。

3. 光化学

光化学包括光聚合、光分解及光制氢等，主要指利用太阳能分解水制氢技术。

4. 生物利用

生物利用是指通过光合作用来实现将太阳能转化为生物质的过程。这类生物主要有速生植物、油料植物及巨型海藻等。

5. 热动力及其他

太阳能其他利用包括太阳能烟囱、热气机（斯特林发动机）、太阳能激光器及光导照明等。

3.2.2 国内外太阳能开发情况

人类利用太阳能已有3000多年的历史。将太阳能作为一种能源和动力加以利用，只有300多年的历史。20世纪70年代以来，太阳能科技突飞猛进，太阳能利用日新月异。20世纪的100年间，太阳能科技发展日新月异。最早的记录是在1901年，美国加州建成一台太阳能抽水装置，采用截头圆锥聚光器，功率7.36kW。1902—1908年，美国建造了五套双循环太阳能发动机，采用平板集热器和低沸点工质。后来人们注意到石油和天然气资源正在迅速减少，因此加快了太阳能研究工作的开展，并取得一些重大进展。如1945年，美国贝尔实验室研制成实用型硅太阳电池，为光伏发电大规模应用奠定了基础；1955年，以色列泰伯等在第一次国际太阳热科学会议上提出选择性涂层的基础理论，并研制成实用的黑镍等选择性涂层，为高效集热器的发展创造了条件；1952年，法国国家研究中心在比利牛斯山东部建成一座功率为50kW的太阳炉；1960年，在美国佛罗里达建成世界上第一套用平板集热器供暖的氨-水吸收式空调系统，制冷能力为5冷吨（1冷吨=3.517kW）；1961年，一台带有石英窗的斯特林发动机问世。在这一阶段里，人们加强了太阳能基础理论和基础材料的研究，取得了如太阳选择性涂层和硅太阳电池等技术上的重大突破。平板集热器有了很大的发展，技术上逐渐成熟。太阳能吸收式空调的研究取得进展，建成了一批实验性太阳房。对难度较大的斯特林发动机和塔式太阳能热发电技术进行了初步研究。

1973—1980年"能源危机"（有的称"石油危机"）使人们认识到，现有的能源结构必须彻底改变，应加速向未来能源结构过渡。许多国家，尤其是工业发达国家，重新加强了对太阳能及其他可再生能源技术发展的支持，在世界上再次兴起了开发利用太阳能热潮。1973年，美国制定了政府级阳光发电计划，太阳能研究经费大幅度增长，并且成立太阳能开发银行，促进太阳能产品的商业化。日本在1974年公布了政府制定的"阳光计划"，其中太阳能的研究开发项目有太阳房、工业太阳能系统、太阳热发电、太阳电池生产系统、分散型和大型光伏发电系统等。为实施这一计划，日本政府投入了大量人力、物力和财力。

20世纪70年代初，世界上出现的开发利用太阳能热潮，对中国也产生了巨大影响，一些有远见的科技人员，纷纷投身太阳能事业，积极向政府有关部门提建议，出书办刊，介绍国际上太阳能利用动态；在农村推广应用太阳灶，在城市研制开发太阳能热水器；空间用的太阳电池开始在地面应用等，太阳能研究和推广工作纳入了中国政府计划，获得了专项经费和物资支持。一些大学和科研院所，纷纷设立太阳能课题组和研究室，有的地方开始筹建太阳能研究所。总之，在中国也兴起了开发利用太阳能的热潮。各国加强了太阳能研究工作的计划性，不少国家制定了近期和远期阳光计划。开发利用太阳能成为政府行为，支持力度大大加强。研究领域不断扩大，研究工作日益深入，取得一批较大成果，如CPC、真空集热管、非晶硅太阳电池、光解水制氢、太阳能热发电等。但各国制定的太阳能发展计划，普遍存在要求过高、过急问题。例如，美国曾计划在1985年建造一座小型太阳能示范卫星电站，1995年建成一座500万kW空间太阳能电站。事实上，这一计划后来进行了调整，至今空间太阳能电站还未升空。其他如太阳热水器、太阳电池等产品开始实现商业化，太阳能产业初步建立，但规模较小，经济效益尚不理想。

1992年至今，由于大量燃烧矿物能源，造成了全球性的环境污染和生态破坏，对人类的生存和发展构成威胁。在这样背景下，1992年联合国在巴西召开"世界环境与发展大会"，会议通过了《里约热内卢环境与发展宣言》《21世纪议程》和《联合国气候变化框架公约》等一系列重要文件，把环境与发展纳入统一的框架，确立了可持续发展的模式。这次会议之后，世界各国加强了清洁能源技术的开发，将利用太阳能与环境保护结合在一起，使太阳能利用工作走出低谷，逐渐得到加强。世界太阳能利用又进入一个发展期。这个阶段发展的特点是：太阳能利用与世界可持续发展和环境保护紧密结合，全球共同行动，为实现世界太阳能发展战略而努力；太阳能发展目标明确，重点突出，措施得力，有利于克服以往忽冷忽热、过热过急的弊端，保证太阳能事业的长期发展。

进入 21 世纪后，我国太阳能利用得到了空前的发展，有两项技术发展的较为成熟，一是太阳能光伏发电技术，二是太阳能热水技术。到现在为止，我国的太阳能产业规模处于世界第一的位置，是太阳能热水器最大的生产国和使用国，也是太阳能光伏电池板最大的生产国。技术开发的经济性是很光明的。第一，世界上越来越多的国家认识到一个能够持续发展的社会应该是一个既能满足社会需要，又不危及后代人前途的社会。因此，尽可能多地用洁净能源代替高含碳量的矿物能源，是能源建设应该遵循的原则。随着能源形式的变化，常规能源的贮量日益下降，其价格必然上涨，而控制环境污染也必须加大投资。第二，中国是世界上最大的煤炭生产国和消费国，煤炭占商品能源消费结构的70%左右，已成为中国大气污染的主要来源。大力开发新能源和可再生能源的利用技术将成为减少环境污染的重要措施。能源问题是世界性的，向新能源过渡的时期迟早要到来。从长远看，太阳能利用技术和装置的大量应用，也必然可以制约矿物能源价格的上涨。

3.3   太阳能在建筑耗能系统的应用

现代太阳能利用技术的发展趋向复杂，一是光电与光热组合，二是太阳能与建筑的组合。一般来说，用太阳能替代常规能源为建筑供能，包括供暖、热水、空调制冷和照明等新形式的建筑，即为太阳能建筑。

3.3.1   太阳能供暖

太阳能供暖技术就是直接利用太阳辐射供暖，俗称太阳房。随着现代技术的发展和完善，新型的太阳房一般由太阳能收集、储存、常规能源辅助和室内输配系统组成。相比较而言，比传统供暖建筑节能75%~90%。

1. 被动式太阳房

最简单的太阳能供暖技术就是被动式太阳房，不需要任何机械动力和辅助能源，仅仅依靠太阳能自然供暖，实际上就是对温室效应的应用（图3-5）。太阳房在向阳面构建集热墙，墙体上下向室内分别开通风口。当阳光照射到集热墙时，墙体和玻璃间的空气会被加热，被加热的空气会由于冷热气体的密度不同而产生位压。这样，室内冷空气和夹墙内的热空气会在位压的作用下形成对流循环，室内的气温会缓慢升高。没有光照时，关闭通风口，依靠建筑围护结构来维持室温。在高温天气，将集热墙上部通风口关闭，将下部通风口和顶部排风口打开，这会形成一种自然引风作用，使室内空气流动加速形成气流，达到降温作用。如果有地下室，还可以设计将气流经过地下室以达到进一步降温的目的。

2. 主动式太阳房

主动式太阳房，顾名思义，就是除了接收太阳辐射热量外，还附加了一套循环控制系统来实现供暖循环（图3-6）。一般来说，主动式太阳房都设有一套集热、蓄热和辅助能源系统，以此来实现人类主动地利用太阳能的目的。

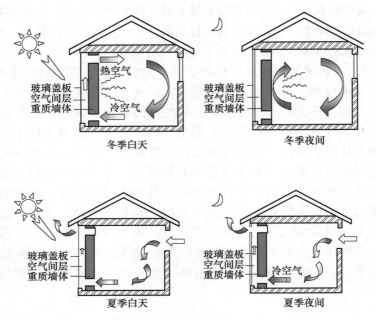

图 3-5　被动式太阳房示意图

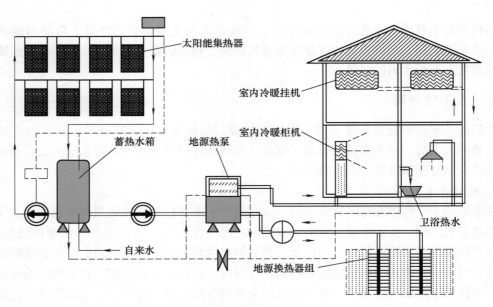

图 3-6　主动式太阳房示意图

3.3.2　太阳能热水

　　太阳能热水就是通过太阳能热水器产生的生活热水。热水器实际上是利用太阳的辐射将低温生活用水加热到高温的装置，目前主要采用玻璃真空管式集热器和平板集热器。平板式集热器优势是集热效率适中，制造成本较低。劣势是热损失较大，冬季防冻性能较差，关键部件容易腐蚀，使用寿命约 6~8 年。真空管式集热器的优势是全年集热效率较高，热损失较小，防冻性能好，关键部件无腐蚀问题，产品使用寿命较长，约 15 年左右，劣势是制造成本相对较高。

太阳能热水器是目前太阳能利用技术最成熟、推广应用最广的技术（图 3-7）。一个完整的太阳能热水系统主要由集热器、蓄热器、循环系统和控制系统等组成。按照不同的流动及循环方式又可以细分为循环式、直流式和闷晒式；按照循环动力可以分为自然循环和强制循环。为了弥补光照强度的波动性缺陷，或者保证在冬季严寒季节正常循环运行，部分装置可能在上述组成部分的基础上增加了辅助能源装置，如电加热等。

图 3-7　太阳能热水器

太阳能热水器的发展也有一个由低效到高效的过程，早期的闷晒式或平板式集热器效率低下，保温性能差，受环境温度变化影响较大。而现在的集热器已经发展到一个较高的水平，如全玻璃真空管或金属玻璃真空管，甚至还有热管真空管式集热系统。

无论平板还是真空管式的集热器，热效率都可以用下式衡量

$$Q_j = A_c H_T \left(A - B \frac{t_{fi} - t_a}{H_T} \right) \tag{3-20}$$

式中　Q_j——热量；

　　　A_c——太阳能集热器面积（m^2）；

　　A、B——与集热器类型和型号相关的常数；

t_{fi}——集热器入口流体温度；

t_a——环境温度；

H_T——焓。

由上述表达式可以很清晰地看出来，太阳能集热器的集热量，除了太阳能的辐射热外，还有与外界的热量交换，而且与太阳的辐射强度成正比，与外界温度成反比。所以，要想提高集热效果，一是尽量将集热器安置于有较强阳光辐射的位置，二是对集热器进行一定的保温处理。

3.3.3 太阳能制冷

太阳能可以用于制冷技术。所谓太阳能制冷，实际上系统制冷部分和常规能源驱动的制冷技术是相似的，只不过由于太阳能的能源特性使得动力部分性能较为独特而已。从原理上看，太阳能制冷技术主要形式可以分为两类：一是由太阳辐射热能为驱动能源，比如吸收式制冷和吸附式制冷等；二是由太阳能产生的机械能为驱动能源，比如压缩式制冷和光电、热电式制冷等。目前较为常用的太阳能制冷技术是太阳能吸收式制冷技术，同时太阳能吸附式制冷技术和喷射制冷技术等也是研究的热门方向。

1. 太阳能吸收式制冷

在诸多的空气调节用制冷技术中，吸收式制冷技术占有重要的地位，有很光明的前景。因为这种技术仅仅需要少量的高品位能源（循环系统电耗），主要的驱动能源是低品位热源，而太阳能完全可以满足这个技术需求。

太阳集热器吸收太阳辐射量产生热水，以此作为吸收式制冷机的热媒。吸收式制冷原理如图 3-8 所示，很显然，热媒水的温度越高，则制冷机的性能系数（COP）越高。一般来说，热媒水温度达到 60℃ 左右时，性能系数 COP 可达到 0.4 左右；热媒水温度达到 90℃ 左右时，性能系数 COP 可达到 0.7 左右；热媒水温度达到 120℃ 左右时，性能系数 COP 可达到 1.1 左右。常用的两个工质对是 $H_2O - LiBr$ 和 $NH_3 - H_2O$，具体装置构成和系统运行性能请参看有关书籍。

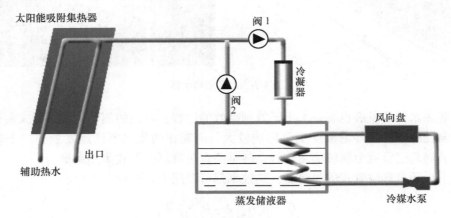

图 3-8　太阳能吸收式制冷

2. 吸附式太阳能制冷

吸附式制冷的原理很简单，就是利用液体（目前主要是水）的蒸发过程使得液体的温度下降，从而实现制冷。

吸附式太阳能制冷系统主要由太阳能集热板（一般和吸附器结合）、冷凝器、蒸发器等组成。其形式简单，如图 3-9 所示。工作过程如下：白天太阳辐射充足时，吸附集热器吸收太阳能辐射后升温，高温使得制冷剂从吸附剂中解附（解吸），此时吸附集热器内的压力升高；解吸的制冷剂进入冷凝器，经冷却介质冷却为液态，再经减压阀进入蒸发器；到阳光辐射不足或到夜间时，环境温度降低，吸附集热器冷却，温度、压力降低，吸附工质开始工作吸收制冷剂，由此产生制冷效果。

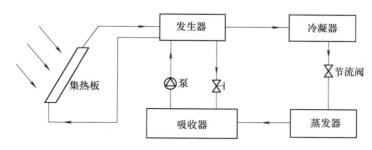

图 3-9　吸附式太阳能制冷

此技术一般不采用氟利昂作为工质，同时具有结构简单、噪声小、寿命长等特点。但是致命的缺点就是效率太低，吸收式制冷的 COP 较之要高出几倍甚至几十倍。主要技术障碍在于材料结构的特殊性，比如吸附材料的特殊性导致系统热导率低、传热效果差，从而导致吸附和解附周期长；单位质量吸收剂的制冷功率小，由此导致设备体积大，系统热量浪费较多，COP 较低。目前关于吸附式制冷的研究主要包括三方面：一是工质对的性能，二是不同循环的热力性能，三是吸附床的性能。

3.4　光电应用

太阳能热发电，实际上是通过收集太阳辐射能量并转化成高品质热能，由此来替代热电厂的燃煤锅炉。其发电原理实际上和普通热电厂的发电原理是一样的。所以有人也把这种太阳能集热器称为太阳能锅炉。太阳能热发电是太阳能利用的重要方向，是可以实现大功率发电从而替代化石能源消耗的绿色能源技术之一。自 20 世纪 80 年代，美、德、西、意等国相继建立了形式各异的示范装置，为世界热发电技术的发展做出了极大贡献。

到现在为止，发达国家各国的太阳能热发电技术主要有塔式、槽式和碟式三种，这三种均属于聚光型热发电技术。所谓聚光型热发电，实际上就是利用大规模阵列抛物面或镜面收集太阳能，然后再通过换热介质产生高温高压蒸汽，推动汽轮机完成发电。

3.4.1　槽式太阳能发电

槽式太阳能热发电系统如图 3-10 所示。

太阳能集热器是利用槽式抛物面反射镜，经过串并联连接，接受太阳辐射热量从而加热循环工质，产生高温蒸汽驱动机组发电。到目前为止，槽式太阳能发电的功率是所有太阳能热发电站中最大的，其功率一般在 10 ~ 100MW。

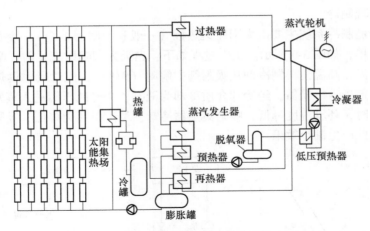

图 3-10　槽式太阳能热发电系统

槽式太阳热发电技术是目前世界上最成熟的，也是最先实现商业化并广泛应用的技术。槽式太阳能热发电系统的组成部件形式简单，聚光镜一般采用分散布置，跟踪精度要求不高，相对而言其跟踪控制系统的造价也比较小。图 3-11 所示内槽式太阳能热发电站。

图 3-11　槽式太阳能热发电站

目前，槽式太阳能热发电站在西班牙、墨西哥、澳大利亚、美国等太阳能资源丰富的国家均有分布。其中美国是世界上对槽式电站研发最多的国家，最典型的当属 1985～1991 年，LUZ 公司在 California 的 Mojave 沙漠共建设了 9 个热电站，总装机容量达到 354MW，年发电量 10.8 亿 kW·h。经过多年努力，电站初投资由 4490 美元/kW 降到了 2650 美元/kW，发电成本由 24 美分/（kW·h）降到了 12 美分/（kW·h），系统平均效率由 10% 提高到了 14%。图 3-12 所示为槽式太阳能热发电的热产出。

我国现已掌握了槽式太阳能发电的核心技术，如聚光镜片、追踪装置和线性聚焦集热管等，是除了美国、德国、以色列之外掌握全部技术的国家。2009 年底我国在山东潍坊峡山区开始投资建设"太阳能热发电研究及产业基地"；2010 年北京中航空港通用设备有限公司在湖南怀化市开发建设了第一个槽式太阳能热发电产业项目。

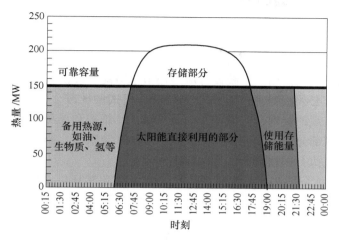

图 3-12 槽式太阳能热发电的热产出

3.4.2 塔式太阳能发电

塔式太阳能发电,顾名思义,就是将电站的核心部分即中心吸热器放置在一个高塔的顶端,由这个吸热器来取代一般火力发电站的锅炉,吸热器利用由若干反射镜(定日镜)聚集的太阳光来加热其内部的介质,产生温度和压力适用的蒸汽,从而来推动汽轮机发电。由这个系统形式决定的,每台定日镜都必须配有独立的追踪控制装置,以确保每台定日镜准确地将太阳光反射到塔顶的接收器上,所以系统的造价昂贵,限制了应用推广。同时,机组装机规模越大,则反射镜的数量越多,占地面积就越大,最终也就决定了吸收塔的高度必须增加。比如,一个装机规模 1MW 的塔式电站,需要用约 2.93 万块面积为 30m² 的反射镜,这些反射镜的占地面积约为 3km²,中心塔的高度需要达到 305m。

塔式系统的聚光倍数高达 1000 以上,介质温度也高达 350℃ 以上,系统效率也高达 15% 以上,属于高温发电系统,目前塔式发电系统的装机规模可达 10 ~ 20MW。最早的塔式电站是 1982 年美国在加州沙漠地区建成的,称为 Solar One 系统,该系统塔高 85.5m,反射镜数量 1818 面,发电功率 10MW,1992 年又将此系统加以改装,称为 Solar Two 系统。后续又有西班牙及以色列的相关项目,无论是相关技术研究还是项目建设均有很大的突破。

3.4.3 碟式太阳能发电

碟式太阳能发电系统,简单地说就是采用了一种碟状抛物镜作为集热器,故又称盘式系统,但从外形看,其结构类似于大型抛物面天线。由盘状抛物面特点决定了碟式系统集热器是一种点聚焦集热器,聚光比可达几百到几千倍,可产生 20000℃ 的高温。但实际上碟式太阳能电站系统复杂,造价昂贵,目前仍处于研发阶段。

3.5 工程实例

太阳能建筑的应用,从设计到建造等各方面,均需遵循一定的规律或相关国家规则。例如,天津市对新的居住区建设实施太阳能热水系统有一定的相关要求和准则。

3.5.1 设计原则

从总的原则来讲，太阳能热水系统应纳入建筑工程设计，统一规划、同步设计、同步施工，与建筑工程同时投入使用。系统设计应遵循节水节能、经济实用、安全简便、便于计量的原则；系统的确定必须经技术、经济、运行管理模式的比较。太阳能热水系统应满足安全、适用、经济、美观的要求，并应便于安装、清洁、维护和局部更换。

作为建筑的组成部分，太阳能热水系统设计应纳入建筑给水排水设计，设计中除遵循以下标准和规范外还应执行国家现行的有关标准和规范。

(1)《民用建筑太阳能热水系统应用技术规范》（GB 50364—2005）

(2)《太阳热水系统设计、安装及工程验收技术规范》（GB/T 18713—2002）

(3)《建筑给水排水设计规范》（2009 年版）（GB 50015—2003）

(4)《建筑给水排水及采暖工程施工质量验收规范》（GB 50242—2002）

(5)《太阳热水系统性能评定规范》（GB/T 20095—2006）

(6)《真空管型太阳能集热器》（GB/T 17581—2007）

(7)《平板型太阳能集热器吸热体技术要求》（GB/T 26974—2011）

3.5.2 设计的主要内容

1）所采用系统的技术、经济指标，合理的使用年限和成本回收期（在计算书中体现）。

2）太阳能热水系统的设计、施工说明。

3）太阳能热水系统的原理图，包括系统原理、控制原理和日后的运行要求，并应包括防冻控制和防过热控制。

4）太阳能集热器的技术参数。

5）太阳能集热器、贮热水箱、循环水泵等连接方式，以及与建筑结合的详细做法。

6）太阳能热水系统管道平面图、系统图。

3.5.3 相关技术要求

1）太阳能热水系统的热性能应满足相关产品国家现行标准和设计的要求，系统中集热器、支架等主要部件的正常使用寿命不应少于 10 年。

2）太阳能热水系统应安全可靠，内置加热系统必须带有保证使用安全的装置，并应采取防冻、防结露、防过热、防雷、抗雹、抗风、抗震等技术措施。

3）应设有其他能源进行辅助加热。

4）系统的供水水温、水压和水质应符合现行《建筑给水排水设计规范》的有关规定。供水水温宜为 52 ~ 60℃，最不利冷水计算温度可按 10℃ 计算。当热水供应系统供给淋浴、盥洗和洗涤盆（池）洗涤用水时，配水点的最低水温不低于 50℃。当原水总硬度 < 150mg/L 时，集热系统可采用直接加热系统；当原水总硬度 ≥150mg/L 时，集热系统宜采用间接加热系统。应考虑采用保证系统冷、热水压力平衡的措施。

5）安装在建筑屋面、阳台、墙面或建筑其他部位的太阳能集热器，不得影响该部位的建筑功能，并应与建筑协调一致，保持建筑统一和谐的外观。安装在建筑上或直接构成建筑围护结构的太阳能集热器，应有防止热水渗漏的安全保障设施。

6）热水管道应选用耐热、耐腐蚀、安装连接方便可靠、符合饮用水卫生要求的管材。一般可采用薄壁铜管、薄壁不锈钢管、塑料热水管、塑料和金属复合热水管等。当敷设在垫层内时可采用 PP-R、PB、PEX 等软管。

7）其他相关要求略。

3.5.4 天津××宾馆太阳能中央热水工程

1. 工程简介

天津××宾馆因扩展营业范围需要配置一套热源供应设备，安装使用太阳能热水工程实现全天 24 小时供应热水，同时考虑利用天津地区夜间低谷电政策，采用双能源供热设备，以太阳能为主，电锅炉为辅助，提高能源的有效利用，确保热水供应稳定及时。

运行模式：串并联结构与电锅炉混合运行

安装地点：天津

设计水量：10t

集热面积：120m²

台数：27 台

机型：YJX-28TT19-50

工程造价：28 万元

安装时间：2003 年 9 月

图 3-13 所示为天津××宾馆太阳能中央热水工程示意图。

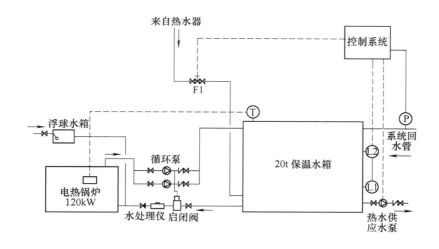

图 3-13　天津××宾馆太阳能中央热水工程示意图

2. 经济性分析

日产热水量 10t，初始水温为 15℃，出水温度为 50℃，燃油以轻柴油为例，价格为 2.8 元/L，电锅炉价格以 0.5 元/(kW·h) 为例计算，三种形式的费用对比见表 3-1。

表 3-1　三种形式的费用比较

项　目	太阳能热水工程	电锅炉	燃油锅炉
设备投资费/万元	28	7	6
使用年限/年	15	6	6
年使用天数/天	300	300	300
运行费用/(万元/年)	0	6.8	4.1

电锅炉三年投资总费用：（6.8×3+7）万元=27.8 万元，燃油锅炉四年的投资总费用：6×（1+4）万元=30 万元。即采用太阳能热水工程，其初投资较高，但加上运行费用之后，相当于电锅炉运行三年后的费用，或是燃油锅炉运行四年后的费用。也即相对于电锅炉，太阳能热水工程三年后可以有净盈利；相对于燃油锅炉，太阳能热水工程四年后可以有净盈利。

不同能源利用形式的比较见表 3-2 所示。

表 3-2　三种能源利用形式的比较

项　目	太阳能热水工程	燃油锅炉	电锅炉
安装工序	简单/迅捷	安装麻烦，工程量大	麻烦，工程量适中
增容项目	无	燃料申请、输送	电力增容
审批程序	无	麻烦	相对复杂
运行噪声	无	噪声大、有设备振动	相对较小
运行管理	简单	由于存在燃料运输及监控，管理较烦	相对简单，但需专人看守
人员数量	无需专人	1~2 人	1 人
技术要求	一般	较高	需懂电气
综合评价	很高	适中	高

思　考　题

1. 什么是太阳辐射？

2. 什么是太阳常数？

3. 太阳辐射和无线电波有什么差别？

4. 大气的质量和大气的透明度对太阳辐射的影响是怎样的？有表达公式吗？

5. 济南地区农村平房，南北向，请问屋檐的突出长度最多为多少的时候，才能保证每年的 12 月 22 日中午屋檐对入射的阳光不发生遮挡？假设窗户上沿距离屋顶的垂直距离为 0.5m。

6. 请列出现有的太阳能集热器的种类，并作出示意图，对其集热的温度及其他相关特点做出分析说明。

7. 什么是集热效率？有什么特点？

8. 太阳能热发电的集热方式有哪些？分别分析相关性能特点和优劣之处。

9. 什么是太阳能烟囱（Solar Chimney）？

10. 太阳能制冷与空调的形式有哪些？

11. 某被动式太阳房，室内维持 40℃，每天受太阳光照 4h，功率 800W/m²，如果环境温度 12℃，房间透射率 0.8，对外的总热损失系数为 7W/(m²·℃)，求该太阳能房每天的净得热量。

第4章
生物质能

生物质能是生物质中贮存的化学能形式的太阳能。即以生物质为载体的能量，包括植物、动物和微生物，及以植物、微生物为食物的动物及其生产的废弃物。生物质能直接或间接地来源于绿色植物的光合作用，可转化为常规的固态、液态和气态燃料，取之不尽、用之不竭，是一种可再生能源。其特点是可再生、低污染、分布广泛。地球每年经光合作用产生的物质有1730亿t，其中蕴含的能量相当于全世界能源消耗总量的10～20倍，但目前的利用率不到3%。因此，当前世界许多国家都在积极研究和开发利用生物质能。

4.1　生物质能源简介

生物质能来源于地球的生物圈，由于太阳的光合作用，生物质能不断地获得补充。生物质中硫、氮以及灰分的含量很低，利用过程中二氧化碳的排放量几乎为零，是一种清洁能源。生物质资源分布广，产量大，能源转化方式多样。但生物质单位质量热值较低，水分含量较大，收集运输和预处理的成本较高，这对生物质能源的利用有较大的制约。

4.1.1　生物质的组成与结构

生物质是由多种复杂的高分子有机化合物组成的复合体有机燃料，主要含有纤维素、半纤维素、木质素、淀粉、蛋白质、脂肪等。

纤维素是由若干β-D-葡萄糖基通过1-4苷键连接起来的线型高分子化合物，其分子式为$(C_6H_{10}O_5)_n$（n为聚合度）。天然纤维素的平均聚合度很高，一般从几千到几万。

半纤维素是由多糖单元组成的一类多糖，其主链上由木聚糖、半乳聚糖或甘露糖组成，支链上带有阿拉伯糖或半乳糖。

木质素是一类由苯丙烷单元通过醚键连接的复杂的无定形高聚物，它和半纤维素一起作为细胞间质填充在细胞壁的微细纤维之间，把相邻的细胞黏结在一起。

淀粉是由D-葡萄糖分子的聚合而成的化合物，通式为$(C_6H_{10}O_5)_n$，它在细胞中以颗粒状态存在，通常为白色颗粒状粉末。按其结构又可分为胶淀粉和糖淀粉。

蛋白质是构成细胞质的重要物质，约占细胞总干重的60%以上。蛋白质是由多种氨基酸组成，相对分子质量很大。氨基酸主要由C、H和O三种元素组成，另外还有N和S。构成蛋白质的氨基酸有20多种，主要存在于细胞壁中，可分为结晶和无定形两种。

脂类是不溶于水而溶于非极性溶剂的一大类化合物。脂类的主要化学元素是C、H和O，有的脂类还含有P和N。油脂是细胞中含量最高、体积最小的储藏物质，在常温下为液态的称为油、固态称为脂。

生物质是人类发展历史中使用最早的能源形势，具有很多其他能源形式所不具有的特点。

1）生物质中灰分、氮、硫等有害物质含量远远低于矿物质能源，燃烧过程对环境污染小，加之生物质燃烧释放的 CO_2 可被生长过程中的植物所吸收，故是 CO_2 零排放的能源形式。

2）世界上任何国家和地区都具有大量的生物质能源，且廉价、易取，是最为普遍的能源形式。

3）只要有阳光的地方，就有生物的生长，因此生物质能源储存量大，可再生，可储存。

4）挥发性组分高，碳活性高，易燃，燃烧后灰渣少且不易黏结。

5）生物质能源密度低、体积大、运输困难。

6）生物质的热值低，水分多，前期处理费用高。

表 4-1～表 4-3 所示为一些常用的生物质特性的定性描述。

表 4-1　生物质燃料的低位热值与水分的关系　　（单位：kJ/kg）

水分（%）	玉米秆	高粱秆	棉花秆	豆秸	麦秸	稻秸	谷秸	柳树枝	杨树枝	牛粪	马尾松	桦木	椴木
5	15422	15744	15845	15836	15439	14184	14795	16322	13996	15380	18372	16970	16652
7	15042	15360	15552	15313	15058	13832	14426	15929	13606	14958	17933	16422	16251
9	14661	14970	15167	14949	14682	13481	14062	15519	13259	14585	17489	16125	15841
11	14280	14585	14774	14568	14301	13129	13694	15129	12912	14209	17050	15715	15439
12	14092	14393	14577	14372	14155	12954	13514	14933	12736	14016	16828	15506	15238
14	13710	14008	14192	13991	13732	12602	13146	14535	12389	13640	16385	15069	14738
16	13330	13623	13803	13606	13355	12251	12782	14134	12042	13263	15937	14686	14426
18	12950	13238	13414	13221	12975	11899	12460	13740	11694	12391	15493	14276	14021
20	12569	12853	13021	12837	12598	11348	12054	13343	11347	12431	15054	13870	13621
22	12192	12464	12636	12452	12222	11194	11690	12945	10996	12134	14611	13460	13213

表 4-2　自然风干后生物质低位热值　　（单位：kJ/kg）

生物质	低位热值	生物质	低位热值	生物质	低位热值
人粪	18841	薪柴	16747	树叶	14654
猪粪	12560	麻秆	15491	蔗渣	15491
牛粪	13861	薯类秧	14235	青草	13816
羊粪	15491	杂糖秆	14235	水生植物	12561
兔粪	15491	油料作物秆	15491	绿肥	12560
鸡粪	18841	蔗叶	13861	玉米秆	17746

表 4-3　一些生物质燃料的成分分析

种类	工 业 分 析				元 素 分 析						低位热值/（kJ/kg）
	水分（%）	灰分（%）	挥发分（%）	固定碳（%）	H（%）	C（%）	S（%）	N（%）	P（%）	K_2O（%）	
杂草	5.43	9.40	68.27	16.40	5.24	41.00	0.22	1.59	1.68	13.60	16203
豆秸	5.10	3.13	74.65	17.12	5.81	44.79	0.11	5.85	2.86	16.33	16157
稻草	4.97	13.86	65.11	16.06	5.05	38.32	0.11	0.63	0.15	11.28	13980

（续）

种类	工 业 分 析				元 素 分 析						低位 热值 /（kJ/kg）
	水分 （%）	灰分 （%）	挥发分 （%）	固定碳 （%）	H（%）	C（%）	S（%）	N（%）	P（%）	K₂O （%）	
玉米秸	4.87	5.93	71.45	17.75	5.45	42.17	0.12	0.74	2.60	13.80	15550
麦秸	4.39	8.90	67.36	19.35	5.31	41.28	0.18	0.65	0.33	20.40	15374
马粪	6.34	21.85	58.99	12.82	5.35	37.25	0.17	1.40	1.02	3.14	14022
牛粪	6.46	32.4	48.72	12.52	5.46	32.07	0.22	1.41	1.71	3.84	11627
杂树叶	11.82	10.12	61.73	16.83	4.68	41.14	0.14	0.74	0.52	3.84	14851
针叶木					6.20	50.50					18700
阔叶木					6.20	49.60					18400
烟煤	8.85	21.37	38.48	31.30	3.81	57.42	0.46	0.93	—	—	24300
无烟煤	8.00	19.02	7.85	65.13	2.64	65.65	0.51	0.99	—	—	24430

4.1.2 生物质能源利用形式

世界上的生物质种类众多，特点各异，决定了生物质能源的利用方式各有不同。根据最终的利用形式，一般将生物质的能源形式分为植物能源、石油植物能源和生物质转化能源三种形式。生物质能转化利用途径主要包括燃烧、热化学法、生化法、化学法和物理化学法等。将生物质能源转化为二次能源，即热量或电力、固体燃料（木炭或颗粒燃料）、液体燃料（生物柴油、甲醇、乙醇和植物油等）和气体燃料（氢气、生物质燃气和沼气等）。生物质能源转化流程如图 4-1 所示。

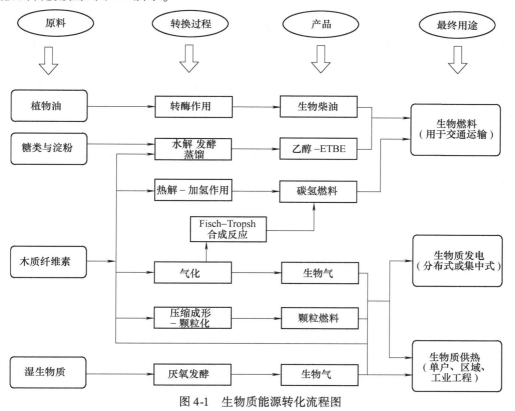

图 4-1　生物质能源转化流程图

生物质既可以直接作为燃料，又可以转化为其他的生物质燃料。例如，杂草、树木可以直接燃烧利用，有些植物可以用来发酵提取酒精，有些植物的种子可以提炼出植物油。考虑上述各种因素，生化物质能源的研究朝两个方向发展：第一是研究直接利用的能源植物（速生植物），第二是研究生物质残余物的能源转化技术。下面分别对这两个领域做简单的介绍。

1. 生物质直接利用的能源

人类生活的几千年来，植物一直是直接或间接的作为能源供人们使用。随着研究的深入，基本可分为速生薪炭林、含糖或淀粉类植物、油类植物、可供厌氧发酵植物以及其他类植物等。

（1）薪炭林　薪炭林是指以生产薪炭材和以提供燃料为主要目的的林木（乔木林和灌木林）。薪炭林是一种见效快的再生能源，没有固定的树种，几乎所有树木均可作燃料。通常多选择耐干旱、适应性广、萌芽力强、生长快、再生能力强、耐樵采、燃值高的树种进行营造和培育经营，一般以硬材阔叶为主，大多实行矮林作业。

薪炭林树种应具有生长快、适应性和抗逆性强、热能高、易点燃、无恶臭、不释放有毒气体、不易爆裂等特点。由于它大多栽在比较贫瘠的土地上，且轮伐期短，对地力消耗较大，故所选树种还应有改良土壤的作用，如豆科及其他有固氮能力的树种。我国北部和西北部的刺槐、沙棘、沙枣、南方的铁刀木、银合欢、相思树、木麻黄，西南地区的桤木等，均宜营造薪炭林。

（2）发酵制取酒精的能源植物　富含糖分、淀粉和纤维素的植物，如甘蔗、甜高粱、甜菜、木薯、玉米、甘薯等，可以直接通过发酵生产燃料乙醇。

巴西自1980年开始生产酒精燃料，供发动机使用。日本1984年完成10t/年的甜高粱酒精厂。阿根廷、意大利、波多黎各、印度、法国、新西兰、美国等国家也致力于甜高粱的栽培技术以及酒精燃料的开发利用。我国在1974年引进多种甜高粱品种，其中 M – 81 在天津通过技术鉴定，20 世纪 80 年代已播种 4205 万亩（1 亩 = 666.7m²），占世界总面积的 6%。已开发的植物的酒精产量的对比见表 4-4。

表 4-4　不同植物酒精产量及能耗比较表　　[单位：MJ/（hm²·年）]

糖类能源植物	酒精产量	农业消耗	工业消耗	所需总能	1t 酒精能耗
甘蔗	4700	15882	9222	25104	5356
木薯	1790	8519	3515	12033	5715
甜高粱	6105	30610	12092	42702	7008
玉米	993	7577	1736	9314	10711
桉树	1700	2305	3343	5607	3330

（3）油料能源植物　　油料能源植物是指含植物油和烃类成分的植物。主要包括油菜、向日葵、棕榈、花生等油料植物和续随子、绿玉树、银胶菊、西谷椰子、西蒙得木等，上述植物可以直接提取油脂生产生物柴油或提取烃液汁生产接近石油成分的燃料。另外，餐饮的废油也是制取生物柴油的主要原料。油料植物的主要成分见表 4-5。

表 4-5 油料植物的主要成分 （%）

品种	月桂酸	肉豆蔻酸	棕榈酸	硬脂肪	花生酸	十六碳烯酸	油酸	亚油酸	亚麻酸
油茶		0.8	10.6	1.7			77.33	9.167	0.267
黄连木		0.013	20.87	1.5	0.567	1.2	46.4	29.37	0.007
山桐子		0.007	12.8	3.3		2.876	9.2	71.13	0.467
光皮树	0.007	0.067	16.53	1.767		0.973	30.5	48.5	1.6
棕榈	19.5	18.6	27	12.3			22.6		
桉			5.5	2.4	0.7		12.8	78.5	
续随子	0.01		5.8	1.9	0.3	1.1	70.25	16.2	2
白檀			20.73	0.873			48.23	30.18	
油桐	0.167	0.007	5.733	2.567		0.007	16.4	22.07	0.3
油菜籽		0.04	3.567	1.133	0.007	0.14	14.5	15.47	13.6
大豆			13	2.9			19.35	58.08	6.7

（4）石油能源植物 石油能源植物是指能直接从植物中提取出类似石油成分，且此成分不需要加工或者只需简单加工即可做内燃机燃料的植物。此类植物主要包括桉树、绿玉树、油楠、霍霍巴、马尾松、苦配巴、续随子、黄鼠草等。

一种生长在大洋洲的桉树含油率高达4.1%，1t桉树可提炼液体燃料87kg；绿玉树为热带和亚热带的植物，每公顷每年可产7570L植物油；霍霍巴主要产品为树蜡，每公顷每年可产树蜡1050kg；续随子产乳状类似汽油的液体，每公顷日产油可达50桶以上；黄鼠草每公顷年产植物石油约6t。

（5）废弃物 废弃物包括林业、农业的废弃物、动物的排泄物、城市生活垃圾以及工业废弃物等。林业废弃物主要是伐木和加工时的木屑或者锯末，农作物的秸秆（每年约十几亿吨），动物排泄物（可制备可燃气体）城市固体废弃物（平均每个家庭年产1t）。平均每吨城市固体废弃物含9GJ的热量。

2. 生物质转化的能源

近年来，利用一些热解和生化技术将一些低品位的生物质和有机废弃物转化为高品位的能源成为主流的研究和发展方向。一些发达国家如美国，生物质转化的能源在全国总能源消耗量的4%，瑞典生物质转化的能源在全国总能源消耗量的16%，奥地利占总能量的10%。

（1）生物质直接燃烧 直接燃烧是最古老的利用方法。由于大部分生物质含碳量最高也只有50%左右，氢含量较高，氧含量高达30%～40%，密度小，质地松散，燃点低，故生物质的整体热值较低，如果直接使用需辅以其他高热值的燃料。生物质直接燃烧，产生大量的残碳对环境污染较大，因此不是当今社会主要倡导的利用方式。

（2）生物质制沼气 自然界中，由于大量的生物质自然堆积、腐烂、发酵，可生成沼气。在近现代，为了解决燃料供应不足的问题，人类利用生物发酵的技术制备沼气，并尽量提高沼气的产量和品质。

（3）生物质压缩成形燃料技术 生物质压缩成型的原料主要有锯末、木屑、稻壳、秸秆等。这些纤维素生物质细胞中含有的纤维素、半纤维素和木质素，占植物体成分的2/3以上。生物质压缩成形燃料，广泛用于家庭取暖、小型热水炉、热风炉，也可用于小型发电设施，它是充分利用秸秆等生物质资源代替煤炭的重要途径。生物质压缩成形燃料就是将分散、质量轻、储运困难、使用不便的纤维素生物质经过压缩成形和碳化工艺加工成燃料。压缩工艺提高了生物质容重和热值，改善了燃料性能，使之成为商品燃料。

（4）生物质制乙醇　生物质制乙醇是指将淀粉植物（甘薯、木薯、玉米、马铃薯、大麦、大米、高粱）、糖类原料［甘蔗、甜菜和制糖业的副产品（糖蜜）］、纤维素原料（农作物秸秆、森林采伐和木材加工剩余物、柴草、造纸厂和制糖厂含有纤维素的下脚料、部分城市生活垃圾等）、其他原料［造纸厂的亚硫酸盐纸浆废液、淀粉厂的甘薯淀粉渣和马铃薯淀粉渣、奶酪工业副产品（乳清、一些野生植物等）］，经发酵、水解或者糖酵解等工艺，制成燃料乙醇。其分子式为 C_2H_5OH 或 CH_3CH_2OH。乙醇生产还需要多种辅助原料，不同工艺过程需要增加不同的辅助原料。

（5）生物质能的转化技术　目前研究开发的生物质能的转化技术主要分为物理干馏法、热解法和生物、化学发酵法，具体包括干馏制取木炭技术、固体生物质燃料制取技术、生物质可燃气体气化技术、生物质液化和生物质能生物转化技术。

4.2　生物质能源制备方式

生物质的转化利用方式主要包括物理转化、化学转化、生物转化等。转化后的二次能源形式分别为热能、电能、固体燃料、液体燃料和气体燃料等。

生物质物理转化是将生物质粉碎至某一粒径范围，在不添加胶黏剂和高压条件下，挤压成一定形状，形成固体燃料。物理转化解决了生物质能形状各异、堆积密度小、较松散、运输和贮存使用不方便问题，提高了单位体积生物质能量的利用效率。

生物质化学转化主要包括直接燃烧、热解气化、液化、酯交换等。

4.2.1　生物质燃烧技术

自古以来，人类就利用直接燃烧的方法从生物质中获取热量。1970 年芬兰开始开发流化床锅炉技术，将生物质燃烧产生电能或供热，这项技术已经成熟，并成为燃烧供热电工艺的基本技术。欧美一些国家基本都使用热电联产技术来解决燃烧物质原料用于单一供电或供暖在经济上不合算的问题。生物质燃烧技术包括生物质直接燃烧、生物质和煤的混合燃烧以及生物质的气化燃烧。

1. 生物质直接燃烧

生物质转化为电力主要有直接燃烧蒸汽发电和生物质气化发电两种。生物质直接燃烧发电的技术已进入推广应用阶段。生物质气化发电是更洁净，适合于小规模生物质分散利用，投资较少，发电成本也低。大规模的生物质气化发电一般采用生物质联合循环发电（IGCC）技术，能源效率高，可大规模开发利用生物质资源。

直接燃烧发电是生物质与过量空气在锅炉中燃烧，产生的热烟气和锅炉内的换热器换热，使换热器中的水气化为高温高压蒸汽，通过在蒸汽轮机中膨胀做功发出电能。自 20 世纪 90 年代起，丹麦、奥地利等欧洲国家开始对生物质能发电技术进行开发和研究。经过多年的努力，已研制出利用木屑、秸秆、谷壳等发电的锅炉。截止到 2004 年，丹麦已建立了 130 家秸秆发电厂，使生物质能源成为丹麦的重要能源之一。

生物质气化的发电技术主要有三种方式：第一是带有汽轮机的生物质加压气化，第二是带有汽轮机或者是发动机的常压生物质气化，第三是带有 Rankine 循环的传统生物质燃烧系统。传统的生物质气化联合发电技术（BIGCC）包括生物质气化、气体净化、燃气轮机发电及蒸汽轮机发电。目前欧美一些国家正开展这方面研究，如美国的 Battelle（63MW）和夏威夷（6MW）项目，英国（8MW）、瑞典（加压生物质气化发电 4MW）、芬兰（6MW）以及欧盟建设的其他 3 个 7～12MW 生物质气化发电 BIGCC 示范项目。美国在利用生物质能发电方面处于世界领先地位。美国建立 Battelle 生物质气化发电示范工程代表了生物质能利用的世界先进水平，可生产中热值气体。这种大型生物质气化循环发电系统包括原料预处理、循环流化床气化、催化裂解净化、燃气轮机发电、蒸汽轮机发电等设备，适合于大规模处理农林废弃物。

2. 生物质与煤的混合燃烧

生物质与煤（或者水煤浆）混合燃烧是一种新型综合利用生物质能和煤炭资源，同时降低污染排放的燃烧方式。我国生物质能占一次能源总量的 33%，是仅次于煤的第二大能源。另外，我国燃煤污染排放严重，发展生物质与煤（或者水煤浆）混合燃烧（混烧）利用方式既能减轻环境污染又能利用再生能源的技术，非常适合我国的国情。在大型燃煤热电厂中，将生物质与矿物燃料混合燃烧，不仅为生物质与矿物燃料的优化提供了机会，同时可使现存许多燃煤设备不需要太大的改动就可投入使用，使整个项目的设备投资费用降低。

生物质和煤（或水煤浆）混合燃烧过程主要包括水分蒸发、前期生物质及挥发分的燃烧和后期煤的燃烧等。单一生物质燃烧主要集中于燃烧前期；单一煤燃烧主要集中于燃烧后期。在生物质与煤（或水煤浆）混烧的情况下，燃烧过程明显分成两个燃烧阶段，随着煤的混合比重加大，燃烧过程逐渐集中于燃烧后期。生物质的挥发分初析温度要远低于煤的挥发分初析温度，使得着火燃烧提前。在煤中掺入生物质后，可以改善煤的着火性能。在煤和生物质混烧时，最大燃烧速率有前移的趋势，同时可以获得更好的燃尽特性。生物质的发热量低，在燃烧的过程中放热比较均匀，单一煤燃烧放热几乎全部集中于燃烧后期。在煤中加入生物质后，可以改善燃烧放热的分布状况，对于燃烧前期的放热有增进作用，可以提高生物质的利用率。

近年来，生物质燃烧技术的研究主要集中在高效燃烧、热电联产、过程控制、烟气净化、减少排放量与提高效率等技术领域。在热电联产领域，出现了热、电、冷联产。以热电厂为热源，采用溴化锂吸收式制冷技术提供冷水进行空调制冷，可以节省空调制冷的用电量。热、电、气联产则是以循环流化床分离出来的 800～900℃ 的灰分作为干馏炉中的热源，用干馏炉中的新燃料析出挥发分生产干馏气。流化床技术仍然是生物质高效燃烧技术的主要研究方向，特别像我国生物质资源丰富的国家，开发研究高效的燃烧炉、提高使用热效率，至关重要。

4.2.2　生物质热解气化

生物质的气化是以氧气（空气、富氧或纯氧）、水蒸气或氢气作为气化剂，在高温下通过热化学反应将生物质的可燃部分转化为可燃气（主要成分为一氧化碳、氢气、甲烷以及富氢化合物的混合物，还含有少量的二氧化碳和氮气）。通过气化，原先的固体生物质能被转化为更便于使用的气体燃料，可用来供暖、制备水蒸气或直接供给燃气轮机以产生电能，并且能量转换效率比固态生物质的直接燃烧有较大的提高。但是气化工艺复杂，设备投资成本大。

生物质气化的特点是可规模化生产，通过改变生物质原料的形态来提高能量转化效率，获得高品位能源，改变传统方式利用率低的状况。另外还可进行工业性生产气体或液体燃料，直接供用户使用。生物质气化污染少，使用方便，可实现生物质燃烧的碳循环，推动可持续发展。

1. 生物质热解气化原理

生物质气化过程，包括生物质中碳成分与空气氧的氧化反应，碳与二氧化碳、水等的还原反应和生物质的热分解反应等。气化过程可以分为四个区域：

（1）干燥层　生物质进入气化器顶部，被加热至 200～300℃，原料中水分首先蒸发，生成干原料和水蒸气。

（2）热解层　生物质向下移动进入 500～600℃ 的热解层，挥发分从生物质中大量析出，剩下的成分为木炭。

（3）氧化层　热解的剩余物木炭与被引入的空气发生反应，并释放出大量的热用以维持其他区域进行反应需要的热量。该层反应速率较快，温度达 1000～1200℃，挥发分参与燃烧后进一步降解。主要反应为：$C + O_2 = CO_2$，$2C + O_2 = 2CO$，$2CO + O_2 = 2CO$，$2H_2 + O_2 = 2H_2O$。

（4）还原层　还原层中没有氧气存在，氧化层中的燃烧产物及水蒸气与还原层中的木炭发生还原反应，生成 H_2 和 CO 等。这些气体和挥发分形成了可燃气体，完成了固体生物质向气体燃料转化的过程。因为还原反应为吸热反应，所以还原层的温度降低到 700～900℃，所需的能量由氧化层提供，反应速率较慢，还原层的高度超过氧化层。主要反应为：$C + CO_2 = 2CO$，$C + H_2O = CO + H_2$，$C + 2H_2 = CH_4$。

在以上反应中，氧化反应和还原反应是生物质气化的主要反应，而且只有氧化反应是放热反应，释放出的热量为生物质干燥、热解和还原等吸热过程提供热量。

2. 生物质热解气化工艺

生物质原料在限量供给的空气或氧气及高温条件下被转化成燃料气的过程称为气化。一般气化过程分为三个阶段：第一个阶段是将物料干燥脱去水分；第二阶段是分解为小分子热解气态产物、焦油和碳；最后一个阶段是将第二阶段的产物在高温下进一步分解为气态烃类产物、氢气等可燃物质，固体碳则通过一系列氧化还原反应生成 CO。

生物质热解产物气化介质主要有空气和纯氧两种。在流化床反应器中通常用水蒸气作为气化介质。

生物质气化主要包括空气气化、氧气气化、蒸汽气化、干馏气化、蒸汽-空气气化和氢气气化六种方式。

（1）空气气化　空气气化是以空气作为气化介质的最简单的一种生物质气化工艺，根据气流和加入生物质的流向不同，分为上吸式（气流与固体物质逆流）、下吸式（气流与固体物质顺流）两种流化床形式。气化工程的压力为常压，炉膛温度为 700～1000℃。由于空气中氮气的含量很高，使得热解产生的燃料气体热值较低，一般在 5.4～7.3MJ/m³。

（2）氧气气化　用氧气作为生物质的气化介质的气化工程，由于不存在氮气成分，故热解气的热值较高，可达 10.9～18.2MJ/m³。该工艺比较成熟，但氧气气化成本较高。

（3）蒸汽气化　顾名思义是用蒸汽作为气化剂，辅以适当的催化剂，可获得高含量的甲烷与合成甲醇的气体，以及较少量的焦油和水溶性有机物。选用的催化剂不同，热解气体产物的成分也有较大的不同，适用于偏重于某种气体成分的热解需要。

（4）干馏　干馏是一种特殊的气化方式，是指在缺氧或少量供氧的情况下，对生物质进行热解的过程。主要产物有醋酸、甲醇、木焦油、木炭和可燃性气体等。可燃气的主要成分包括 CO_2、CO、CH_4、C_2H_4、H_2 等。

（5）蒸汽-空气气化　因为减少了空气的供给量，克服了空气气化产物热值低的缺点，可生成更多的氢气和碳氢化合物，提高了燃气热值。

（6）氢气气化　以氢气作为气化剂，主要反应是氢气与固定碳及水蒸气生成甲烷的过程，此反应生成的可燃气的热值为 $22.3 \sim 26MJ/m^3$，属于高热值燃气。但是反应的条件极为严格，需要在高温下进行，而且成本较高，所以一般工业上不采用这种方式。

4.2.3　生物质液化

液化是指通过化学方式将生物质转换成液体产品的过程，分直接液化和间接液化两类。直接液化是将生物质与一定量溶剂混合后抽真空或通入保护气体放在高压釜中，在适当温度和压力下将生物质转化为燃料或化学品的技术。直接液化过程所实施的压力不同，可分为高压液化和低压液化两种。高压液化的产品为燃料油，但品质不好，需要改良后才能使用。由于高压液化的压力高，设备制作复杂，目前难以推广。低压液化温度为 $120 \sim 250℃$，压力为常压或者低压（小于 2MPa）。常压（低压）液化的产品一般作为高分子产品（如胶黏剂、酚醛塑料、聚氨酯泡沫塑料）的原料，或者作为燃油添加剂。生物质转化为液体燃料过程需要加氢、裂解和脱灰等工艺。生物质直接液化工艺流程如图 4-2 所示。

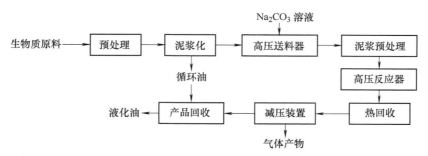

图 4-2　生物质直接液化工艺流程图

生物质间接液化就是把生物质气化成气体后，再进一步合成反应成为液体产品，或者采用水解法，把生物质中的纤维素，半纤维素转化为多糖，然后再用生物技术发酵成为酒精。

4.2.4　生物质其他能源化形式

1. 生物质燃料乙醇

生物质燃料乙醇是生物质经发酵蒸馏制成。燃料乙醇是通过对乙醇进一步脱水使其纯度达到 99.6%，再加上适量的变性剂后制成。燃料乙醇所排放的二氧化碳和生物质原始生长所消耗的二氧化碳在数量上基本持平，这对减少大气污染及抑制温室效应重大意义。

2. 生物柴油

生物柴油是指一切利用生物质原料制成的替代燃料——即脂肪酸甲酯的混合物，也可称为燃料甲酯、生物甲酯或酯化油脂。因为生物柴油燃烧所排放的二氧化碳远低于植物生长过程中所吸收的二氧化碳，可以减缓地球的温室效应，故而生物柴油被视为一种清洁能源。

生物质制柴油主要包括：化学法转酯化制备生物柴油、生物酶催化法生产柴油和临界法制备柴油等。生物柴油适用于任何类型内燃机车，可以与普通柴油以任意比例混合，是柴油的优良替代品。

3. 沼气

沼气是由有机物质（粪便、杂草、作物、秸秆、污泥、废水、垃圾等）在适宜的温度、湿度、酸碱度和厌氧的情况下，经过微生物发酵分解作用产生的一种可燃性气体。其主要成分是 CH_4 和 CO_2，还有少量的 H_2、N_2、CO、H_2S 和 NH_3 等。一般沼气中含有 CH_4 50% ~ 70%（体积分数，下同），CO_2 30% ~ 40%，还有少量其他气体。沼气生产、工艺以及用途的研究是目前各国沼气科学工作者研究的热点课题之一。沼气作为一种新型可再生能源有可能替代石油、天然气等产品而广泛应用于生活中。

4.3 生物质能利用实例

经过国内外专家的几十年的研究，大量的生物质应用的成功案例为缓解当前的能源危机做出了贡献，也为生物质能源化的研究打下坚实的基础。本章介绍生物质气化和发电的两个应用实例。

4.3.1 小型生物质气化工程实例

一般小型生物质气化供气系统是由气化站、燃气输配管网和室内用气系统三部分组成。工程设计包括：气化站设计、燃气管路的合理布置和室内应用设计三部分。

1. 气化站设计

气化站设计包括选址、原料储藏、工艺流程确定、设备选型及设计计算等。

（1）气化站选址　气化站有噪声、烟气、灰尘等，为了不影响居民的正常生活，一般应安置在风向频率最高的下风侧地势较高的地方，以防止雨季积水并有利于输送过程中管道凝结水的排空。为防止火灾，一般规定：燃气生产车间与民宅的防火间距不小于 25m；燃气生产车间与集中储料场的防火间距不小于 15m；燃气生产车间与气柜的防火间距不小于 10m；气柜与集中储料场的防火间距不小于 25m；气柜与民宅的防火间距不小于 25m；集中储料场与民宅的防火间距不小于 30m。

（2）原料储存　储料场地面要高于周围地标 100mm，并用 2m 以上的围墙与燃烧站房分开。原料量按每户每天的用量进行核算，总储量应按比年消耗量多 20% 计算。原料使用前放在干料棚中保持干燥，原料的主要质量标准是水分≥20%，灰分 < 20%，无碎石、铁屑等硬质杂质，无霉变。

（3）工艺流程　秸秆气化制气与净化的工艺流程如图 4-3 所示，其组成包括原料预处理，加料器、气化器、净化器、燃气排送机等。

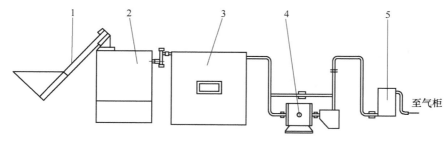

图 4-3 秸秆气化制气与净化的工艺流程

1—螺旋输送机（绞龙） 2—气化器 3—净化器 4—燃气排送机 5—水封

将预先加工好的生物质原料由上料装置送入气化器气化。气化器产生的热燃气，在净化器中经过除尘和过滤，去除其中的灰分、水分和焦油，成为满足输送要求的洁净燃气。进入气柜前的燃气在间接冷却处理后温度应降到 35℃ 以下，以保证安全。生物质燃气的质量指标应符合下列标准：燃气低位发热量 ≥4.2MJ/m³，CO 含量 ≤20%（体积分数），杂质含量 ≤50mg/m³。燃气排送机的送气量按小时最大燃气生产量确定，其压力按制气系统的最大阻力和储气柜最高压力的总和确定，采用燃气专用容积式鼓风机以确保安全。燃气排送机必须设置回流管、回流阀、放空管和放空阀。

（4）站内设备要求 送料、出灰以及设备维护方便；通风良好并有无障碍安全通道；管道功能清晰，标注准确无混淆。

（5）仪表及安全装置 气化器出口和燃气排放机出口设压力表；燃气输送口设燃气可燃成分检测仪表；气化炉设火焰监视器；水泵出口设压力表；冷却器出口安装温度检测仪表；燃气排送机与气柜之间必须设置安全水封，保证气柜内气体不倒流；站内燃气管道应设置不小于 0.003 的坡度，在管道的最低处设放水阀；冷却水系统管路应加保温层。站内所有金属设备、管道表面均做防腐处理。

2. 储气柜设计

储气柜是保证系统压力稳定和维持用气负荷的主要设备，通过柜内钟罩的起落控制燃气的进入和输出，可适应白天使用频繁、夜间间歇的零散用户的供气要求。储气柜设计参数应满足《钢制低压湿式气柜》（HG 20517—1992）的规定。储气柜设计压力应大于输送管网阻力和灶前压力之和。气柜出入口管均需设置隔断装置并在管道最低处设排水阀排出凝结水。气柜上设压力表，充气达到压力上限时能自动放散燃气。湿式气柜水封的有效压力高度应不小于最大工作压力的 1.5 倍，同时气柜应有符合《建筑物防雷设计规范》（GB 50057—2010）规定的防雷设施。根据户内用气系统所选灶具额定压力及管道阻力损失，确定储气柜最低出口压力，但储气柜最大出口压力不得高于 4kPa（400mmH₂O），应满足半径 1km 以内的输送要求。

储气柜设计参数按以下方法确定。

（1）气柜燃气压力计算

$$p = \frac{W}{F} \tag{4-1}$$

式中 p——燃气压力（Pa）；

W——上升钟罩的重量（N），包括水封内水的重量；

F——上升钟罩的水平截面面积（m^2）。

燃气压力一般为 $1 \sim 4kPa$。

（2）储气柜有效容积计算　有效容积按下式计算：

$$V = \frac{\pi}{4}\left[D_1^2(h_1 - L_1) + D_2^2 + D_n^2(h_2 、 \cdots 、 h_n - f) \right] \tag{4-2}$$

式中　　　　　　V——有效容积（m^3）；

D_1、D_2、D_n——钟罩、中节Ⅰ、中节Ⅱ、中节 n 的内径（m）；

h_1——钟罩浸入水槽的深度（m）；

h_2、$\cdots$、h_n——中节Ⅰ、中节Ⅱ全升起后的有效高度（m）；

L_1——安全罩帽插入深度（m）；

f——最下一节活动节升至极限位置，活动节底的液位（m）。

（3）储气柜设计基本参数的确定

1）储气柜的径高比。水槽直径比柜体总高度，一般表示为 $D : H$。其中外导架直升式气柜一般取 $D : H = 0.8 \sim 1.2$。

2）气柜活动节节数。按公称容积确定活动节节数。公称容积 $V_n \leqslant 2500m^3$ 时，取 $n = 1$。

3）水封挂圈。可采用图 4-4 所示的形式。

4）水封高度。水封内必须保持一定的水柱高度，保证在最大的工作压力下（包括合封加荷的瞬间状态）能封住柜内气体，不得泄漏。除此之外，水封内的水不应过多，以免水从上挂圈顶部溢出。若水封起隔离作用，则水封高度应加上隔离液层高度，一般应取 $80 \sim 100mm$。

5）上挂圈封板浸入水中的高度。上挂圈封板浸入水中的高度 H_5 为钟罩下降在垫梁上时，上挂圈立板下口至水槽溢流口的距离，即为封板浸入水中的深度。此深度应保证挂圈能提取水量恰当而不过量，通常 $H_5 \leqslant p$（燃气压力），H_5 还与 H_2 有关。若无理论计算依据，可取经验值 $H_5 > p_1$。

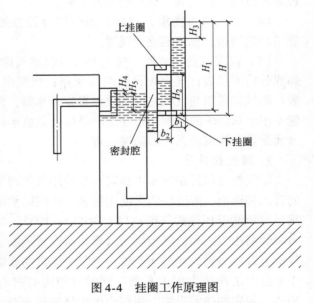

图 4-4　挂圈工作原理图

6）水槽液位。H_4 是水槽溢流面至水槽平台顶面的距离。考虑因水槽的加工精度和装配使用过程中造成的沉陷距离不同。在采取隔离液时，应按地区降雨强度进行核算，一般取 $H_4 \geqslant 100mm$。

7）下挂圈溢流孔。为避免下水封带起的水量过多和水封高度过高，以节省钢材为前提，可降低下挂圈封板的高度或在下挂圈封板上开溢流孔。若在下挂圈封板上开溢流孔，则溢流孔下沿口的高度 H_2 应满足水封高度的规定。开孔方式如图 4-5 所示。

溢流孔的开孔总面积 F（多个溢流口面积之和）通常可根据操作时钟罩最大提升速度 v 和挂圈截面积（内环形面积）A 来确定，$F = A/K$。

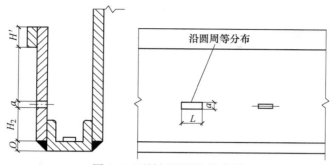

图 4-5　下挂圈溢流孔示意图

$v = 1.2\,\text{m/min}$ 时，$K \geqslant 40$；$v = 0.6\,\text{m/min}$ 时，$K \geqslant 55$；

$v = 1.0\,\text{m/min}$ 时，$K \geqslant 45$；$v = 0.4\,\text{m/min}$ 时，$K \geqslant 65$；

$v = 0.8\,\text{m/min}$ 时，$K \geqslant 50$；$v = 0.2\,\text{m/min}$ 时，$K \geqslant 80$。

8）安全罩帽插入水中的深度。在进出气管上应设有安全罩帽，安装方式如图 4-6 所示。其相对于水槽溢流面的插入深度 L_1（mm）为

$$L_1 = \frac{P_1}{9.81} - \Delta h \qquad (4\text{-}3)$$

式中　P_1——钟罩开始升起时柜内气体压力（Pa）；

Δh——水封高度（mm），不应小于 50mm。

9）钟罩升起的极限高度。如图 4-7 所示，必须保证钟罩底面至水槽溢流堰顶面的距离 L_2（mm）为

$$L_2 = \frac{p}{9.81} + f \qquad (4\text{-}4)$$

式中　p——设计压力（Pa）；

f——钟罩底液位，一般取 $f = 100 \sim 150\,\text{mm}$。

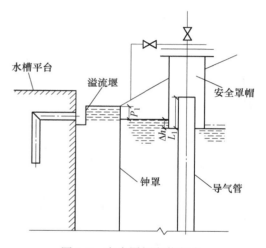

图 4-6　安全罩帽安装方式

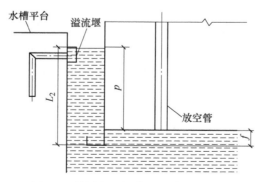

图 4-7　钟罩在极限高度时钟罩底液位

3. 进气管

因小型气化系统中的气柜仅用于气体储存和缓冲，故只设一根进气管。进气管由地下室经水槽底板进入柜体（图 4-8）。大型气柜，或建柜地区的地下水位较高者的小型气柜，进

气管水槽侧壁进入（图4-9）。若管径较大，为降低水槽的高度，水平管道的截面积可为矩形。管内的气体流速要低于15m/s。进气管上端超出溢流水面的高度不应小于100mm。

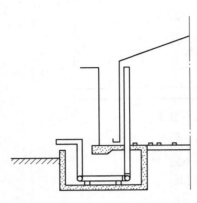

图4-8　小型进气管连接方式

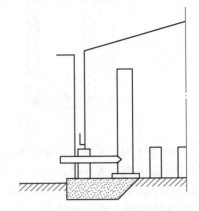

图4-9　侧壁进入式进气管连接方式

4. 排水器设计

　　燃气管道中会有凝结水产生，为顺利排出凝结水，管道敷设应有不小于0.003的坡度，并在管道的最低处设置排水器。自动排水器如图4-10所示。

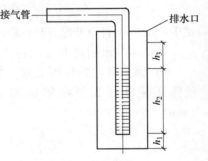

图4-10　自动排水器

　　因工业气柜的压力一般为4～5kPa，为使排水器工作安全，将插入排水器水中的燃气管底部的压力均设为5kPa。排水器插入深度h为

$$h = h_1 + h_2 + h_3 \qquad (4-5)$$

h_1是防止底部杂质堵塞排水管的安全高度，一般设为100mm；h_2是安全压力设置高度，按5kPa压力计算为510mm；h_3为水深裕量，一般取水深的20%，约为100mm。则$h \geqslant h_1 + h_2 + h_3 = 710$mm，故取$h$为800mm。

5. 阻火器

　　燃气系统防火设计至关重要。为防止气站发生火灾，应在气柜出口与管道始点之间安装阻火器，以增强安全性。阻火器的基本结构如图4-11所示。用直径3～4mm的砾石作阻火器的填料（每半年更换一次），定期开启排水阀排放阻火器中的凝结水，以保证阻水器的正常工作。

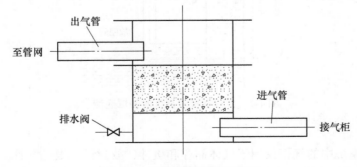

图4-11　阻火器的基本结构图

6. 其他附件及措施

1）阀门是连接管道、保证检修和管网安全的主要部件。在管道的恰当位置设置合适的阀门非常必要，对于重要的阀门还要砌筑阀门井。阀门要求机械强度高、部件运转灵活、密封严密耐用、耐蚀性强、通用性好。燃气阀必须进行定期检查和维修，以便掌握其腐蚀、堵塞、润滑、气密性等情况以及部件的损坏程度，避免不应有的事故发生。

2）燃气管道及气柜在使用过程中易出现腐蚀问题，因此对于燃气管道及气柜的防腐设计不可忽视。对于管道内腐蚀，可采用燃气净化、控制燃气中杂质含量、在管道内壁涂覆合成树脂（如环氧树脂等）涂层等措施加以防止。对于管道外腐蚀，可采用聚乙烯管代替金属管道，以降低腐蚀产生的条件。对于局部的金属管，可采用沥青绝缘层进行防腐。湿式气柜的钟罩受水槽内废水腐蚀，并且常处于干湿交替、日晒雨淋的情况下，钢板很容易腐蚀穿孔。对于气柜的防腐措施较为复杂，详见国家的相关规定。

3）燃气管道的设计及铺设可参阅燃气管道设计规范。

4.3.2 生物质气化发电技术

生物质气化发电技术是将生物质转化为可燃气，再利用可燃气推动燃气发电设备进行发电。

1. 流程

如图 4-12 所示，生物质气化发电过程包括三个方面：一是生物质气化，把固体生物质转化为气体燃料；二是气体净化，气化的燃气都带有一定的杂质，如灰分、焦炭和焦油等，需经过净化系统把杂质除去，以保证燃气发电设备的正常运行；三是燃气发电，利用燃气轮机或燃气内燃机进行发电。

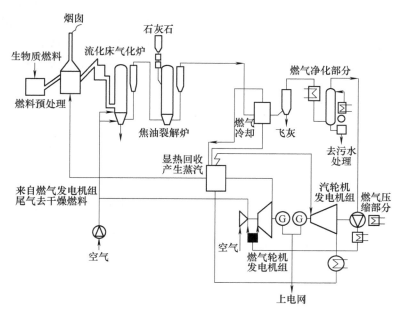

图 4-12 生物质气化发电流程图及实例

图 4-12　生物质气化发电流程图及实例（续）

2. 主要装置

生物质气化发电系统的主要设备包括：气化炉、燃气净化系统、风机、储气罐、燃气发电机组、污水处理池、机组循环冷却水池、加料与送料设备等。

气化炉主要包括固定气化炉和流化气化炉两类。

1）固定床气化炉。固定床气化炉是一种传统的气化反应炉，其运行温度在 1000℃ 左右。按炉内气流流动的方式，固定床气化炉又分为上吸式、下吸式两种，如图 4-13 所示。上吸式气化炉是指气化原料与气化介质在床中的流动方向相反，而下吸式气化炉是指气化原料与气化介质在床中的流动方向相同。固定床气化炉对原料的要求见表 4-6。

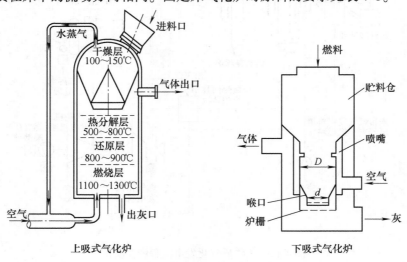

图 4-13　生物质气化炉原理图

表4-6 固定床气化炉对原料的要求

气化炉类型	上 吸 式	下 吸 式
原料类型	废木（稻壳）	废木
尺寸/mm	5～10	20～100
水分（%）[①]	＜60	＜25
灰分（%）[①]	＜25	＜6

① 质量分数。

上吸式固定床气化炉，生物质原料从气化炉上部的加料装置送入炉内，整个料层由炉膛下部的炉栅支撑。气化剂从炉底部的送风口进入炉内，炉栅缝隙使气流均匀分布并进入料层底部区域的灰渣层。气化剂和灰渣进行热交换，气化剂被预热，灰渣被冷却。高温气化剂上升至燃烧层。在燃烧层中，气化剂和原料中的碳发生氧化反应，放出大量的热量，使炉内温度达到1000℃，这一部分热量可维持气化炉内的气化反应所需热量。气流继续上升至还原层，将燃烧层生成的CO_2还原成CO；气化剂中的水蒸气被分解，生成H_2和CO。生成的H_2和CO气体与气化剂中未反应部分一起继续上升，加热上部的原料层，使原料层发生热解，脱除挥发分，生成的焦炭落入还原层。生成的气体继续上升，将刚入炉的原料预热、干燥后，进入气化炉上部，经气化炉气体出口引出。下吸式气化炉，气流同物料一起向下流动，结构简单而且运行可靠。主要用于废木气化，并已投入商业运行多年。

2）流化床气化炉。流化床由燃烧室和布风板组成，气化剂通过布风板进入流化床反应器中，如图4-14所示。流化床气化炉可分为下吸式、上吸式、横吸式、开心式四种。

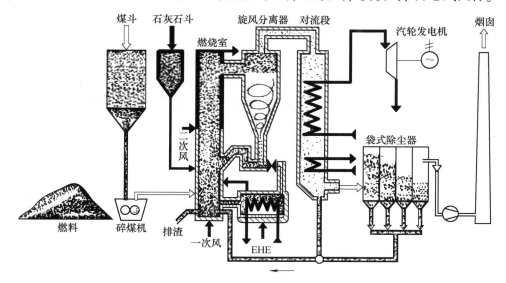

图4-14 流化床气化发电原理图

按气体流动方式不同，流化床可分为鼓泡流化床和循环流化床两大类。鼓泡流化床气化炉中气流速度相对较低，几乎没有固体颗粒从流化床中逸出。而循环流化床气化炉中流化速度相对较高，从流化床中携带出的未气化的颗粒再通过旋风分离器收集后重新送入炉内进行气化反应。

在生物质气化过程中，流化床首先通过外加热达到运行温度，床料吸收并贮存热量。鼓入气化炉的适量空气经布风板均匀分布后使床料流态化。床料的湍流流动和混合使整个床保持一个恒定的温度。当合适粒度的生物质燃料经供料装置加入到流化床中时，与高温床料迅速混合，在布风板以上的一定空间内激烈翻滚，在常压条件下迅速完成干燥、热解、燃烧及气化反应过程，使之在等温条件下实现了能量转化，从而生产出需要的燃气。流化床气化炉良好的混合特性和较高的气固反应速率非常适合大型的工业供气系统。所以流化床反应炉是生物质气化转化的一种较佳选择，特别是对于灰熔点较低的生物质。表 4-7 所示是常用的流化床气化炉对原料的要求。

表 4-7　流化床气化炉对原料的要求

气化炉类型	上　吸　式	下　吸　式	横　吸　式	开　心　式
原料类型	废木（稻壳）	废木	木炭	稻壳
尺寸/mm	5～10	20～100	40～80	1～3
水分（%）①	<60	<25	<7	<12
灰分（%）①	<25	<6	<6	<20

① 质量分数。

目前流化床气化炉的设计运行时间为 5000h 以下。流化床床温均匀，气固接触混合良好，在炉内停留时间较短，床内压力降较高。流化床受气流流化速度条件所限，只能在设计负荷的 50%～120% 运行。流化床对原料的要求较低，所使用的原料的种类、进料形状、颗粒尺寸可不一致，但颗粒尺寸较小。流化床产生的气体中焦油和氨的含量较低，气体成分和热值稳定。流化床出炉燃气中固体颗粒较多，造成不完全燃烧损失，碳转换效率一般只有90% 左右。

生物质气化生成的燃气含有各种各样的杂质，主要杂质的成分见表 4-8。各种杂质的含量与原料特性、气化炉的形式关系很大。燃气净化的目标就是要根据气化工艺的特点，设计合理有效的杂质去除工艺，保证后部气化发电设备不会因杂质的存在而导致磨损腐蚀和污染等问题。

表 4-8　流化床气化的主要杂质

杂质种类	典型成分	引起的危害	净化方法
颗粒	灰、焦炭、颗粒	磨损、堵塞	过滤、水洗
碱金属	钠、钾等化合物	高温腐蚀	冷凝、吸附、过滤
氮化物	氨、HCN 等	NO_2	水洗、SCR 等
焦油	各种芳香烃	堵塞、难以燃烧	裂解、除焦、水洗
硫、氯	HCl、H_2S	腐蚀、污染	水洗、化学反应法

生物质气化技术是一项较新的技术，其技术目前还不很成熟，还有许多方面需要完善。流化床生物质气化炉比固定床生物质气化具有更大的经济性，应该成为我国今后生物质气化研究的主要方向。与欧美国家相比，目前我国生物质气化还是以中小规模、固定床、低热值气化为主。利用现有技术，研究开发经济上可行、效率较高的系统，是目前发展我国生物质气化发电技术的一个主要课题，也是我国能否有效利用生物质的关键。

4.4 生物质能发电

石油危机的出现，使人们将能源利用的视线转到了可再生能源上。1974 年丹麦首先开始利用秸秆燃烧发电的技术。1998 年丹麦（BWE）公司正式建立了第一家秸秆燃烧发电厂（Haslev，5MW）。此后 BWE 公司在欧洲大力推行生物发电技术，在英国建立了最大的生物发电厂（Elyan），总装机容量为 38MW。随着生物质燃烧技术的成熟，生物质发电在世界范围内逐步发展起来。美国开展了"能源农场"计划，到 2010 年生物质发电达到 13GW。日本设立了"阳光计划"，连印度也提出了"绿色能源工厂"的口号。我国在 2006 年实施了《可再生能源法》，大力推行生物能的研究与开发。2006 年 12 月 1 日，在我国的单县投产第一台直燃发电机组，发电量为 10^3kW，截止到 2013 年年底，我国生物质发电的装机容量达到 12.2GW。

4.4.1 生物质发电技术

目前常用的生物质发电技术有甲醇发电、城市垃圾发电、生物质燃气发电和沼气发电技术等几种：

（1）甲醇发电 是以甲醇作为基础燃料的发电工艺。日本将生物质液化后制取甲醇，利用甲醇气化-水蒸气反应产生氢气的工艺流程，开发了以氢气作为燃料驱动燃气轮机带动发电机组发电的技术。1990 年 6 月日本建成 1 座 1000kW 级甲醇发电实验站并正式发电。甲醇发电不但污染少，而且成本低于石油和天然气发电。

（2）城市垃圾焚烧发电 这是近年来一个主要研究方向。城市生活垃圾是困扰全世界的一个环境污染物难题。垃圾焚烧发电即可处理垃圾又可得到清洁能源，可谓是一举两得。垃圾发电有两种形式：一是城市垃圾通过发酵产生沼气再用来发电，二是利用气化炉焚烧城市垃圾，既使垃圾无害化处理，又可回收部分能源用来发电。

（3）生物质燃气发电技术 是指生物质气化制取燃气再发电的技术。它主要由气化炉、冷却过滤装置、煤气发动机、发电机四大主机构成。其工作流程为：首先将气化后的生物燃气冷却过滤，送入煤气发动机，将燃气的热能转化为机械能，再带动发电机发电。生物质燃气发电技术的核心是气化炉及热裂解技术。

（4）沼气发电技术 分为纯沼气燃烧电站和沼气-柴油混烧发电站，按规模又可分为 50kW 以下的小型沼气电站、50～500kW 的中型沼气电站和 500kW 以上的大型沼气电站。

4.4.2 生物质燃烧发电技术

生物质燃烧发电所使用的发电机不同，可分为汽轮机、蒸汽机和斯特林发动机三种不同的技术路线。各种发电技术主要区别见表 4-9。

表 4-9 生物质燃烧发电技术对比

工作介质	发电技术	装机容量	发展状况
水蒸气	汽轮机	5～500MW	成熟技术
	蒸汽机	0.1～1MW	成熟技术
气体（无相变）	斯特林发动机	20～100kW	发展与示范阶段

1. 汽轮机发电技术

汽轮机发电是较成熟的技术，然而利用生物质作为燃料燃烧发电带来了一系列新的课题需要研究。单纯生物质的热值较低，不能独立使用，一般要掺加矿物燃料或者其他高热值燃料混合燃烧，产生蒸汽发电。生物质燃烧后生成的焦油量大难以处理，在实际发电的过程中同时处理好焦油污染的问题，将是生物质燃烧发电走向产业化的基石。

生物质（或生物质和其他高热值燃料混合）在锅炉中燃烧，释放出热量，产生高温、高压的水蒸气（饱和蒸汽），在蒸汽过热器吸热后成为过热蒸汽，进入汽轮机膨胀做功，其以很高的速度喷向涡轮叶片，驱动发电机发电。做功后的乏汽在向冷却水释放出热量后凝结为水，经给水泵重新进入锅炉，完成一个循环。简单的蒸汽动力装置的理想循环称为 Rankine 循环。图 4-15 所示为汽轮机发电系统示意图，图中所示各阶段为：1—2 为水泵加压过程，2—3—4—5 为吸收余热过程，5—6 为获/发电过程，6—1 为余热放热过程。

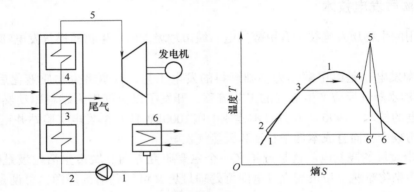

图 4-15　汽轮机发电系统示意图

2. 蒸汽机发电技术

蒸汽机发电是将蒸汽的能量转换为机械功发电的一种古老的形式，每台蒸汽机的装机容量为 50～1200kW，可应用于小规模系统和中型生物质发电系统。图 4-16 所示为蒸汽机发电系统示意图，图中所示各阶段为：1—2 为水泵加压过程，2—3 为吸收余热过程，3—4 为发电过程，4—1 为余热放热过程。

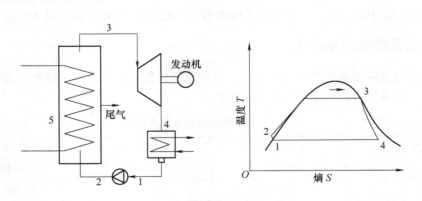

图 4-16　蒸汽机发电系统示意图

3. 斯特林发动机发电技术

斯特林发动机是一种外燃闭式循环往复活塞式热力发动机,由苏格兰人 Striling 于 1816 年发明,故名斯特林发动机。它以氢、氮、氦或空气等作为工质,因此完全适合与生物质制氢技术结合完成生物质发电的功能。斯特林循环发电工作原理如图 4-17 所示,1—2 为加压过程,2—3 为吸收余热过程,3—4 为发电过程,4—1 为余热放热过程。

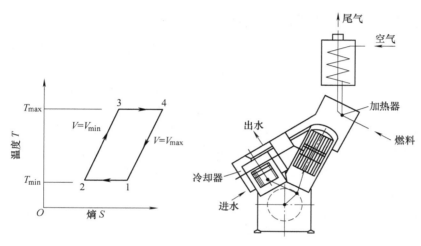

图 4-17　斯特林循环 T-S 图

一般生物质发电有 500kW 的小型电站和大于 5000kW 的大型电站两种。欧洲许多国家有了较为成熟的技术。意大利采用上流式气化炉制备生物质燃气已经达到商业化程度,被用于区域供暖和发电。燃气用于供暖与发电工艺的流程如图 4-18 所示。

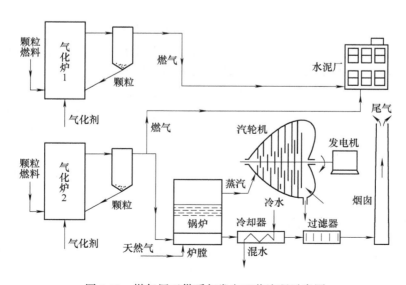

图 4-18　燃气用于供暖与发电工艺流程示意图

4.5　生物质能源的发展方向

利用农作物的废弃部分发展非粮生物质能源能，可有效利用废弃资源和生物能源，从而替代传统化石能源，促进环保和节能减排。目前世界各国正加紧生物能源特别是先进生物燃料的开发与研究。以生物质能源担纲能源主角是世界发展潮流。

4.5.1　世界各国生物质能源发展现状及趋势

美国于 2008 年 5 月通过一项加速开发生物质能源的法案，该法案指出，2018 年后，生物燃油要替代从石油中提炼出来的燃油消费量的 20%。据《2010 年美国能源展望》，到 2035 年，美国生物燃料乙醇占石油消费量的 17%，使美国对进口原油的依赖在未来 25 年内下降至 45%。2009 ~ 2035 年美国非水电可再生能源资源将占发电量增长的 41%。

欧洲 EurObserv 公司于 2010 年 12 月发布的统计报告称，2009 年欧洲由固体生物质转化的一次能源达到 7280 万 t 油当量，比 2008 年增长 3.6%。欧洲成员国 2008 年从固体生物质生产的一次能源比 2007 年增长 2.3%，即增长 150 万 t 油当量。其中生物质发电一项，比 2007 年提高 10.8%，增长量达 5.6TW·h，到 2009 年达 62.2TW·h。

瑞典是世界上生物质燃料开发研究较好的国家之一。2009 年，瑞典政府批准了一项计划，计划到 2020 年可再生能源总量要达到该国能源消费总量的 50%。到 2030 年全国运输部门有望完全不依赖于进口化石燃料。根据瑞典生物能源协会（Swedish Bioenergy Association）统计，瑞典从生物质产生的总的能源消费在 2000 ~ 2009 年期间已从 88TW·h 增加至 115TW·h。而在此期间内，基于石油产品的使用量已从 142TW·h 减少至 112TW·h。至 2009 年，生物质已超过石油，成为第一位的能源来源，占瑞典能源消费总量的 32%。在瑞典，生物质供暖发电 1030 亿 kW·h，占全国能源消费总量的 16.5%，占供热能源消费总量的 68.5%。瑞典计划到 2020 年在交通领域全部使用生物燃料，率先进入后石油时代。

英国生物质生产商和出口商公司非洲可再生能源公司（AfriRen）于 2010 年 12 月宣布，进军非洲大陆开发生物质能。AfriRen 公司采用最新的技术在非洲开发可再生能源项目。

丹麦在全国 5 个主要城市，通过改造现有发电站的技术，使用生物燃料替代煤和燃油，逐步减少并淘汰燃煤发电站，使生物质能源成为城市生产和生活的主要能源来源。

巴西政府在所有汽油中都强制加入了 25% 的乙醇，2010 年起所有普通柴油中生物柴油的比例达到 5%，提前三年进入 B5 时代。凭借生物能源这张王牌，巴西政府表示有信心实现到 2020 年减排 36% 的目标。

印度制定了 2011 年全国运输燃料中必须添加 10% 乙醇的法令，提高生物质能源利用的比例。

4.5.2　中国生物质能发展现状

我国生物质能的资源丰富，据估算，我国生物质能资源理论值为 50 亿 t 左右标准煤，约为目前全国总能耗的 4 倍。据中国农村能源年鉴（1998 ~ 1999 版）统计数据估算，我国每年可开发利用的生物质资源总量为 7 亿 t 左右（农作物秸秆约 3.5 亿 t，占 50% 上），相当于标煤约为 3.5 亿 t，全部利用可以减排 8.5 亿 t 二氧化碳，相当于 2007 年全国二氧化碳排放量的 1/8。由此可见，生物质能作为唯一可存储的可再生能源，具有分布广、储量大的特点，加强对生物质能源的开发利用，有助于节能减排，是实现低碳经济的重要途径。

我国编制了《全国林业生物质能源发展规划（2011—2020 年）》，规划到 2020 年，达到 2000 万公顷能源林的目标；每年林业生物质转化能可替代 2025 万 t 标煤的石化能源，占可再生能源的比例达到 3%。我国现有森林面积 1.95 亿公顷，林业生物质总量超过 180 亿 t，其中可作为生物质能源资源的有三类。一是木质燃料资源，包括薪炭林、灌木林和林业"三剩物"等，总量约 3 亿 t/年。二是木本油料资源。我国种子含油率超过 40% 以上的植物有 154 种，麻疯树、油桐、黄连木、文冠果、油茶等树种面积约 420 万公顷，果实产量约 559 万 t；三是木本淀粉类资源。我国栎类果实橡子产量约 2000 万 t，可生产燃料乙醇近 500 万 t。

我国将积极促进出台优惠政策，鼓励群众和社会各界投资发展能源林。同时鼓励林业生物质能源企业建立一定规模的原料基地，将企业的原料林基地作为原料供应的基本保障，原料林基地供应的原料应占到企业年生产需求的 50%。

我国发展林业生物质能源培育还处于起步阶段，与发达国家相比规模较小，发展进度慢，在投入资金量、政策鼓励措施、生产技术等方面都不完善。截至 2011 年上半年，我国共批准生物质发电项目 100 个左右，建成 30 多个，年总发电量 40 万 kW。

4.5.3　中国生物质能发展目标

我国"十二五"时期的重点目标是新型原料的培育、产品的综合利用和高效低成本的生物能转化技术。逐步改善中国现有的能源消费结构，降低对石油的进口依存度。改变目前的能源消费结构，向能源多元化和可再生清洁能源时代过渡。生物质能技术发展的总趋势是：原料供应从传统的生物质废弃物为主向新型生物资源林选育和规模化生产为核心的方向转变，大力发展高效、低成本的生物质能源转化技术及生物燃料产品高值利用，开发生物质绿色、高效综合利用的全链条模式。大力发展生物乙醇和生物燃油替代石化液体燃料技术，进而改变国家能源供给模式。"十二五"时期生物质能科技重点任务包括：微藻、油脂类、淀粉类、糖类、纤维类等能源植物等新型生物质资源的选育与种植，生物燃气高值化制备及综合利用，农业废弃物制备车用生物燃气示范，生物质液体燃料高效制备与生物炼制，规模化生物质热转化生产液体燃料及多联产技术，纤维素基液体燃料高效制备，生物柴油产业化关键技术研究，万吨级的成型燃料生产工艺及国产化装备，生物基材料及化学品的制备炼制技术等。努力发展以下几个方面：

1）促进生物质能源化成熟技术的产业化，提高生物质能利用的比重，为生物质能的大规模应用奠定工业基础。

2）研究开发高品位生物质能转化的新技术，提高生物质能的利用价值，为大规模利用生物质能提供技术支撑和技术储备。

3）大力扶持生物质能的理论和技术研究，解决重大的理论问题，为生物质能的利用提供理论依据。

4）大力研究和培养高产能源植物品种，建立生物能源基地。使生物能形成生产、转化、应用、供给一体的产业模式。

　　在农村大力发展生物质能源化实用技术，充分发挥生物质能作为农村补充能源的作用，改善农村生活环境及提高人民生活条件。

思 考 题

1. 可作为生物质能的物质种类有哪些？各具什么特点。
2. 生物质能的特点及利用方式有哪些？
3. 简述生物质气化原理及工艺。
4. 试根据生物质热解特点分析其热解原理及工艺。
5. 根据生物质发电的热力循环原理，设计一小型发电系统的流程图。

第 5 章
冷热电三联供系统与分布式能源技术

根据国际分布式能源联盟的定义，分布式能源系统（DES）是指安装在用户端的高效冷热电联供系统。分布式能源系统是相对传统的集中式供能的能源系统而言的，传统的集中式供能系统采用大容量设备、集中生产，然后通过专门的输送设施（大电网、大热网等）将各种能量输送给较大范围内的众多用户；而分布式能源系统则是直接面向用户，按用户的需求就地生产并供应能量，它具有多种功能，是可满足多重目标的中、小型能量转换利用系统。分布式能源系统的主要技术包括太阳能利用、风能利用、燃料电池和燃气冷热电三联供等多种形式。其中燃气冷热电三联供因其技术成熟、建设简单、投资相对较低和经济上有竞争力，已经在国际上得到了迅速推广。

天然气分布式能源系统也称为燃气冷热电三联供系统（Combined Cooling，Heating and Power，以下简称三联供或 CCHP），属于分布式能源，是传统热电联产的一种进化和发展。它是指布置在用户附近，以燃气为一次能源用于发电，并利用发电余热制冷、供暖，同时向用户输出电能热（冷）的分布式能源供应系统。它从 20 世纪 80 年代开始兴起发展，到现在已经成为一种技术成熟的能源供应方式。

本章将简要介绍 CCHP 系统的原理、设备、特点、发展概况以及节能效益等。

5.1 分布式能源技术简介

5.1.1 分布式能源系统的界定

分布式能源系统是一种根据工程热力学原理，按"温度对口、热能梯级综合利用"原则，着力提高能源利用水平的概念、方法及其相应的能量系统。所谓"分布式"是相对于传统的集中式供能系统而言的。分布式能源系统既不同于传统的"大机组、大电厂、大电网"的集中式能源生产、供应模式，又与传统概念中的"小机组"有着本质区别。分布式能源系统是建在用户侧，直接面对用户，按用户需求提供各种形式能量（主要是电力、蒸汽、供冷、供暖、去湿、通风和热水）的中小型、多目标功能的能量转换、综合利用系统。

按 2002 年成立的国际分布式能源联盟所做的界定，分布式能源系统包括高效热电联产、就地式可再生能源系统以及能量循环系统（包括利用废气、余热或压差就地发电），同时，这些发电系统应能在（或靠近）消费的地点提供电力，而不论其项目大小、燃料种类或技术，也不论该系统是否与供电网联网。

据此界定，分布式能源系统的形式多样，既包括微型或小型燃气发电、风力发电、光伏发电、太阳能高温集热发电、燃料电池等独立电源技术，也包含燃料电池-燃气轮机联合循环以及分布式冷热电联供系统等。其中，冷热电联供系统是分布式能源系统发展的主要方向和主要形式，也是最具活力、实际应用最多的一种方式。

分布式冷热电联供系统可以利用各种化石能源和各式可再生能源，或是化石能源与可再生能源的互补组合。但从能源的来源、品位、供能稳定性、优化能源结构以及改善城市环境质量等诸因素综合考量，人们比较一致的看法是：在城市应该采用天然气或以天然气为主、太阳能为辅的能源组合来发展分布式冷热电联供系统。在实践中，人们把利用天然气为主燃料，通过冷热电联供方式实现能源梯级综合利用，一次能源利用效率超过70%，贴近负荷中心就地实现冷热电三联供的分布式能源系统，统称为天然气分布式能源。

5.1.2　燃气冷热电三联供系统的原理

燃气冷热电三联供，是以天然气为主要燃料带动燃气轮机或内燃机发电机等燃气发电设备运行，产生的电力满足用户的电力需求，系统排出的废热通过余热回收利用设备（余热锅炉或者余热直燃机等）向用户供暖、供冷。在热电联产中，较高参数的蒸汽首先用来做功发电，然后将抽汽或排汽用来供暖，在热电联产系统的基础上配置溴化锂吸收式制冷机组，采用供暖式汽轮机的低压抽汽和排汽为热源，驱动溴化锂吸收式制冷机，使在生产供应电能和热能的同时也生产供给7～13℃的冷水，用于空调及工艺冷却，从而实现冷热电三联产。冷电热三联产既避免了热电分产时有用能的大量损失，也避免了大量的冷源损失，具有热力学优势，整个系统的热负荷平衡，保证了夏季热电厂经济运行所必需的供热量，使系统能够高效运行，提高了全年综合效益。这一能源综合利用技术已是当今世界推行的一项行之有效的节能措施，其节能意义已被国内外大量实践所证明。

燃气冷热电三联产系统基本原理是温度对口、梯级利用。燃气冷热电三联产系统的这种利用高品位的热能发电，低品位的热能供暖和制冷的能源梯级利用方式，充分利用了天然气这种珍贵的一次能源，从而大幅度提高了系统的总能效率。经过能源的梯级利用，能源利用效率从常规发电系统的40%左右提高到80%左右，节省了大量的一次能源。能源梯级利用示意如图5-1所示。

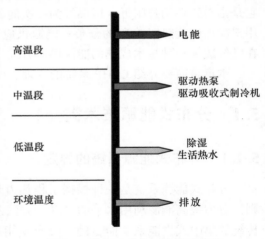

图5-1　燃气冷热电三联供示意图

5.1.3　燃气冷热电三联供系统的类型

按照供应范围，三联供可以分为楼宇型、区域型和产业型三种。它们各有特点，要求不同，相应的系统集成原则也有较大差别。

1. 楼宇型

楼宇型系统是针对具有特定功能的建筑物（如医院、学校、大型超市、公共设施、宾馆、娱乐中心等）的能量需求所建设的冷热电供应系统，其系统规模较小，一般仅需容量较小的机组，机房往往布置在建筑物内部，不需考虑外网建设。由于在同一建筑内不同用户的需求差异不会很大，而且负荷变化方向又往往趋同，供需之间的缓冲空间不大，回旋余地就比较小，这就要求系统必须对用户的能量需求变化做出即时快速反应。为此，联产系统的运行需要紧随负荷变化，运行工况要随时进行调整，始终处于被动状态，因此联产系统对系统的全工况性能要求就比较高。按系统集成原则，宜采用输出能量比例可调、蓄能调节，同时考虑部分常规分产系统与联产系统优化整合，以及与网电配合的优化运行模式等集成措施予以协调。

楼宇型冷热电联产系统的特点是系统布置相对简单，通常采用燃气轮机-余热吸收型冷热电联产系统。由于燃气轮机的功率范围较宽，可从几千瓦到两百多兆瓦，适用于各种容量规模的天然气分布能源；其中又以 20MW 以下容量的机组应用得较为普遍。

燃气轮机-余热吸收型冷热电联产系统，按热力循环不同，主要有两种类型。一种是简单循环型，系统简单、易于维护，但发电效率较低（多在 24% ~ 30%），适合对电量需求不高，但对冷热量需求较大的建筑用户，简单循环型冷热电比高达 1.5 ~ 2.5，在容量 1000kW以下的系统中应用相当广泛。另一种是回热循环型，适用于冷（热）电比较低的场合，冷热电比通常为 1.0 ~ 1.5，热能用于发电的比例相对较高。

目前，楼宇型天然气分布式能源应用最多的是单轴燃气轮机，其流程如图 5-2 所示。

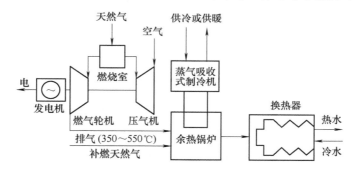

图 5-2　简单循环燃气轮机-余热吸收型分布式能源流程

近年来，楼宇型天然气分布式能源的应用还出现了一个值得重视的新动向：以使用天然气的微小型燃气轮机为核心动力的分布式能源异军突起，或将在别墅、庄园得到广泛应用。在日本，2001 ~ 2002 年，仅东京燃气公司一家就安装了 700 多套 30 ~ 60kW 微燃型冷热电联供系统。

2. 区域型

区域型系统主要是针对各种工业、商业或科技园区等较大的区域，设备一般采用容量较大的机组，还要考虑冷热电供应的外网设备，往往是需要建设独立的能源供应中心。与单一建筑相比，建筑群的能量需求规模扩大，且由于不同建筑的功能通常不同，相应的能量需求及其变化也会有所不同，因此不同用户的负荷变化很少同步，通常不会同时出现高峰或低谷的情况。因此，联产系统运行时需要考虑负荷的"同时使用系数"，这将加大供应与需求之间的回旋余地，从而降低了对联产系统的全工况性能要求。因此，当规模适当大时，就可以引进高效的燃气轮机-汽轮机发电机组（$\eta = 35\% \sim 45\%$），实现燃气、蒸汽、电力、冷气、热水的最佳匹配，进一步提高一次能源利用率。例如，由华电集团建造的广州大学城区域能源站一期，就是以 $2 \times 7.8MW$ 燃气-蒸汽联合循环机组为基础的天然气冷热电三联供系统。

燃气能的38%先经燃气轮机转换为电能，50℃左右的烟气在余热锅炉产生4.0MPa蒸汽，然后进入抽凝式汽轮机进一步做功发电。可以抽出部分0.5MPa蒸汽供给第一制冷站的溴化锂吸收式制冷机，余热锅炉排出的50~100℃烟气用于加热、供应60℃生活热水，不足热量用汽轮机冷凝潜热补充。该系统的燃气能源利用效率达78%以上，而传统的火力发电厂，煤燃烧发电的利用率仅是35%左右，用煤做燃料发电并供暖的热电厂，能源利用率也仅在45%左右。该能源站于2009年成功运行，可为大学城内10所大学及周边20万用户提供全部电力、生活热水和空调制冷。

在可能条件下，还可以考虑由若干个相对独立的中小型分布式能源联合，共同构成一个能源供应网络，从而实现不同建筑物之间、企业之间的能量连接和资源共享，以便根据不同的负荷情况，灵活起、停部分机组，使运行的机组始终处在设计工况附近运行，以利于机组的运行控制。

内燃机-吸收式制冷的天然气分布式能源，发电效率较高，且内燃机价格也比较便宜，在区域型天然气分布式能源中应用相当普遍，其流程如图5-3所示。

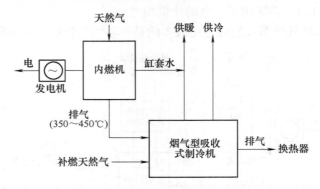

图5-3 内燃机-余热吸收型分布能源流程

我国人口众多、居住密集，发展区域型天然气分布式能源十分符合我国国情。在目前城市建设快速发展、推进城镇化和现有公用建筑能量系统改造中，都可以采用规模为50MW左右甚至规模更大的机组，与几万冷吨的区域供冷系统或几百万平方米的供暖系统结合，建设区域型冷热电联供系统。

3. 产业型

在产业相对集中的现代工业园区，建设天然气分布式冷热电联供系统，面对的可能是若干产业比较接近的企业，也可能是一个中型企业，相应的用户负荷具有趋同的特征。系统运行时，很容易出现这些企业用户同时处于高峰（或谷底）用能的状况，加之负荷规模比较大，对系统的全工况要求必然很高。因此，在系统布置时，应充分考虑蓄能装置对联产系统高效运行与满足用户负荷的协调作用。当然，必要时还可采取管理措施，安排各企业错开时段用能，避峰填谷。

工业能耗占我国总能耗60%以上，采用冷热电联供系统提高能源利用效率的潜力是非常大的。我国化工、食品、冶金、建材、造纸等过程工业都是耗能大户，在其终端耗能构成中，热电比常常在3.0以上。用热包括蒸汽和物流加热。不同的过程，需要加热的温度范围各不相同。例如，食品工业用热常在100℃左右，建材工业用热则会达到800~1000℃，炼油工业用热从 100℃ 左右到 400~500℃。工业用冷温度范围很广，从 0~20℃ 的一般浅冷，到乙烯工业、空气液化分离需要的 -180℃ 左右的深冷都有。这些用热、用冷都是可以通过联产和联供技术的集成组合来生产和提供，最终实现更高的能源终端利用效率和最大的经济效益。

5.1.4　燃气冷热电三联供系统设备与组成

燃气冷热电联供系统由燃机设备和余热利用设备构成，其中燃机设备是系统的核心，包括燃气轮机、内燃机等。余热利用设备主要有余热锅炉以及蒸汽型吸收式制冷机、热水型吸收式制冷机和烟气型吸收式制冷机等。

燃机通过燃烧天然气发电后，产生的高温烟气送入余热利用设备，冬季可用于取暖，夏季可用于供冷，还可生产生活热水，驱动热量不足部分可由补燃的燃气进行供应。

根据所选用的发电设备和余热利用设备，可以得到不同的系统组织形式，此外，还有尚处在研发阶段的燃料电池。燃料电池由于排气温度较高，比较适用于天然气分布式能源，是一种很有前途的未来动力。几种采用不同动力技术的天然气分布式能源技术比较见表 5-1。

表 5-1　不同动力技术天然气分布式能源技术比较

项　　目	中小型燃气轮机	微型燃气轮机	内　燃　机	燃 料 电 池
技术状态	商业应用	商业早期	商业应用	研发中
燃料	天然气	天然气	天然气	天然气、氢、丙烷
规模/MW	0.5~50	0.025~0.25	0.05~5	0.2~2
热回收	热水，低压、高压蒸汽	热水，低压蒸汽	热水，低压蒸汽	热水，低压、高压蒸汽
输出热量/ (MJ/kW)	3.6~12.7	4.2~15.8	1.1~5.3	0.5~3.9
可用热量的温度/℃	260~593	204~343	93~450	60~1000
发电效率（%） （基于燃料 低位发热量）	25~45（简单循环） 40~60（联合循环）	14~30	25~45	40~70
起动时间	10min~1h	60s	10s	3~8h
NO 排放/ [kg/(kW·h)]	0.14~0.91	0.18~0.91	0.18~4.5	<0.023
占地面积/ (m²/kW)	0.002~0.057	0.014~0.139	0.020~0.029	0.056~0.372
噪声	中等，要求机组隔离	中等，要求机组隔离	中等至严重，要求机组隔离	低，无需隔离

5.2　天然气冷热电三联供发展状况

分布式能源的先进技术包括太阳能利用、风能利用、燃料电池和燃气冷热电三联供等多种形式，其中燃气冷热电三联供因其技术成熟、建设简单、投资相对较低和经济上有竞争力，已经在国际上得到了迅速推广。

5.2.1　国外发展状况

由于天然气分布式能源可以达到很高的能量利用效率，世界上很多国家都非常重视冷热电三联供的发展，所以在国外发展非常迅速。从 20 世纪 70 年代末期到现在，美国已经有 6000 多座分布式能源站，仅大学校园就有 200 多个，美国能源部规划，到 2020 年 50% 的新建商用和写字楼类建筑采用小型冷热电三联供。

在欧洲，丹麦、芬兰和荷兰等国的冷热电三联供的发电量都已超过该国总发电量的 30%，澳大利亚、德国、葡萄牙和意大利等国的冷热电三联供也都占有较大的比例。例如，英国只有 5000 多万人口，但是分布式能源站就有 1000 多座。英国女王的白金汉宫、首相的唐宁街 10 号官邸，都采用了燃气轮机分布式能源站。丹麦近 20 多年来国民生产总值翻了一番，但能源消耗却未增加，环境污染也未加剧，其原因之一就在于丹麦积极发展冷热电联产，提倡科学用能，扶植分布式能源，靠提高能源利用效率支持国民经济的发展。目前丹麦没有一个火电厂不供暖，也没有一个供暖锅炉房不发电，将冷、热、电产品的分别生产，变为高科技的冷、热、电联产，使科学技术变成生产力。

日本由于资源比较缺乏，所以对三联供研究十分重视。目前，日本三联供系统是仅次于燃气、电力的第三大公用事业，到 2000 年年底已建冷热电三联供系统 1413 个，平均容量 477kW，广泛应用于医院、办公楼、宾馆及其他一些综合设施中以进行区域冷热供应。

5.2.2　国内发展状况

虽然热电联产在我国已经广泛应用，但是小型燃气冷热电三联供的应用尚处于起步阶段，而且主要集中在上海、北京、广州等地。在相关政府部门和专业公司的推动下，国内已经建成了几个三联供项目，其中影响较大的有北京燃气集团指挥调度中心、浦东国际机场等三联供系统。根据浦东机场项目的经济性分析，在三联供系统合理配置，运行时间足够的情况下，每年可以为用户节省大量的运行费用。当然，也有对三联供技术认识不足而失败的案例。

随着天然气供应量日趋增多，智能电网建设步伐加快，专业化的能源服务公司方兴未艾，我国已经具备大规模发展天然气分布式能源的条件。以燃气轮机、内燃机和燃料电池等动力技术为核心的天然气分布式能源，将首先在发达的东部沿海、中部地区的大中城市、大企业中推广应用。三联供现已进入实质性快速起步阶段，即将迈向规模化实施进程，产业前景广阔。

2011 年 10 月，国家发改委、财政部等四部委联合发文，出台《关于发展天然气分布式能源的指导意见》，"意见" 要求：以提高能源综合利用效率为首要目标，以实现节能减排任务为工作抓手，重点在能源负荷中心。包括城市工业园区、旅游集中服务区、生态园区、大型商业设施等，在条件具备的地方结合太阳能、风能、地源热泵等可再生能源进行综合利用。明确提出要在 "十二五" 期间建设 1000 个左右天然气分布式能源项目，并建设 10 个左右各类典型特征的分布式能源示范区域；争取到 2020 年，实现装机规模 5000 万千瓦，初步实现分布式能源装备产业化。同时，为克服天然气分布式能源发展瓶颈，给天然气分布式能源上网、并网创造条件，"意见" 还专门提出电网方面要加强对天然气分布式能源并网的配合，并提出今后将在财政、标准等多方面，进一步加强对天然气分布式能源的支持。

2013 年 8 月 14 日，国家能源局发布《分布式发电管理暂行办法》，鼓励企业、专业化能源服务公司和包括个人在内的各类电力用户投资、建设、经营分布式发电项目，并对用户给予一定补贴。此外，各地方政府也相继出台相应的天然气分布式能源发展规划及相关的财政扶持政策。发展分布式能源，成为中国提高能源利用效率、实现能源集约化发展、保障经济社会可持续发展的重要途径之一。

5.3　燃气冷热电三联供系统的优点

1. 能源综合利用率较高

冷热电三联供就是在发电的同时利用汽轮机中做过功的低品位蒸汽或燃气轮机尾气余热对外供热蒸汽或热水或制冷。由于冷能、热能随传输距离的增大，损耗加大，在目前技术水平下，集中供电方式发电效率虽然可以达到 40%～50%，但是由于距离终端用户过远，其余 50%～60% 的能量很难充分利用；而冷热电三联供由于建设在用户附近，不但可以获得 40% 左右的发电效率，还能将中温废热回收利用供冷、供暖，其综合能源利用率可达 80% 以上。另外，与传统长距离输电相比，它还能减少 6%～7% 的线损；从能量品质的角度看，燃气锅炉的热效率虽然也能达到 90%，但是它的最终产出能量形式为低品位的热能，而三联供系统中将有 35% 左右的高品位电能产出。电能的做功能力是相同数量热能的 2 倍以上，所以三联供系统的综合能源利用效率比燃气锅炉直接燃烧天然气供暖高得多。

2. 对燃气和电力有双重削峰填谷作用

我国大部分地区冬季需要供暖，夏季需要制冷。大量的空调用电使得夏季电负荷远远超过冬季，一方面给电网带来巨大的压力，另一方面造成冬季发电设施大量闲置，发电设备和输配设施利用率降低。以北京为例，电力供应 2002 年夏季峰值用电负荷达 824 万 kW，而冬季峰值只有 580 万 kW。夏季峰值是冬季峰值的 1.4 倍，并且负荷差逐年加大。燃气使用的高峰则出现在冬季。目前 50% 以上的天然气消费量用于冬季供暖，而夏季天然气最大日使用量仅为冬季约 1/9，造成夏季天然气管网的利用率极低，还需要设法储存。采用燃气三联供系统，夏季燃烧天然气制冷，使得燃气负荷与电力负荷在季节上大致呈互补关系，运行期间用气量稳定，减少了两方面各自的季节峰谷差。既增加夏季的燃气使用量，又减少夏季电空调的电负荷，同时系统的自发电也可以降低大电网的供电压力。

3. 可作备用电源，提高供电安全性

随着我国能源形势日益严峻，电力供应的安全性已经凸现，美国、日本、英国等相继出现的大面积停电造成的严重负面影响已经给我们敲响了警钟。三联供系统的设备能快速起动，冷态起动仅 40min，能起到可靠的备用电源作用，在电网崩溃和意外灾害（如地震、暴风雪、人为破坏、战争）情况下，可维持重要用户的供电。对于学校、医院等本来就需要备用电源的建筑，采用三联供系统尤为重要。

4. 具有良好的经济性

微型冷热电联供系统资金密度低，建设周期短，正常情况下投资回收快。例如应用于宾馆、商业区及住宅区的保值回收期一般为 3～6 年，因此，系统具有较好的经济可行性。三联供系统和燃气锅炉供暖方式每消耗 1m³ 天然气所能得到的经济效益见表 5-2。

表 5-2　1m³ 天然气供暖经济性比较

方　案	热价 /(元/GJ)	电价 /[元/(kW·h)]	供热量 /GJ	供电量 /(kW·h)	总产出 /元
燃气锅炉			0.0359	—	3.01
燃气-蒸汽联合 循环机组	83.9	0.7953	—	5.50	4.37
分布式能源系统			0.0190	4.20	4.93

注：蒸汽价格按照 235 元/蒸 t（0.8MPa）折算，电价为北京商业类电价峰段和平段电价的平均值。

根据美国的调查数据，采用冷热电三联供系统分布式能源，写字楼类建筑可减少运营成本 12%，商场类建筑可减少运营成本 11%，医院类建筑可减少运营成本 21%，体育场馆类建筑可减少运营成本 32%，酒店类建筑可减少运营成本 23%。

5. 具有良好的环保效益

天然气是清洁能源，燃气发电机均采用先进的燃烧技术，燃气三联供系统的排放指标均能达到相关的环保标准。根据相关研究，与煤电相比，天然气发电的环境价值为 8.964 分/（kW·h）。考虑了环境价值后，三联供系统将具有更好的经济性。天然气发电的环境价值见表 5-3。

表 5-3　天然气发电的环境价值

项　目	SO_2	NO_x	CO_2	CO	TSP	灰	渣	合　计
环境价值 /[分/(kW·h)]	5.132	2.050	0.968	0.013	0.310	0.627	0.143	8.964

根据美国的调查数据，采用冷热电三联供系统分布式能源，写字楼类建筑可减少温室气体排放 22.7%，商场类建筑可减少温室气体排放 34.4%，医院类建筑可减少温室气体排放 61.4%，体育场馆类建筑可减少温室气体排放 22.7%，酒店类建筑可减少温室气体排放 34.3%。

6. 无输配电损耗

冷热电三联供系统减少了输热损失和热网费用。就近供电减少了大容量远距离高压输电线的建设，不仅减少了高压输电线的电磁污染，也减少了高压输电线的征地面积和线路走廊及线路上树木的砍伐，利于环保。

5.4　燃气冷热电三联供系统的主要缺点

1. 对热负荷要求高

使用 CCHP 的先决条件是有较大的热负荷，同时要求冷热负荷稳定。虽然微型燃气轮机发电效率从 17% ~20% 上升到 26% ~30%，但以微型燃气轮机作为动力的简单的分布式供电系统的热转功效率依然远小于大型集中供电电站。三联供系统如果仅作为发电使用不考虑利用余热的效益，则发电成本高于目前市电平均价格，单独发电是不经济的。对于热负荷变化较大的建筑物或者负荷率很低的场所，能源综合利用效率一般很难达到期望的效果，并且发电机的使用寿命也会受到影响。

2. 系统成本的经济性受政府行为干预的影响大

CCHP 成本中燃料占 67% ~ 78%，其经济效益受市场燃料与用电价格（电价、气价、热价）的影响（希望的大趋势是电价上涨、气价下跌），这些与政府定价因素有关，在中国气电比价高的特点下更是如此。从天然气公司得到的供气价格高于燃气电厂价格，增加了发电使用成本。能否采用燃气季节性差价等优惠制度很重要。

CCHP 的推广要求一定的优惠政策，给予投资商在贷款准入、税收方面优惠。否则结果很可能是能源利用率上升了，财务上却亏空了。投资商一般要求投资回收年限短。

3. 受气源参数的局限性较大

一般分布式能源系统所需的 1.6MPa 及以上压力的天然气不能进入城市市区，这意味着只能从周围低压管道中抽气再增压供气，然而，这种运行方式对其他燃气用户有何影响要进一步评估。增设天然气增压站投资大（预计 200 万 ~ 300 万元需 3 年左右收回）、施工时间长，增加了设备（如压缩机、储气罐、控制系统等），需管理、维护。

4. NO_x 排放造成的环境污染

虽然系统发电的排放量比采用以煤为燃料的火电机组发电少得多，但只要有高温燃烧，就会产生 NO_x。分布式发电大多布置在城市中，增加了城市中 NO_x 的排放量，使环保状况变坏。城市中过多的 CCHP 还会产生热岛效应，使城市气温升高。

5. 其他缺点

分布式燃气冷热电联供系统的其他缺点包括：

1）国内缺乏生产小型、微型燃气轮机的能力，进口成本高。

2）自备发电系统的并网还没有统一的标准和规范。电压调整、谐波污染、破坏继电保护和短路电流、铁磁谐振、控制调节与可靠性等一系列并网问题有待解决。

3）冷热电联供系统主要针对单一用户，而这种负荷随环境温度剧烈变化，与传统大电网、大热网相比，不存在"同时使用系数"，供需间的缓冲余地明显降低。因此与传统热力系统相比，冷热电联供系统经常处于非设计工况运行模式，其全工况的特性相对设计工况就更加重要和有意义。

4）有可能出现运营商为尽早收回投资而利用优惠政策大量单纯发电的现象，这违背了投建 DES/CCHP 的初衷。

5.5　分布式燃气冷热电三联供系统的应用现状

燃气冷热电三联供系统对用户的用能特点有一定要求，因此只有在一定的适用场合才能保证其技术合理性和经济合理性。作为分布式能源发展的一个重要方向，CCHP 在国内外都已有了不少实际应用，并且发展潜力很大。

根据国内外已实施的三联供系统情况和工程实践，CCHP 要求的用能特点为：天然气供应充足，用电、用冷负荷都非常集中。夏季以空调制冷为主、伴有部分蒸汽和生活热水需求，供冷时间长，单位面积负荷大，同时冬季供暖时间较长。应用对象组织性强，机构统一，便于集中控制和管理。特别是气电价比低的地区采用 CCHP 经济效益极好。

在工业园区和城市商业（住宅）区可发展 50 ~ 100MW 规模的 DES/CCHP；而在一些单独的商业建筑或工厂可以建立数百到数千千瓦的 DES/CCHP。国际能源署也建议与美、欧、与目前的 DES 不同，中国必须发展 50 MW 左右的 DES/CCHP，作为天然气下游高效利用的重要途径。典型的应用场合有：

1）用于人口稠密的城市商业中心、住宅小区、酒店商厦、快餐店、医院等需要洗澡和生活热水、除湿热源的场合，机场、大学、机关等公用事业单位。这些单位用电、用冷负荷都非常集中，便于集中控制和管理。分布式能源站夏季以集中供冷为主，供冷时间长，单位面积负荷大，冷负荷主要为内部负荷，伴有部分蒸汽和生活热水需求，空调能耗季节性较强，冬季供暖时间也长。商业中心电价高，采用分布式能源站经济效益极好。

2）用于原有的区域小型柴油机和燃气轮机站的改造、小锅炉煤改气改造。如果用户原有柴油发电机，只要进行改造，就能满足使用天然气作为燃料的要求。还可用于现有的城区内工业燃煤热电联供机组的替代。

3）用于有冷热负荷要求的工业园区。工业用户装机容量约是民用的 4 倍，潜力极大。炼油和石油化学工业是天然气最大的工业市场。中国炼油量近期 3 亿 ~4 亿 t/年，沿海和油气田附近的炼油厂部分替代烧掉的重油和炼厂气中可用的乙烯和制氢原料，需 1500 万 ~2000 万 t/年天然气，并可使能源效率大大提高。建材、食品、造纸、冶金等过程工业和工业园区，特别是在沿海地区不可能再继续烧煤的工业，都有类似的潜力，因为天然气总是比燃料油价格低。电子、家电、轻工等离散制造业工业园区也有一定需求。

4）用于集合、庆典、运动会等须保证供电安全的场合（固定或车载），以及医院、银行等须保证供电安全的单位。

5）用于新开发的城区和房地产小区。出于能源结构调整的要求，新开发的城镇不应当走烧煤污染或低效率单烧液化天然气的老路，也不应当采用分体式空调或窗式空调。

5.6　分布式燃气冷热电三联供系统的节能效益

与集中式发电远程送电比较，DES/CCHP 可以大大提高能源利用效率。传统的大型发电厂的发电效率一般为 35% ~55%，扣除厂用电和线损率，终端的利用效率只能达到 30% ~47%。而 DES/CCHP 系统把发电排放的热能，通过供暖或转换后供冷，实现能源的多级利用，能源利用率可达 85%，没有或仅有很低的输电损耗和输热（冷）损失；而传统的输配电路损耗高达 10% 左右。

5.6.1　从能源质的角度

热力学第一定律是能量守恒与转换定律在热现象上的应用，它揭示了能量在量上的特性。热力学第二定律涉及能量传递的方向和深度的问题，是能量在质上的特性。所谓能的质量是指能的品位或能的可用性。能量在其传递或转换过程中，品质是逐渐降低的，即能量贬值。

1. 系统经济㶲效率计算

传统热力装置能源利用性能评价准则，多为总能利用效率，又称为第一定律效率，其表达式如下：

第一定律效率 =（电力输出 + 热能输出 + 冷能输出）/（消耗燃料量 × 燃料热值）

然而根据热力学第二定律，热与功并不等价，将它们相提并论常常会误导系统设计优化。㶲概念的提出使我们有可能将功与热合理地合并到一个综合评价指标中，即㶲效率。与第一定律效率相比，功与热因各自不同的品位得到了区别对待，㶲效率评价准则显然更加科学。

$$第二定律效率 = (电力输出 + 热㶲输出 + 冷㶲输出) / (消耗燃料量 \times 燃料㶲)$$

$$经济㶲效率 = (电力输出 + 热能输出 \times B + 冷能输出 \times C) / (消耗燃料量 \times 燃料热值)$$

式中，系数 B 为热、电售价之比，C 为冷、电售价比。

经济㶲效率的优点在于它与国民经济的收益密切相联系。通过由价格最后反映出来的功与热的贡献（价值）不同及生产难易不同，能够较好地反映出热力装置的能源利用优劣。另外，经济㶲效率与热力学上的效率还有一定的联系，有学术上的意义。当然，经济㶲效率应用成功与否，与电、热、冷三者之间的售价比确定是否合理有很大关系。由于目前尚未形成成熟的冷、热价标准，上述系数的确定应从实际情况出发，根据实际生活中社会对三者的需求性与价值观选择。

2. DES/CCHP 的梯级用能

天然气作为能源利用的最高效率是冷热电三联供。从热力学第二定律的角度来说，它充分利用了高品位的能量，同样在能量质的角度起到了节能效果。

燃气冷热电联供系统根据"温度对口、梯级利用"的原则，尽可能按照需求提供各子系统的输入：高品位热能（ > 450℃）优先用于动力系统发电；中品位的热能（温度在170～450℃）用于对口的中低温区域的热力循环系统；低品位的热能（温度一般低于170℃）用于低温区域的热力循环系统提供吸收式低温热量的过程。三联供系统将燃气发电、供冷、供暖有机结合，梯级利用一次能源，其能源利用率将会比各种形式的热电联供高。

天然气在燃气轮机里有30%～40%的能量转化为电能，一次转化的效率高于一般火电厂的锅炉蒸汽轮机机组的效率。再加上排出高温烟气产生的高温高压蒸汽进入蒸汽轮机发电，使能量利用率达到60%以上。剩余的能量还可以用来制冷，产生热水，用于各种不同能级的用户，使系统能量梯级充分利用，能量利用率达到80%以上的最高境界。这便是天然气冷热电三联供的供能价格比烧煤还有竞争力的根本原因。

5.6.2 从能源量的角度

从能源使用总量的角度考虑，冷热电三联供系统综合能源利用率高，减少了总的能源使用量，只要设计运行合理，在包括供冷期、供暖期在内的整个运行区间均有较大的节能效益。同时，节能是一个相对的概念，要科学、客观地对待各种指标。

1. DES/CCHP 的节能效果评价

节能的基本分析方法是热平衡法，这是建立在热力学第一定律基础上的能量分析方法，主要考察系统热量的平衡关系，揭示能在数量上的转换和利用情况，从而确定系统的能利用率或能效率（热效率）。

一次能源转换成电能的比重已经成为世界各国经济发展水平、能源使用效率的高低和环境保护好坏的一个重要标志。为了提高总能利用效率，在生产高品位的电能（即将其他能转换为电能）的同时，采用冷热电联供的方式实施能源梯级利用，向用户供电的同时供应热和冷，这是实现节能的有效方式。

评价燃气冷热电联供系统是否节能，可以采用在供暖期或供冷期，按供应相同热量、冷量和电量的状况下，冷热电联供方式相对于冷热分产（以燃气锅炉供暖、电制冷机供冷）的一次能量节约率（即节能率）来进行评价。当节能率为正（＋）值时是节能的，负（－）值时则不节能。节能率应按供暖期、供冷期分别进行计算。

供暖期的节能率 X_c 的计算式为

$$X_c = \frac{\eta_e/\eta_{ce} + \eta_h/\eta_b - 1}{\eta_e/\eta_{ce} + \eta_h/\eta_b} \tag{5-1}$$

供冷期的节能率 X_c 的计算式为

$$X_c = \frac{\eta_e/\eta_h \times COP_a/COP_e - \eta_{ce}}{\eta_e + \eta_h \times COP_a/COP_e} \tag{5-2}$$

式中　　η_{ce}——发电厂发电效率和电网输配效率（0.9）的乘积；

η_e——联供中燃机的发电效率；

η_h——联供中燃机的供暖效率；

η_b——燃气锅炉的供暖效率；

COP_a——余热吸收式制冷机的制冷系数；

COP_e——电制冷机的制冷系数。

2. 供暖期的节能效果

目前我国的电力生产仍以煤电为主，但各地区因发电厂的规模、机组的不同，其电网的发电厂发电效率会有一定的差异。一些城市的燃气-蒸汽联合循环发电机组投入发电后，在这些电网上网的电厂发电效率将会发生变化，但是以煤电为主的状况短期内不会改变。以北京为例，即使建造或规划中的燃气-蒸汽联合循环发电厂投入运行，大部分电力仍是从内蒙古、山西、河北等地供应。进行 DES/CCHP 系统的供暖期、供冷期的节能率计算时，不能只用某一特定的发电装置的发电效率进行比较，而应采用发电效率为 40% ~55% 的电网进行比较，40% 是国内燃煤发电厂较好的发电效率，而 55% 为燃气-蒸汽联合循环发电装置的发电效率。

图 5-4 所示为供暖期的不同电网发电效率的变化，CCHP 系统按燃机 + 余热吸收式制冷机配置时的节能率（X_c）变化曲线（曲线绘制时已计入电网输配效率 0.9）。图 5-4 中曲线 1 是按采用内燃机时总效率（$\eta_t = \eta_e + \eta_h$）为 82%，其中发电效率 $\eta_e = 40\%$、供暖效率 $\eta_h = 42\%$ 计算绘制；曲线 2 是按采用燃气轮机时总效率为 78%，其中 $\eta_e = 30\%$、$\eta_h = 48\%$ 计算绘制。从图 5-4 可见，供暖期采用 CCHP 方式都是节能的，其节能率为：采用内燃机时为 0.21 ~0.36；采用燃气轮机时为 0.12 ~0.24。

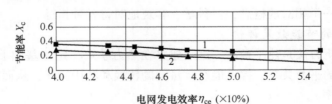

图 5-4　供暖期的节能率

3. 供冷期的节能效果

（1）在不同发电效率时的比较　图 5-5 所示为供冷期的不同电网发电效率变化时 CCHP

系统的节能率的变化曲线。从图 5-5 中的变化曲线可见：在 CCHP 系统采用燃气轮机（$\eta_t = 78\%$）时，只有当电网的发电效率小于 46% 时，供冷期才是节能的，当电网的发电效率为 40% 时，供冷期节能率约为 0.13（见曲线 1）；但采用内燃机（$\eta_t = 82\%$）时，供冷期都是节能的，节能率约为 0.01~0.28（见曲线 2）。

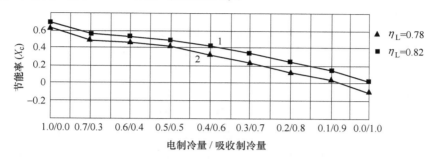

图 5-5　供冷期的节能率

（2）制冷机配置方式不同时的节能率　在 CCHP 系统设备的优化配置中，至关重要的是电动压缩式制冷机和余热吸收式制冷机的制冷能力的合理配置。图 5-6 所示为假设供冷期的供冷量为 1.0 时，按电制冷机制冷量/余热吸收式制冷机制冷量分别为 1.0/0.0~0.0/1.0 时的供冷期节能率变化曲线。图 5-6 中的节能率变化曲线是以电网的发电效率为 55%、输配效率为 0.9 和电制冷机的 $COP_e = 5$、余热吸收式制冷机 $COP_a = 1.2$ 进行计算绘制。曲线 1、2 与图 5-3 的条件相同。从图 5-5 可见，采用内燃机的 CCHP 系统在供冷期都是节能的，其节能率为 0.01~0.65（见曲线 1）；而采用燃气轮机时若余热吸收式制冷机制冷量小于等于约 92% 时，供冷期是节能的，其节能率为 0.04~0.62，余热吸收式制冷机冷量大于 92% 后是不节能的（见曲线 2），因此，在 CCHP 系统中均应合理配置一定数量的电制冷机。当配置电制冷机供冷量大于 50% 后，节能率均在 0.4 以上，这是 CCHP 系统为充分利用燃机余热应该做到的制冷机配置的比例。

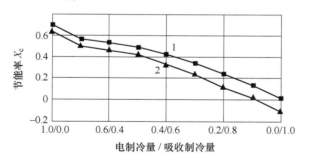

图 5-6　供冷期不同制冷机配置方式的节能率

4. 冷热电联供的总热效率

根据 2000 年国家四部委的 1268 号文下达的《关于发展热电联供的规定》（2011 年 6 月 30 日修改稿）中的要求，供热式汽轮发电机组的蒸汽流既发电又供热的常规热电联产，应符合下列指标：

（1）总热效率年平均大于 45%

总热效率 = (供热量 + 供电量 ×3600kJ/(kW·h))/(燃料总消耗量 × 燃料单位低位热值) ×100%

（2）热电联产的热电比

热电比 = 供热量/[供电量 ×3600kJ/(kW·h)] ×100%

1）单机容量在 50MW 以下的热电机组，其热电比年平均应大于 100%。

2）单机容量在 50 ~ 200MW 以下的热电机组，其热电比年平均应大于 50%。

3）单机容量 200MW 及以上抽汽凝汽两用供暖机组，供暖期热电比应大于 50%。

燃气-蒸汽联合循环热电联产系统包括：燃气轮机 + 供热余热锅炉、燃气轮机 + 余热锅炉 + 供热式汽轮机。燃气-蒸汽联合循环热电联产系统应符合下列指标：

1）总热效率年平均大于 55%。

2）各容量等级燃气-蒸汽联合循环热电联产的热电比年平均应大于 30%。

上列计算式中用到供电量，电能是高品位能，可以 100% 转换为热能，而热能不可能 100% 转换为电能，因此总热效率实质上只是代表一次能源的利用状况或燃料利用率。冷热电联供的总热效率计算时，由于采用了燃机余热制冷和电制冷机制冷等类型的复合制冷方式，联供可对"联供系统"外供电，也可在电网谷段从电网购进电能。为了进行各种供冷、供暖、供电方式的能量消耗比较，拟将对"联供系统"外供电的电量和从电网购进的电量带入总热效率计算时均折算为一次能源耗量计算。表 5-4 所示是以北京某公共建筑群为例进行不同供冷、供暖方式技术方案的 CCHP 的总热效率测算，其中供电网的发电效率均采用 46% 测算。该建筑群的总建筑面积约 $70 \times 10^4 m^2$，包括写字楼、商用建筑、博物馆、宾馆等，测算按 4 个供冷、供暖的技术方案进行：

方案 1：燃气轮机 + 余热锅炉 + 蒸汽型吸收式制冷机 + 电制冷 + 冰蓄冷 + 燃气锅炉

方案 2：燃气轮机 + 余热直燃机 + 电制冷 + 冰蓄冷 + 燃气锅炉

方案 3：方案 1 + 热泵

方案 4：燃气轮机 + 余热直燃机 + 直燃机供暖、供冷

表 5-4　某公共建筑群采用不同 CCHP 方案的总热效率测算

指　标	方案 1	方案 2	方案 3	方案 4
燃气轮机发电能力/MW	7.2	7.2	7.2	7.2
年发电量/(×10⁴kW·h)	3642	3642	3642	3642
年外供电量/(×10⁴kW·h)	2930	2759	2486	2963
年供冷量/(×10⁴kW·h)	8120.75	8120.75	8120.75	8120.75
年供热量/(×10⁴kW·h)	8658.35	8658.35	8658.35	8658.35
年天然气耗量/(×10⁴m³)（标准状态下）	1991	2060	1805	2381
年外购电量/(×10⁴kW·h)	550.8	550.8	550.8	0
年能源费/(×10⁴元)	506	578	465	670
年运行时间（供暖期）/h	2416	2416	2416	2416
年运行时间（供冷期）/h	2142	2142	2142	2142
总热效率（%）	88.7	85	94.8	79.5

从表 5-4 中可见，总热效率最高为方案 3，总热效率为 94.8%；最低为方案 4，总热效率为 79.5%；年能源费最高为方案 4，全年能源费为 670 万元；最低为方案 3，全年能源费为 465 万元。分析研究、测算燃气冷热电联供的节能率、总热效率的变化，可知：采用

CCHP 在冬季供暖期是节能的；在夏季供冷期，采用燃机余热制冷和电制冷机制冷的复合供冷系统，节能效果十分明显。

综上所述，采用分布式供能系统是城市天然气利用的良好途径和城市能源建设的重要方面，可以缓解季节性电力短缺，改善生活环境。冷热电联供系统在很大程度上可以减轻我们所面临的问题。因此在规划、实施燃气发电装置时，应采取大型集中燃气发电厂的建设与分散在各类建筑或建筑群的燃气冷热电联供的分布式能源供应系统并举的政策。实行这种政策，既可减轻建设大型集中燃气发电厂的资金、环保和供水等方面的压力，又可提高城市能源供应，特别是电力供应的安全可靠度。而推广分布式供能系统需要政府的大力支持，包括在天然气和电的价格上给予倾斜。

5.7　工程实例

5.7.1　某大型公共建筑分布式能源系统

1. 工程概况

某大型公共建筑的扩建工程（以下简称"扩建工程"），其中地面建筑面积为 $11.04 \times 10 m^2$，地下面积为 $4.39 \times 10 m^2$。为创建节约、环保、科技、人性化的大型公共绿色建筑，在空调冷热源的选择上，原设计考虑采用燃气直燃型一体化机组方案。虽然其空调系统节能环保，简单可靠，但综合考虑该地区冷、热、电、气等实际情况，并对冷、热源多个方案进行对比，重点考虑空调系统的安全可靠性、经济性和节能性，提出"燃气冷热电三联供系统 + 电制冷机组 + 燃气锅炉 + 蓄能系统"的整体设计方案。

2. 冷热电负荷分析

扩建工程空调系统设计的冷负荷、热负荷分别为 28MW、18MW。在对现有建筑的冷热电负荷调研和分析的基础上，对扩建工程进行模拟预测，其全年逐时负荷如图 5-7 所示。

由图 5-7 可见，扩建工程全年供冷、供暖时间约 5300h，电负荷持续时间较长，大于 3MW 电负荷的持续时间在 4000h 以上；冷、热负荷随季节变化波动较大，其变化曲线较为陡峭，而电负荷仅随日常作息有一定的波动，其全年变化曲线较为平缓。通过对冷热电负荷特性及基于燃气内燃机系统集成进行分析，扩建工程的冷热电三联供系统配置见表 5-5。

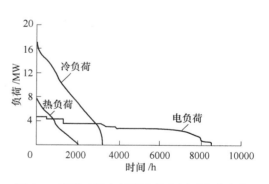

图 5-7　扩建工程全年的冷热电逐时负荷变化

表 5-5　扩建工程的冷热电三联供系统设备参数

参 数 设 备	发电容量/kW	制冷容量/kW	供热容量/kW	台　　数
燃气内燃发电机组	1160	烟气余热：755； 缸套水余热：688		2
烟气热水型吸收式冷温机组		4652	4312	2

（续）

参 数 设 备	发电容量/kW	制冷容量/kW	供热容量/kW	台　　数
燃气直燃机组		4652	5021	1
离心式制冷机组		4571		2
燃气锅炉			2800	1

注：预留蓄冰系统 1 套，其蓄冷量为 $2.1 \times 10^4 \mathrm{kW} \cdot \mathrm{h}$。

3. 系统工艺流程

冷热电三联供系统采用基于燃气内燃机系统工艺集成，在夏季利用燃气内燃发电机组排出的烟气和缸套水直接进入烟气热水型吸收式冷温水机组进行制冷；在冬季利用发电机组排出的烟气进入余热机组的高温发生器、缸套水进入板式换热器与空调水换热，其系统工艺流程如图 5-8 所示。另外，该系统也可以结合热泵技术在冬季按热泵工况运行，利用排烟气为热源（150 ~ 170℃），提取烟气中的显热和潜热，实现烟气废热再利用，使能源利用效率提高约 7%。

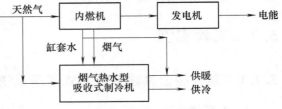

图 5-8　冷热电三联供系统工艺流程图

4. 经济性分析

根据该地区天然气价格（3 元/m³；标准状态下，低位热值 35.48MJ/m³）、平均电价 [0.89 元/(kW·h)]、发电机组每度电的维护费 [0.1 元/(kW·h)]。对燃气直燃型一体化机组与燃气冷热电三联供系统的供冷、供暖燃料成本进行对比，其中辅机的能耗和运行维护费用均不计入。

$$M = \lambda - \varphi \times (0.89 - 0.1) \tag{5-3}$$

式中　λ——天然气能源费用；

　　　φ——系统输出电量。

燃气直燃型一体化机组和燃气冷热电三联供系统的供冷、供暖燃料成本见表 5-6。

表 5-6　不同冷热源方案燃料成本的分析

冷热源方案	项目总投资/万元	燃料成本/[元/(kW·h)]		备　　注
		供　暖	供　冷	
燃气直燃性一体化机组	4296	0.2342	0.3382	制冷时，K 取 1.3，锅炉效率为 90%
燃气冷热电三联	7752	0.0434	0.0031	烟气制冷时，K 取 1.4；热水制冷时，K 取 0.7；供暖转换效率为 90%

注：K 为余热吸收式机组能量与热量的转换比。

由表 5-6 可看出，燃气冷热电三联供系统方案比原燃气直燃型一体化机组的项目投资增加了 3456 万元。经模拟测算公共建筑每年的耗冷量和耗热量分别为 28.28GW·h 和 7.04GW·h，而冷热电三联供系统余热供冷、供热量分别为 9.14GW·h 和 5.08GW·h，占全年供冷、供热量的 32.3%、72.2%，年利用时间为 4800h，其供暖经济性较好。虽然两种冷热源的燃料成本显示，采用燃气冷热电三联供系统方案比原燃气直燃型一体化机组每年可节约费用 345 万元，但其项目增量投资的回收期仍需 10 年，投资回收效果不理想。另外，冷热电三联供系统的燃气发电机组采用进口设备，单位造价高，如能采用地上厂房式建筑，其项目增量投资回收期可控制在 6 年左右，但由于扩建工程的整体美观要求，该分布式能源系统为地下工程，其土建投资费用也非常大。

5. 节能效果评价

该工程的冷热电三联供系统输出电能在夏季主要供给电制冷设备，冬季主要供给公共建筑使用。将其冬季输出电能按大型燃气联合循环系统发电效率的 55% 折算为天然气能，与原设计采用的方案进行能源利用效率比较，结果见表 5-7。

表 5-7　1MJ 天然气的能源利用率比较

季　节	转化能量/MJ		节能率（%）
	燃气直燃型一体化机组	冷热电三联供系统	
夏季	1.2	2.149	79
冬季	0.9	1.177	30.7

注：燃气直燃型一体化机组夏季和冬季的转换比率 K 分别为 1.2 和 0.9。

由于分布式能源系统实现了能源梯级利用，首先经过燃气内燃发电机组发电，然后再利用排出的尾气制冷、制热，极大地提高了能源的利用效率，其冷热电三联供系统只满足基本负荷，系统全年运行效率较高，余热得到充分利用。其年平均能源综合利用效率为

$$\nu = \frac{3.6W + Q_1 + Q_2}{B \times Q_L} \tag{5-4}$$

式中　W——年净输出电量（kW·h）；
　Q_1、Q_2——年有效余热供暖、供冷总量（MJ）；
　　B——年燃料总耗量（m³）；
　　Q_L——燃气低位发热量（MJ/m³）。

扩建工程的冷热电三联供系统年平均能源综合利用效率为 82.5%，可满足燃气冷热电三联供工程技术规范的年平均能源综合利用效率大于 70% 的要求。

通过对以上示范工程的研究，证明燃气冷热电三联供系统较常规供能系统具有一定的经济性和节能性，是天然气高效利用的重要方式。考虑到目前天然气价格偏高，冷热电三联供系统与传统燃气锅炉供暖相比，在供暖上其经济性优势明显，但与传统电制冷相比，经济性一般。因此，建议选择能源品质要求高，天然气资源丰富，蒸汽、生活热水需求量大且稳定的企业或工业园区推广实施分布式能源系统。

思　考　题

1. 什么是冷热电三联供系统？
2. 燃气冷热电三联供系统的优点和缺点有哪些？
3. 燃气冷热电三联供系统的原理是什么？有哪些类型？各有什么特点？
4. 燃气冷热电三联供系统主要由哪些设备组成？
5. 冷热电三联供系统在国内外的发展状况如何？
6. 结合案例分析燃气冷热电三联供系统的节能效益如何？

第 6 章
蓄能技术的应用

在工业生产和日常生活中，由于能量的产生和需求有时间上和数量上的不一致，为了有效利用能量，经常会设置一些蓄能装置。蓄能，又称为储能，是将不稳定的能量转化为在自然条件下比较稳定的存在形态的过程，包括自然界和人为的转化方法。其中采取储存和释放能量的人为过程或技术手段，称为蓄能技术。

建筑是用能大户，全世界有近30%的能源消耗在建筑物上。国家的节能法里明确提出建筑要节能。降低建筑对能源的消耗主要有三种方法。一是建筑结构的合理选择。利用建筑围护结构蓄存热量，例如，夏季夜间室外空气通过楼板空洞通风使楼板冷却，白天用冷却了的楼板吸收热量。二是对太阳能的合理利用。例如，在冬季设法利用围护结构吸收和蓄存白天进入室内的太阳辐射热，避免室温过高，在夜间释放这些热量以减少室温的降低。三是建筑材料的合理选用。在围护结构内配置适宜的相变材料可以产生蓄能效果，可以不使用或者减少使用供暖和空调。例如，在屋顶或墙壁中载入足够的相变物质可有效阻止室外热量。可见蓄能技术可以有效降低建筑物运行能耗。

6.1 蓄能技术的类型

按蓄能形态来分，有储存石油、煤炭、天然气等本身就是一种含能体的能量储存方式；也有进行能源转换的蓄能方式，把要蓄存的能源转化为热能、机械能、电磁能和化学能等。

6.1.1 热能蓄能

热能是最普遍的能量形式。热能蓄能就是把某段时间内不需要的热量通过技术手段收集储存，等到需要时再提取。热能蓄能技术有显热蓄能、潜热蓄能和化学反应蓄能三种。

1. 显热蓄能

显热蓄能是通过蓄热材料的温度升高来实现蓄热，或通过降低介质的温度进行蓄冷。蓄热材料的比热容越大，密度越大，所蓄存的热量就越多。

（1）蒸汽蓄能　在热电厂，当外界负荷低时，将多余的中压蒸汽（4.8MPa左右）导入蓄热器蓄存。当外界需要负荷时，就将蓄热器中的蒸汽补充给汽轮机组发电，使得电厂锅炉和汽轮机都能以最佳参数运行，蓄热器起调峰机组的作用。

（2）热水蓄能　用高压热水的形式把火电或核电机组在夜间低谷时产生的部分热量储存起来，白天高峰负荷时，利用二相流的热水透平设备和闪蒸蒸汽透平设备将储存的热水用来发电。

2. 潜热蓄能

潜热蓄能是利用蓄热材料发生相变来实现的。物质从一种状态变到另一种状态叫相变，相变是物质集态或组成的变化。相变过程一般是等温或近似等温过程，相变过程中伴有能量的吸收或释放，这部分能量称为相变潜热。

相变材料（Phase-Change Material，PCM）的相变形式一般有：固体—固体、固体—液体、液体—气体、固体—气体四类，虽然从前到后相变潜热逐渐增大，但后两类相变过程中有大量气体，相变物质的体积变化很大。通常是利用固体—液体相变蓄能。因此熔化潜热大、熔点在适应范围内、冷却时结晶率大、化学稳定性好、热导率大等特点是好的蓄热材料的主要指标。另外，水的汽化热较大、温度适应范围较大、化学性质稳定、无毒、价廉等优点，使水成为应用最广泛的液体—气体相变蓄热材料，但由于水在汽化时有很大的体积变化，需要较大的蓄热容器。

相变材料按化学成分可以分为无机相变材料和有机相变材料两类，按相变温度分类有高温相变材料和低温相变材料。高温蓄热材料主要用于小功率电站、太阳能发电等。低温蓄热材料广泛应用于各种工业和公共设施中的回收废热和储存太阳能，其储能密度大、成本低、腐蚀性小、制作简单，是目前固体—液体相变蓄热研究的主流。用于建筑节能领域的都是低温相变材料。

（1）相变蓄热供暖　为了减少用电的峰谷差，在夜间充分利用廉价的电能加热相变材料，以潜热的形式把热能蓄存起来，在白天让相变材料把蓄存的热能释放出来给房间供暖。相变蓄热供暖方式中应用最广泛的是电加热蓄热式地板供暖，其运行费用比无蓄热的电热供暖方式低。此外还有吸收太阳能辐射热的相变蓄热地板、利用楼板蓄热的吊顶空调系统以及相变蓄能墙等。普通散热器供暖主要依靠空气对流散热，各种蓄热供暖主要利用辐射加热，也有部分对流加热，舒适性高。

（2）蓄冷空调　空调系统是空调蓄冷技术研究的热点和方向。在夜间电网低谷时，也是一般空调系统负荷低谷时，这时开启制冷主机制冷并将冷量用蓄冷设备储存起来。在白天电网高峰用电时，也是一般空调系统负荷高峰时，释放出储存的冷量来满足空调系统的需要。目前蓄冷空调主要有冰蓄冷和水蓄冷、共晶盐蓄冷和气体水合物蓄冷等陆续应用在实际工程中。空调相变蓄冷的优势主要是相变蓄冷材料的储能密度是同体积显热储能物质的 5 ~ 14 倍，可根据空调系统特性选取适宜的相变温度，直接采用常规单工况制冷机蓄冷，获得较高的蒸发温度，提高系统效率。

随着社会和经济发展以及人民生活水平的提高，能源消耗已成为制约人类发展的首要问题，其中电力紧张成为社会发展面临的首要问题，电力供应高峰不足而低谷过剩的矛盾日益突出，某些地区用电峰谷差以每年 10% 的速度持续增长。为此有关部门实行了电力峰谷差价的政策，旨在"移峰填谷"。于是蓄冷空调应运而生，该技术被认为是平衡峰谷用电差距、缓解电力紧张的有效途径。开发和应用适于空调蓄冷的相变材料，优化相变蓄冷设备和运行工况，开发新型相变蓄冷空调系统，是空调蓄冷技术研究的热点和方向。

3. 化学反应热蓄能

利用可逆化学反应通过热能与化学热的转换来蓄热就是化学反应蓄能。受热和受冷时发生可逆反应，分别对外吸热或放热，可以把热能蓄存起来。典型的化学蓄热体系有 $CaO-H_2O$、$MgO-H_2O$、$H_2SO_4-H_2O$ 等。

利用无机盐的水合-脱水反应，结合水的蒸发、冷凝而构成的化学热泵称为水合物系，适用于能有效利用低温、中温的太阳能和工业余热。利用碱金属、碱土金属氢氧化物的脱水-加水反应完成蓄热的称为氢氧化物系。此外还有金属氢化物的蓄热。可作为化学反应热蓄能的热分解反应很多，但需要满足一些条件才便于应用，例如反应可逆性好没有明显的附带反应、正逆反应快、满足热量输入输出的要求、反应生成物容易分离且能稳定储存、反应物和生成物都无毒无腐蚀不可燃等。

6.1.2 机械能蓄能

把要储存的能源转化为机械能称为机械能蓄能，目前开发应用的蓄存技术包括飞轮蓄能、抽水蓄能和压缩空气蓄能三种。

1. 飞轮蓄能

飞轮蓄能是将电能转化成可蓄存的动能或势能。当电网电量富裕时，通过电动机拖动飞轮加速以动能的形式蓄存电能，当电网需要电量，飞轮减速并拖动发电机发电释放电能。随着风力发电技术的成熟，"风力发电机组 + 内燃机组 + 飞轮蓄能"的组合装置承担着局部冲击负荷，并起调峰作用。

2. 抽水蓄能

抽水蓄能是利用电力系统负荷低谷时剩余的电量，将抽水蓄能机组作水泵工况运行，把下水库的水抽到上水库，蓄存于上水库中，把不好储存的电能转化成好储存的水的势能。当电网出现高峰负荷时，抽水蓄能机组做水轮机工况运行，把上水库的水用来水力发电，以满足调峰需要。

抽水蓄能运行方式灵活，启动时间较短，增减负荷速度快，运行成本低，但是初期投资较大，工期长，建设工程量大，远离负荷中心，需要额外的输变电设备，而且能量转换的效率只有60% ~ 70%。

3. 压缩空气蓄能

压缩空气蓄能也是利用电力系统负荷低谷时剩余的电量，由电动机带动空气压缩机将空气压入密闭的大容量储气室，把不好储存的电能转化成好储存的压缩空气的气压势能。当电网出现高峰负荷或发电量不足时，把压缩空气经换热器与油或天然气混合燃烧，导入燃气轮机做功发电，以满足调峰需要。

压缩空气蓄能运行方式灵活，启动时间短，污染物排放量和运行成本都只有同容量燃气轮机的1/3，投资相对较少，但是远离负荷中心，需要密闭大容量地下洞穴等，能量转换的效率为65% ~ 75%。

6.1.3 电磁能蓄能

把要储存的能源转化为电磁能称为电磁能蓄能。目前开发应用的蓄存技术包括电容器蓄能和超导电磁蓄能两种。

1. 电容器蓄能

电容器是储存电荷的"容器"，它储存的正负电荷等量地分布于两块中间隔以电介质的导体板上。和电池这些蓄能元件相比，电容器可以瞬时充放电，而且充放电电流基本不受限制，能为熔焊机、闪光灯等设备提供大功率的瞬时脉冲电流。

2. 超导电磁蓄能

超导电磁蓄能是把超导体材料制成超导螺旋管，通过功率调节器，将电力系统负荷低谷时剩余的电量转化成直流电，以磁场形式储存在超导螺旋管中。当电网出现高峰负荷或发电量不足时，通过功率调节器的逆向输送，把储存在超导螺旋管中的磁场能转换成交流电，来补充电网电力。

超导电磁蓄能不经过其他形式的能量转换，反应速度快，可长期无损耗的蓄存能量，能量转换效率高达 92%～95%；同时单位蓄能量的成本低，操作维护方便，占地面积小，不受地形限制。但是初期投资大，冷却技术比较复杂，强磁场对环境可能产生影响。

6.1.4　化学能蓄能

把要储存的能源转化为化学能称为化学能蓄能，目前开发应用的蓄存技术主要是化学燃料蓄能和电化学蓄能两种。

1. 化学燃料蓄能

煤、石油、天然气等化学燃料以及由他们加工获得的各种燃料油和煤气等，本身就是一种含能体，将这些含能体储存起来也可以实现能量蓄存的目的。例如汽车的油箱，飞机和飞行器的燃料储存箱，燃煤电厂的堆煤场，天然气储气罐等，都是化学燃料蓄能。

2. 电化学蓄能

电池就是一个电化学系统，一般分为三种：原电池、蓄电池和燃料电池。电池工作时，化学能转化为电能。

原电池经过连续放电或间歇放电后，不能用充电的方法将两极的活性物质恢复到初始状态，反应不可逆。

蓄电池放电时通过化学反应产生电能，充电时将电能以化学能的形式重新蓄存起来，使体系恢复到原来状态，实现了电池两极的可逆充放电反应。

燃料电池又称为连续电池，是一种新型发电技术，相当于一个进行电化学反应的反应器。正负极本身不包含活性物质，活性物质被连续注入电池，电池就源源不断地产生电能。目前应用较广的燃料电池是质子交换膜电池，其核心是三合一电极，由两块涂有催化剂的电极和夹在中间的质子交换膜压合而成。燃料电池的转化效率比较高，是一种有效的蓄能手段。在热电联供情况下，可根据需要进行串联、并联，负荷几秒钟内从最低可升至最高，污染物排放很少，燃料总利用率可达 80%。

6.2　蓄能空调发展状况和适用范围

6.2.1　蓄能空调原理和介质

蓄能空调就是蓄冷、蓄热空调，即把电网负荷低谷时段的电力用于制冷或制热，将水等蓄能介质制成冰或者热水，达到储存冷量或热量的目的，在电网负荷高峰时段就将冷量或热量释放出来，作为空气的冷热源。

蓄能空调系统的特点是转移设备的运行时间，充分利用夜间的廉价电，减少白天的峰值用电，实现电力移峰填谷的目的。

考虑到人对居住建筑舒适性的要求，蓄能空调系统中对蓄能介质的选择很重要，水、冰、油、冷冻液、金属、石块等都可以作为蓄能介质，但理想的蓄能介质应该满足工作性能、经济性、安全性等方面的要求，具有较大的热容量、较高的潜热、合适的相变温度、良好的导热性能、化学性能稳定、无毒无腐蚀、不污染环境、使用寿命长、价格便宜等特点。符合要求的常用蓄能介质为水、冰及部分相变材料。德国推荐在低温储热或热泵中采用 $KF \cdot 4H_2O$，在建筑物供暖系统中采用 $CaCl_2 \cdot 6H_2O$（29℃）或 Na_2HPO_4（35℃）。尤其 $CaCl_2 \cdot 6H_2O$ 还是太阳能储热系统中常用的结晶水合盐。

在建筑应用方面，美国已研制成功一种利用 $Na_2SO_4 \cdot 10H_2O$ 共熔混合物作蓄热芯料的太阳能建筑板。也研究了有机相变蓄热材料在各种建筑水泥中的稳定性，得出相变材料掺入水泥中能显著提高墙体的储热能力的结论，但相变材料的长期稳定性和现有水泥的吸收特性还有待进一步改善。这方面我国起步较晚，早期主要研究无机水合盐类，$Na_2SO_4 \cdot 10H_2O$ 是开发研究最早的一种，适用于各种温室冬季供暖，节约能源。可用膨胀多孔石墨和硅藻土这两种多孔矿物介质与硬脂酸丁酯有机相变材料制备有机相变蓄热复合材料。

6.2.2 蓄能空调的国内外发展状况

用人工制冷的蓄冷空调大约出现在 20 世纪 30 年代，最初主要用于影剧院、乳品加工厂等。后来由于蓄冷装置成本高、耗电多的不利因素比较突出，此项技术的发展停滞了一段时间。20 世纪 70 年代，由于全球性能源危机，加之美国、加拿大和欧洲一些工业发达国家夏季的电负荷增长和峰谷差拉大的速度惊人，以至不断增建发电站来满足高峰负荷，到夜里，发电机组又闲置下来，而且夜间发电站是在很低的负荷下低效率运转。于是，蓄能技术的研究又迅猛发展起来，并派生出水蓄能、冰蓄能、化合物蓄能等技术手段。

国外对冰蓄冷技术研究较多，并试验性的引入到集中空调系统。20 世纪 80 年代，美国能源部主持召开"冰蓄冷在制冷工程中的应用"专题研讨会，首次提出与冰蓄冷相结合的低温送风系统，此后，冰蓄冷空调的使用不断增多。到 20 世纪 90 年代，美国有 40 多家电力公司制定了分时计费电价，从事蓄冷系统及冰蓄冷专用制冷机开发的公司也多达 10 家。1994 年年底前，美国约有 4000 多个蓄冷空调系统用于不同的建筑物。美国 BAC 公司在芝加哥的最大盘管式冰蓄冷空调系统，最大蓄冷量近 46 万 kW·h。近年来，Calmac 蓄冰筒、FAFCO 蓄冰槽等设备日趋完善，BAC 外融冰蓄冰槽向内融冰蓄冰槽方向发展，MaximICE 推出动态蓄冰系统等推动了美国冰蓄冷空调技术的发展和应用。

日本由于战败引起的经济衰退，20 世纪 90 年代以前，主要是发展初投资较低的水蓄能系统，后来才转向发展冰蓄冷系统。1998 年年底前，日本大约有 9400 个蓄冷空调系统在运行。到 2002 年已建成一万多套蓄冷空调系统，其中集中式冰蓄冷 2039 项，分散式冰蓄冷 14813 项，电网低谷约有 45% 被应用。截至 2004 年，日本小型冰蓄冷空调机组达到 6 万多台，总容量超过 8×10^6 kW·h，而且一般都具有蓄热功能，其蓄热量主要用于热泵除霜，也有部分机组利用晚上低谷电蓄热，直接用于白天供暖。日本横滨市最大的冰球式冰蓄冷空调系统最大蓄冷量近 39 万 kW·h。

20 世纪 70 年代初就有学者将水蓄冷空调技术引入到我国，但行业内只是展开理论和技术的研讨。直到 20 世纪 80 年代末 90 年代初，随着改革开放的不断发展，集中空调和居民空调的耗电量占整个城市用电的比例不断上升，电力供应高峰不足而低谷过剩的矛盾相当突出，才开始实际工程应用。1994 年 10 月及 1995 年 4 月召开的全国节电、计划用电会议，提出在 2000 年前全国电网要实现将 1000 万～1200 万 kW 高峰电负荷转移至后半夜的目标，

"蓄冷空调"成为电力部门和空调制冷界共同关注的重点。

为了大力推进蓄冷空调的应用，国家计委、电力工业部等部门实行电力供应峰谷不同电价的政策，来推动削峰填谷的策略，以此缓解电力建设与新增用电的矛盾。例如北京市一般工商业用电峰谷电价为（2014 年 1 月 20 日起）：高峰 1.37 元，平段 0.8 元，低谷 0.37 元；天津市一般工商业用电峰谷电价为（2011 年 12 月 1 日起）：高峰 1.3133 元，平段 0.8593 元，低谷 0.4273 元。杭州市、烟台市等给冰蓄冷用户许多优惠措施，上海、天津、武汉等地建立了冰蓄冷空调示范工程。早期的蓄冷空调系统有深圳电子科技大厦和北京日报社综合办公楼，以后建成和投入运行的冰蓄冷项目越来越多，研制和生产蓄冷设备的厂家也越来越多。

6.2.3　蓄能空调优缺点及适用范围

所谓蓄冷、蓄热空调，就是将电网负荷低谷时段的电力用于制冷和制热，利用水或优态盐等介质的显热和潜热，将制得的冷量和热量储存起来，在电网负荷高峰段时再将冷、热量释放出来，作为空调的冷热源。近年来空气调节系统是用电大户，也是造成电网峰谷负荷差的主要原因之一。蓄冷和蓄热的空调系统是解决这一矛盾的主要方法，使空调系统原来高峰期 8h 或 12h 的运行改为 24h 全日蓄能和放能的运行，使制冷机组的装机容量、供电设备的容量减少 30%～50%，如果实行峰谷电价差，可节省大量的运行费用。

蓄能空调技术的种类很多，其中以冰蓄冷技术的利用比较成熟。冰蓄冷是利用冰的相变潜热来储存冷量，因为相变温度 0℃是比较低的，而且蓄冰时存在比较大（4～6℃）的过冷度，因此其制冷主机的蒸发温度必须低至 −10～−8℃，这样就降低了制冷机组的效率。而且空调工况和蓄冰工况需要配置双工况制冷主机，增加了系统的复杂性。此外，该系统的缺点还有：

1）蓄能空调的一次性投资比常规空调大。

2）蓄能装置通常需要占用额外的建筑空间。

3）蓄能空调的设计与调试相对复杂，必须为用户提供专业的工程设计、制造、安装、调试、售后服务等。

4）蓄能空调产品设计、评定、运行、操作、验收标准等有待进一步规范。

但冰蓄冷空调优点很多，除了蓄能密度大以外，其更多优点如下：

1）平衡电网峰谷负荷，减缓电厂和输变电设施的建设。

2）制冷主机容量减少，减少空调系统电力增容费和供配电设施费。

3）利用电网峰谷负荷电力差价，降低空调运行费用。

4）冷冻水温度可降低到 1～4℃，可实现大温差、低温送风，节省水、风输送系统的投资和能耗。

5）相对湿度较低，空调品质提高，可防止中央空调综合征。

6）具有应急冷源，空调可靠性提高。

蓄能空调能够利用电价的峰谷差，通过节省电费来回收系统初投资。随着更加优惠的电力政策出台，蓄能空调投资回收期限将进一步缩短，这是其他空调系统无法比拟的。当地的电价政策是决定是否采用蓄冷空调的关键。电价由电力报装费、峰谷电价和基本电价三部分构成，其中的电力报装费影响初投资，峰谷电价和基本电价影响运行费用，前两部分是影响蓄冷空调经济性的重要因素。另外，通过设置与冰蓄冷相结合的低温、超低温送风空调系统，大大降低能耗，采用小型化风机、缩小风管尺寸等都可以在一定程度上弥补设置蓄冰系统增加的初投资，从而整体上提高冰蓄冷空调的竞争能力。截止到 2004 年，我国已建成并投入运行的蓄冰系统有 164 个，总蓄冰量达到 $2.5 \times 10^6 \mathrm{kW \cdot h}$，相当于每天转移高峰时段用电 $8.7 \times 10^5 \mathrm{kW \cdot h}$，产生了巨大的经济效益，这还未计算建设电厂占用土地、电厂管理以及对环境的污染。

6.3 冰蓄冷空调技术类型

冰蓄冷空调系统的种类和制冰形式有很多种。从蓄冷系统所用的冷媒来分有直接蒸发式和间接冷媒式。直接蒸发式制冰空调系统是指制冷系统的蒸发器直接用来做制冰元件，以蓄冷槽代替蒸发器，蓄冰过程中，制冷剂与冷冻水只发生一次热交换。间接冷媒式是利用制冷系统的蒸发器冷却载冷剂，再用载冷剂来制冰，需要两次换热才能实现蓄冰过程。按制冷主机和蓄冰装置所组成的循环流程分为并联和串联系统。按蓄冰的形式不同，可分为静态蓄冰和动态蓄冰。静态蓄冰是指蓄冰设备和制冰部件为一体结构，冰的制备和融化在同一位置进行。动态蓄冰是指制冰机和蓄冷槽相对独立，冰的制备和储存不在同一位置。取冷过程有外融冰方式和内融冰方式两种。

6.3.1 冰盘管式

此蓄冷系统属于直接蒸发式，其制冷系统的蒸发器直接放在蓄冷槽内，蓄冷槽结构如图 6-1 所示。蓄冷过程中，低温制冷剂（－5℃以下）或载冷剂在盘管内循环，吸收蓄冷槽中水的热量，冰层结在蒸发器盘管的外表面，随着蓄冷时间的推移，冰层越来越厚。因为冰的热阻较大，所以冰层厚度应控制在 36mm 以内，否则制冷机的蒸发温度会降低，耗电量增加。

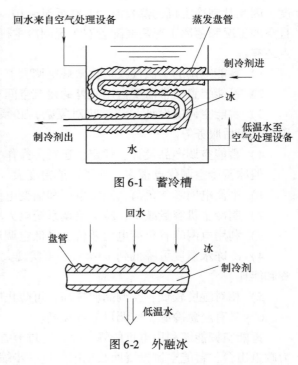

图 6-1 蓄冷槽

图 6-2 外融冰

融冰过程中温度较高的空调冷冻水回水与冰直接接触，冰由外向内融化，也称外融冰系统，可以在较短时间内产生大量的低温冷冻水。外融冰由于释冷速度快，适用于工业制冷和低温送风空调系统。图 6-2 是外融冰方式示意图，温度较高的空调系统回水直接送入盘管表面结有冰层的蓄冷槽，盘管表面的冰层由外向内逐渐融化。空调回水与冰层直接接触，换热效果好，取冷快，空调回水温度可以降低到 1℃左右，这样空调供低温水直接来自蓄冷槽也不需要二次换热装置。由于盘管外表面冻结的冰层不太均匀，容易形成水流死角，需要搅拌措施；另外蓄冷槽内应保持 50% 以上的水，否则无法抽取低温水使用并进行融冰。因此最好使用厚度控制器和搅拌措施或增加盘管中心距，以避免"冰桥"发生，但蓄冷槽容积必须较大。

6.3.2　完全冻结式

将冷水机组出来的载冷剂（也叫二次制冷剂，一般为低温乙二醇溶液，平均温度在 −6～−4℃）送入蓄冰槽中的塑料管或金属管内，使管外的水结冰。蓄水槽可以将 90% 以上的水冻结成冰。融冰时，从空调负荷端（或二次换热装置）流回的温度较高的乙二醇水溶液进入蓄冰槽，仍在塑料或金属管内流动循环，通过盘管表面将热量传递给管外的冰层，使盘管外表面的冰层自内向外逐渐融化进行取冷。结冰和融冰过程如图 6-3 和 6-4 所示。对于冰块来说，是从内部融冰，所以称为内融冰式。

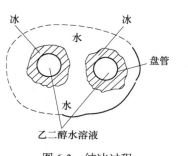

图 6-3　结冰过程

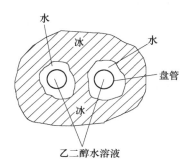

图 6-4　融冰过程

盘管与冰接触以外的部分，热量传递主要通过盘管外水的对流来实现，由于上冷下热的效果，盘管水平中心线以上部分的水对流传热效果好。另外，由于水的热导率仅为冰的 25% 左右，融冰换热热阻较大，影响取冷速率，目前采用细管和薄冰层蓄冰来解决这个问题。同时，内融冰系统为闭式流程，对系统的防腐及静压问题的处理较为简便、经济。

6.3.3　冰球式

封装式蓄冷设备是将蓄冷材料封装在球形或板状小容器内，并把许多小容器密集地放置在密封罐或开式槽体内。这种小蓄冷容器有冰球、冰板和芯心冰球三种形式。其中冰球式蓄冷装置内，一般蓄冰球外壳用高密度聚合烯烃材料制成，内部装填水和冰成核剂作为蓄冷介质，形状及大小视不同的厂家而异。法国 Cristopia 公司用于空调蓄冷的 C.00 型号冰球，外径有 96mm 和 77mm 等。美国 Crgogel 公司的冰球直径为 100mm，其表面有多处凹涡，可以使用自然堆垒方式安装于密闭压力钢槽内，当冰球结冰体积膨胀时，凹处外凸成平滑圆球。乙二醇水溶液在球与球之间流动，球内的水结冰。为了防止乙二醇水溶液从自由水面或无球空间旁通过，安装时冰球成包装排列填满在整个蓄冷槽内，可以使每个冰球四周形成环流，热交换均衡。冰球的结冰过程和融冰过程如图 6-5 和图 6-6 所示。

蓄冷槽有卧式和立式两种。为了使所有的溶液均匀地掠过槽内部的冰球，使溶液在蓄冷槽内均匀流动，提高换热效率，可在蓄冷槽内设置必要的导流挡板，避免流动短路现象。立式蓄冷槽内，当冰球浮在槽体顶部时，溶液几乎是自动地均匀流过，效果更好。只要乙二醇水溶液流场分布均匀，释冷效果就好。

图 6-5   冰球结冰过程   图 6-6   冰球融冰过程

6.3.4   制冰滑落式

上述三种蓄冷设备的蓄冰层或冰球都是一次冻结完成，属于静态制冰。蓄冰冰层冻结得越厚，制冷机的蒸发温度越低，其性能系数也越低。如果能控制冰层的厚度，每次仅冻结薄层片冰，并且能反复快速制冷，则可以提高制冷机的蒸发温度 $2 \sim 3 \, ℃$，从而提高制冷机容量和效率等性能系数。

制冰滑落式正是在这个基础上开发出来的。该系统基本是以垂直板片式制冰机作为制冷设备，板式蒸发器表面上不断冻结薄冰片，以保温的槽体作为蓄冷设备保存不断滑落的冰片。图 6-7 所示为制冰滑落式蓄冷空调系统流程图，1—2—3—4—5 为制冷剂流程，使蒸发器 4 吸热制冷。降温的水或薄冰层掉落到蓄冷槽，蓄冷槽内低温水经过 6 输送到换热器 8 与空调用户回水换热后升温经过阀门 9 重新喷淋到蒸发器表面，部分结冰落入蓄冷槽。除冰的方法一般采用制冷剂热气除霜原理，使冰层从蒸发器表面脱落，依靠重力落入下部放置的蓄冷槽。"结冰"和"取冰"可以反复进行，如图 6-8 所示。

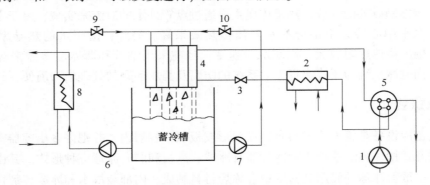

图 6-7   制冰滑落式蓄冷空调系统流程图
1—压缩机   2—冷凝器或蒸发器   3—节流膨胀阀   4—蒸发器或冷凝器   5—四通阀
6—低温融冰水泵   7—冰水泵   8—换热器   9、10—阀门

制冰滑落式的设备剖面如图 6-9 所示。其制冰过程为：在循环水泵的作用下通过分水集管，制冰原料——水从水箱中循环至制冰蒸发板模块上部的分水盘（也称布水器），通过分水盘的均匀分配。循环水沿蒸发板表面呈膜状均匀流下，制冷剂在蒸发板内吸热蒸发，部分水凝结成冰附着在蒸发板的表面，并不断增厚，另一部分水落到蓄冰槽内，由循环水泵吸入，进入蒸发板模块上部的分水盘，从而完成整个制冰过程。其脱冰过程为：根据制冰时间，控制蒸发板表面的冰层厚度为 $6 \sim 12 \, mm$（可根据需要现场调整制冰时间），当制冰时间

达到预设定值时，某一组蒸发板模块的高温制冷剂进气电磁阀打开，供液电磁阀关闭，部分热的制冷剂气体进入蒸发板内使蒸发板温度升高，与蒸发板表面接触的冰由于受热微融失去附着力，冰层与蒸发板脱离，依靠重力落到滑冰板内，破碎成小冰片，经螺旋送冰装置送出。当某一组蒸发板表面冰完全脱落后，与蒸发板配套的高温制冷剂进气电磁阀关闭，重新进入制冰状态，同时另一组蒸发板的制冷剂进气电磁阀打开，进入脱冰过程，依次循环，直到所有蒸发板模块的冰脱落。当某一组蒸发板模块进入脱冰过程时，其他组蒸发板模块仍处于制冰状态，循环反复进行。

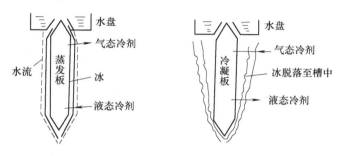

图6-8 结冰和取冰原理图

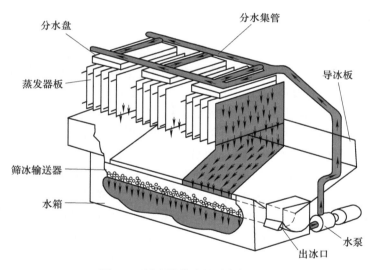

图6-9 制冰滑落式的设备剖面图

由于片状的冰具有很大的表面积，热交换性能好，有较高的释冷速度。通常情况下，蓄冷槽内即使有80%~90%的冰被融化，仍能保持释冷温度不高于2℃。但由于蓄冷槽本身有适当的深度，而且冰比水轻使得部分冰块漂浮在水面，故容易造成不均匀的冰块堆叠分布，降低了蓄冷槽的有效蓄冰容积。解决的办法就是在制冰主机的落冰处加装螺杆输送机构，借助螺杆机构的引导使落冰分配到蓄冷槽的各个角落，提高蓄冷槽的空间利用率。

6.3.5 优态盐式

优态盐也称为共晶盐，是一种无机盐，由硫酸钠加水和添加剂调配而成，充注在高密度聚乙烯容器内，是目前除了冰以外采用的主要相变蓄冷材料。

由于冰蓄冷空调首先使水结成冰，制冷机的蒸发温度非常低，使得目前只有三级离心式和螺杆式冷水机组才能应用，同时一般情况下还需增加板式换热器，这些情况给活塞式空调系统的改造带来较大的困难。优态盐式的蓄冷空调技术理论上可以在任何温度下进行相变，相变温度高于0℃，正是克服了冰蓄冷蒸发温度低这个缺点，适合与任何冷水机组配合使用，冷冻水也不需要添加防冻液。美国 Transphase 公司共晶盐蓄冷的相变温度为5℃或8.3℃；我国某公司的高温相变共晶盐蓄冷系统的相变温度为8℃。

优态盐无论蓄冷放热还是释冷吸热，都是通过容器壁和水进行热交换的，所以要求容器壁有非常好的传热性能和足够大的表面积，以保证优态盐蓄冷系统的正常蓄冷和放冷。另外，通常优态盐在过饱和状态溶解时，一部分无机盐会沉淀在容器底部，使部分液体浮在容器的上部，形成"层化现象"。如果优态盐的层化现象没有得到控制，在经过最初的几千次反复冻结与溶解后，蓄冷容量仅剩下60%左右，会损失40%左右的溶解热，大大降低蓄冷设备的蓄冷能力。影响层化的因素很多，包括优态盐种类、核化方法、封装容器的厚度等。美国 Transphase 公司采用浓化方法与设计独特的优态盐容器，完全防止了层化现象。但在实际应用中优态盐的可靠性、稳定性、经济性、耐久性等还是面临着挑战。

6.3.6 冰晶式或冰泥式

冰晶式蓄冷也属于动态制冰。通过冰晶制冷机将浓度较低的乙二醇溶液冷却到0℃以下，并将此状态的过冷水溶液送入蓄冷槽，溶液中就会分解出0℃的冰晶。若过冷温度为-2℃，则会产生2.5%的直径100μm的冰晶。由于单颗粒冰晶非常细小，且冰晶是比较均匀地混合在乙二醇水溶液中，所以其在蓄冷槽的分布就十分均匀，不会像其他冰蓄冷系统容易在冰桶或冰槽内产生冰桥和死角。蓄冷槽的蓄冰率约50%，结晶化的溶液可以直接用泵输送。由于生成的冰晶直径小而且均匀，因此总的换热面积大，制冰和融冰速度快且稳定。冰晶式蓄冷空调系统流程如图6-10所示。当制作冰晶时（图6-10a），被蒸发器冷却到冻结点温度以下的低浓度的乙二醇水溶液产生细小的冰晶，冰晶从蒸发器4→蓄冰晶槽5→蓄冰泵6→循环回到蒸发器4，实现制冰。直径100μm的冰晶与乙二醇水溶液一起形成了泥浆状，所以也叫冰泥，储存在蓄冰晶槽5。当有空调冷负荷要求融冰时（图6-10b），乙二醇水溶液从蓄冰晶槽5→融冰泵8→换热器7→蓄冰晶槽5，通过换热器7实现融冰供冷。

冰晶式蓄冷空调系统的最大缺点是制冰机需要特殊设计和制造，费用高。同时，制冷能力和蓄冷能力偏小，目前还不适用于大型空调系统。

在以上介绍的六种方式里，冰盘管式和冰球式两项技术都很成熟，在我国蓄冷空调工程中应用较多。冰盘管系统中，释冷性能较稳定，但由于盘管很长，不能出现渗漏。冰球系统中，冰球生产方便，在槽内随意堆放即可，但释冷特性没有盘管稳定。例如，1993年投入运行的深圳电子科技大厦，建筑面积 $6.3 \times 10^4 m^2$，含地下室共38层，采用法国西雅特冰球，削峰能力为47%，16层以下乙二醇水溶液直接送到空气处理设备，其他通过板式换热器转为冷冻水。1997年投入运行的上海锦都大厦，采用的是浙江华源冰球。1999年竣工的中国国际贸易中心二期冰蓄冷空调工程采用了3台内融冰板式换热器。

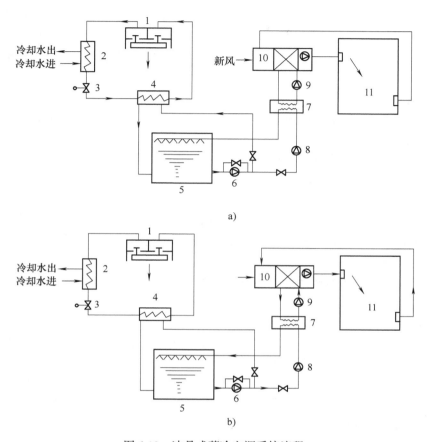

图 6-10　冰晶式蓄冷空调系统流程

a) 制冰过程　b) 融冰过程

1— 压缩机　2—冷凝器　3—节流阀　4—蒸发器　5—蓄冰晶槽　6—蓄冰泵　7—换热器
8—融冰泵　9—冷冻水泵　10—空调箱　11—空调房间

6.4　冰蓄冷空调系统运行模式与设备

6.4.1　冰蓄冷空调系统运行模式

冰蓄冷空调系统转移高峰负荷的多少，储存冷量的多少与其采用的运行模式是分不开的。需要考虑建筑物空调负荷的分布、电力负荷分布、电费的计价结构、各种设备的容量及储存空间等。建筑物冷负荷的最大值一般出现在 14：00～18：00 的某个时刻，而其常规空调系统的设备都是按最不利情况来选型的。我国定义的高峰用电时段是上午 8：00～11：00及晚上 18：00～21：00，所以除河南、湖南等几个省外，绝大部分地区的空调冷负荷最大值时段都不是用电高峰，因此冰蓄冷空调系统有多种运行模式。根据当地电费结构及其他优惠政策，有明显优势时可以只选择一种运行模式，否则应选择几种不同的运行模式来进行经济比较。

1. 全部蓄冷

全部蓄冷的蓄冷时间和空调时间完全错开。夜间非用电高峰期间起动制冷机进行蓄冷，当蓄冷量达到空调所需的全部冷量时，制冷机停机。白天空调期间制冷机不运行，依靠蓄冷系统融冰供冷。这种运行模式中蓄冷设备要承担空调系统全部的冷负荷，使得蓄冷设备的容量较大。

2. 部分蓄冷

部分蓄冷为了减少制冷机组的装机容量，蓄冷量为峰值的 30% ~ 60%，制冷机利用夜间电力低谷时段蓄冷，储存部分冷量，白天空调期间先释冷，当冷量不足时再起动制冷机组运行。一般来说，部分蓄冷比全部蓄冷制冷机利用率高，蓄冷设备容量小，是更为经济有效的负荷管理模式，应用较为广泛。

3. 分时蓄冷

由于电费分时计价，一天中会有某些时段内电价最高，因此可以充分利用夜间低谷电或电费低谷期来制冰蓄冷，而在电力高峰时段不开制冷机全部靠释冷满足要求。

4. 空调淡季释冷

按空调旺季设计的冰蓄冷系统，在空调淡季容易部分或全部由蓄冷装置中的冰融化供冷，以更加节省运行费用。

5. 应急释冷

应急释冷也称为应急冷源，当主要制冷系统出现问题时，蓄冷系统起到替代的作用。低谷或平时段蓄冷，根据临时需要释冷。

具体的冰蓄冷空调系统运行策略和工作模式类型有多种，选择时，要根据建筑物本身负荷的实际特点，经过技术经济分析后确定。下面根据不冻液的循环运行模式来介绍。在不冻液循环中，按制冷机组和蓄冷装置的相对位置不一样，分为并联连接和串联连接两种。并联连接就是冷水机组设备和蓄冰槽等蓄冰设备并联，兼顾压缩机与蓄冷槽的容量和效率。但是这种连接方式使冷媒水的流量和出水温度控制变得复杂，难以保持恒定。尤其当主机产生的冷媒水温度较高，而蓄冷槽产生的冷媒水温度低时，两股冷媒水的混合消耗了蓄冰的低温能量，因此实际中较少使用，一般都采用串联流程。

图 6-11 所示是串联蓄冷。当启动蓄冷模式时，阀门 V_2、V_4、V_5、V_6 和水泵 P_2 全部关闭，而阀门 V_3 打开。当制冷机出液温度和回液温度都达到同一设定温度（如 -6.5℃）后，制冷机减载停机，蓄冷过程结束。

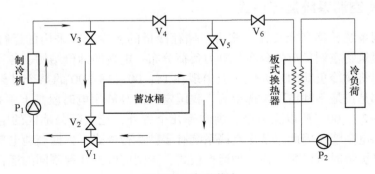

图 6-11　串联蓄冷

　　图 6-12 所示为串联释冷蓄冰桶优先供冷的运行模式，主要用于当要求不冻液在板式换热器进出口温差在 8～12℃ 或更大时。关闭阀门 V_3、V_5，其他阀门都打开，从板式换热器来的温度稍高的不冻液首先进入蓄冰桶，温度降低后再进入制冷机进一步降温。这种模式释冷速度高，不仅使蓄冷装置的蓄冷容量得到充分的发挥，而且使进入制冷机的不冻液温度不致太低，这样制冷机的效率也不会太低。这种方式适用于工艺制冷和低温空调系统。

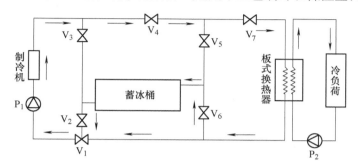

图 6-12　串联释冷（蓄冰桶优先）

　　图 6-13 所示为串联释冷制冷机优先供冷的运行模式。关闭阀门 V_2、V_4、V_6，其他阀门都打开，从板式换热器来的温度稍高的不冻液首先进入制冷机的蒸发器，温度降低后如果冷量还不够再进入蓄冰桶进一步融化冰降温。这种模式虽然进入制冷机的不冻液温度较高，制冷机的效率较高，但是蓄冷装置的释冷速度较低，蓄冷容量得不到充分的发挥，常用于舒适性空调系统。

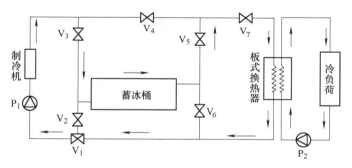

图 6-13　串联释冷（制冷机优先）

　　图 6-14 所示为单蓄冷的运行模式。水泵 P_2、P_3 全部关闭，三通阀 V_2 将通向用户的 2 和 3 通路关闭，阀门 V_1 打开，制冷机在制冰工况下运行，乙二醇水溶液在制冷机、蓄冰桶和水泵 P_1 构成的环路中循环，直至蓄冰桶中的冰量达到要求或电力低谷时段结束。该模式充分利用低谷电制冷蓄冷。

　　图 6-15 所示为蓄冷和供冷同时进行的运行模式，一般用于办公楼空调系统。上午开始上班时空调负荷比较低，一般也处于电力平段时间，这时制冷机一边向蓄冰桶供冷，继续蓄冷，一边向空调用户供冷。水泵 P_2、P_3 全部打开，三通阀 V_2 根据温度要求调节来自板式换热器的不冻液流量和来自制冷机的不冻液流量，阀门 V_1 也打开。经过制冷机降温的不冻液一部分经三通阀 V_2 供给空调用户，一部分经蓄冰桶与从板式换热器来的温度高一些的不冻

液混合，然后经水泵 P_1 进入制冷机。

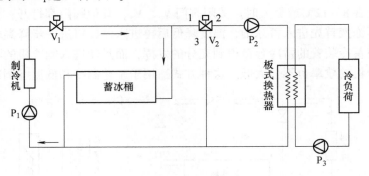

图 6-14　单蓄冷

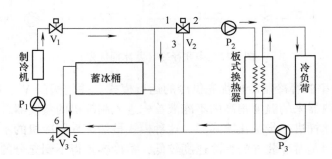

图 6-15　蓄冷和供冷

图 6-16 所示为释冷和供冷同时进行的运行模式，一般在办公楼空调系统的高峰负荷期间运行。此时空调负荷较高，一般也处于电力高峰时间。这时制冷机向空调用户供冷，蓄冰桶也供冷。水泵 P_2、P_3 全部打开，阀门 V_1 也打开，水泵 P_1 提供经制冷机降温的流量恒定的不冻液，经三通阀 V_2 全部供给空调用户，同时三通阀 V_2 根据温度要求调节来自板式换热器经蓄冰桶中冰融化而降温的不冻液流量也供给空调用户，蓄冰桶释放的冷量用以补充制冷机供冷的不足部分。

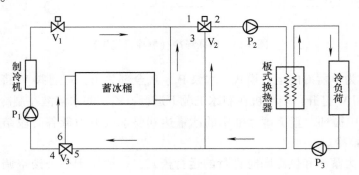

图 6-16　释冷和供冷

图 6-17 所示为单释冷的运行模式，一般出现在用电高峰期间。水泵 P_2、P_3 全部打开，水泵 P_1、阀门 V_1、制冷机全部关闭，仅用蓄冰桶供冷。乙二醇水溶液在蓄冰桶和水泵 P_2、

板式换热器构成的环路中循环，通过三通阀 V_2 的调节，可以使用户的冷冻水水温保持要求，起到非常理想的移峰填谷作用。充分利用低谷电制冷蓄冷，尽量减少电力高峰时段的用电，这是蓄冷空调最突出的优点。

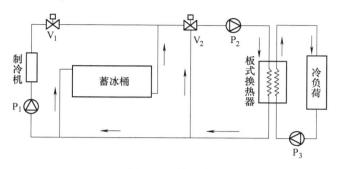

图 6-17 单释冷

对于冰蓄冷空调，具体采用哪种运行模式，必须计算出设计日逐时冷负荷，并画出冷负荷曲线图，以便确定蓄冷量和选择冷水机组大小。为了使设计人员快捷、方便、准确标出设计日逐时冷负荷，科研人员通过大量科学的统计数据，提出了系数法和平均法的近似估算法以及动态计算法。

目前，国内冰蓄冷空调系统大多是部分蓄冷，与常规空调中的冷水机组合用时，会增加 20%~30% 的投资费用。如果没有电力部门或政府部门的优惠电力政策，仅靠电价差来补偿，回收年限是比较长的，这样会限制冰蓄冷空调系统的推广应用。国外冰蓄冷空调系统一般采用区域性供冷，广泛用于低温送风，使其初投资明显下降，基本和常规空调系统初投资持平。

6.4.2 冷水机组

冷水机组是在制造厂内将制冷系统的全部或部分设备组装成一个整体，结构紧凑，机组工作效率高。通常的冷水机组，其制冷能力随蒸发温度的降低而减少，随冷凝温度的降低而提高。选择蓄冷空调用冷水机组，首先应考虑冷水机组的蒸发温度适应蓄冷温度的要求，其次要使冷水机组的容量和调节范围满足负荷需求。对水蓄冷系统和优态盐式蓄冷系统，一般可选常规冷水机组，载冷剂为水。而冰蓄冷空调系统一般要求制冷剂的蒸发温度较低，所以对冰蓄冷空调系统，需采用双工况运行的制冷机组。一般机组在制冰工况下的容量仅为标定容量的 60%~80%。

常用的蓄冷空调主机形式和主要性能指标见表 6-1。其中空调工况是按冷却水进出口温度为 32℃/37℃，冷冻水进出口温度为 12℃/7℃ 来计算的；蓄冷工况是按质量分数为 25% 的乙二醇水溶液，进、出口温度为 -2℃/-6℃，冷却水进出口温度为 30℃/35℃ 来计算的。

表 6-1 常用蓄冷空调冷水机组主要性能参数

种类		制冷剂	单机空调工况产冷量范围/kW	性能系数/(kW/kW)	
				空调工况	蓄冷工况
水冷	三级离心式	R123	1050~4750	5.40~4.70	3.90~3.15
	螺杆式	R22	210~1370	5.00~4.15	3.70~3.00
	活塞式	R22	58~1045	4.15~3.50	3.15~2.70
	涡旋式	R22	56~175	5.20~4.25	3.80~3.10

（续）

种　类		制冷剂	单机空调工况产冷量范围/kW	性能系数/（kW/kW）	
				空调工况	蓄冷工况
风冷	螺杆式	R22	210～1195	4.69～3.90	3.40～2.90
	活塞式	R22	58～350	3.90～3.20	2.90～2.50
	涡旋式	R22	52～175	4.80～4.15	3.50～3.00

从表6-1中两种工况下的性能参数对比可看出，为了最大限度地提高在蓄冷工况下的制冷量，同时又使制冷机组易于从空调工况向蓄冷工况转化，会选择两种工况下性能系数都比较高的蓄冷空调冷水机组。目前，制冷机组大多采用三级离心式、螺杆式及涡旋式。单级、双级离心式制冷机变工况能力差，不适用于蓄冰工况，三级离心式制冷机能适应空调及蓄冰工况的要求，性能系数也最高。三级压缩离心式冷水机组一般包括：全封闭三级压缩机和电动机组合、蒸发器、冷凝器、两级中间节能器、微处理机的控制柜、启动柜、制冷剂和润滑系统等，如图6-18所示。图6-19所示为一种高级不锈钢蒸发板组，其表面上不断冻结薄片冰，并滑落到蓄冷槽内进行蓄冷。

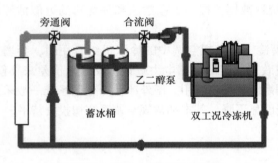

图6-18　蓄冷空调系统原理图

图6-19　高级不锈钢蒸发板组

选择冷水机组之前，按照建筑物空调冷负荷的计算方法算出逐时冷负荷，并画出冷负荷曲线图。因为使用冰蓄冷空调技术的主要目的是避开高峰用电，多用夜间低谷电，起到削峰填谷的作用，所以空调冷负荷高峰部分由融冰释冷来提供。为了最大限度地利用削峰填谷并减少制冷机组的装机容量，降低初投资，必须根据冷负荷曲线图确定运行模式，进而确定最佳的蓄冷量和制冷机容量。

6.4.3　蓄冷槽

冰蓄冷空调系统中的蓄冷设备有蓄冰罐、蓄冰槽等，它们和盘管换热器等功能部件可以组成各种标准型号的蓄冷装置，也可以根据具体条件因地制宜制成适合建筑物的非标准的蓄冷装置。蓄冷装置可设置在室内或室外，也可放置在屋顶或埋在地下、半地下，甚至必要时可设置在安装支架上。图6-20所示是配有顶部喷管的蓄冰罐，图6-21所示是某绝热蓄冰槽外形图。

绝热蓄冰槽和蓄冰罐都采用钢结构框架，内胆为玻璃钢，内部液体不与钢结构接触。外部采用彩钢板护壳，彩钢板和玻璃钢之间为聚氨酯，其整体发泡可达到保温绝热的效果。保温材料和密封工艺克服了传统金属蓄冰槽和水泥蓄冰槽的保温性能和抗腐蚀性能不佳的技术缺陷，性能更稳定，同时还可结合建筑装饰造景美化环境，适合现场组装。整个罐体没有金属部件，绝热、抗腐蚀、无泄漏、免维修，寿命可达 50 年以上。该蓄冰槽制冰方式为完全冻结式，制冰率达到 85%，融冰率最高可达 100%，适合区域冷站使用。蓄冰槽的技术参数见表 6-2。蓄冰罐的技术参数见表 6-3。

图 6-20　配有顶部喷管的蓄冰罐

图 6-21　某绝热蓄冰槽和蓄冰罐外形图

表 6-2　某蓄冰槽的技术参数

型号	总蓄冷量/RTH	净重/t	工作重量/t	冰槽水容量/t	盘管内乙二醇容量/L	接管尺寸/mm	设备外形尺寸（长×宽×高）/(mm×mm×mm)
GC-ISU353	353	2.8	17	14.2	1220	90	4500×2480×2050
GC-ISU440	440	3.4	20.8	17.5	1510	110	5500×2480×2050
GC-ISU460	460	3.1	21.3	18.2	1640	110	4500×2480×2580
GC-ISU500	500	3.7	23.9	20.2	1720	110	6200×2480×2050
GC-ISU572	572	3.7	26.1	22.4	1930	125	5500×2480×2580
GC-ISU612	612	4.7	28.9	24.2	2070	125	6200×2940×2050
GC-ISU650	650	4.1	29.9	25.8	2190	125	6200×2480×2580
GC-ISU795	795	5.2	36.1	30.9	2680	140	6200×2940×2580
GC-ISU917	917	5.5	41.1	35.6	3090	140	6200×2940×2920

表 6-3　某蓄冰罐的技术参数

名称 \ 单位 \ 规格	总蓄冷能力 kW·h	潜蓄冷能力 kW·h	工作压力 MPa	尺寸 mm	尺寸 mm	接管尺寸 mm	质量（无水）kg	质量（有水）t	水体积 m³	乙二醇容量 m³
BGH350	353	300	0.6	D2280	H1480	75	880	4.5	3.8	
BGH700	707	600	0.6	D2280	H2700	75	1050	9.23	7.87	0.6

6.4.4　不冻液泵

目前的冰蓄冷空调系统中，大多数的不冻液泵都是单独设置在不冻液的环路中，通过板式热交换器与常规的冷冻水泵分开。不冻液泵的选择与常规空调中冷冻水泵的选择基本相同，主要依据流量和扬程，但还需要考虑载冷剂的浓度、温度、密度、比热容、黏度等参数。如采用质量分数为 25% 的乙二醇水溶液做载冷剂时，所需流量比水流量大 8% 左右。另外由于载冷剂价格比较贵，运行时要严格控制泵的泄漏量，一般采用优质的机械密封泵。同时泵体和密封材质应具备耐低温的要求，因为输送的载冷剂温度会达到 –6℃左右。

一般情况下泵的设置一定要满足4个基本运行工况：制冷蓄冷、单融冰供冷、机组和融冰同时供冷等，以尽量提高泵的运行时间，即一泵多用。系统中最好设置一台备用不冻液泵。在闭式蓄冷系统中，确定泵的扬程时应考虑回路中的设备以及回路管路的压降。

6.4.5 板式换热器

冰蓄冷空调系统中，由于乙二醇水溶液循环管线长、容量大、防漏等问题，一般都不把乙二醇水溶液直接送到末端空气处理设备中，而采用板式换热器与空调冷冻水回水进行热量交换，还由冷冻水进入空调处理设备。由于乙二醇水溶液与冷冻水传热温差小，若采用普通壳管换热器，则体积庞大、不经济。同等条件下，板式换热器传热效率高，体积是壳管式的1/4，而且高低温两种介质相互不接触，避免了两种介质的混合（当流体从密封垫片泄漏时，只能从泄流口流出，不会发生混合）。运行管理方便，可靠性好。所以板式换热器在冰蓄冷空调系统中得到广泛应用。

目前常用的板式换热器主要有整体焊接型和组合垫片型两种，在结构上都是采用波纹金属板作为换热板片。中小型制冷系统一般选择整体焊接型，将波纹金属板片真空烧焊制成整体的换热器。大型制冷系统一般选择组合垫片型，图6-22所示是组合垫片型板式换热器外形，密封元件是优质橡胶，板片和垫片按所需要的流程和面积，经端元板、螺杆等夹紧，构成换热器。

由于板式换热器内流体的高湍流程度，板式换热器的传热系数要比管式换热器高3～5倍。逆流方式的高传热效率使得即使端部温差只有1℃，热回收率也高达95%。板式换热器具

图6-22 板式换热器外形图

有较小的框架容积，可提供较大换热面积。由于框架小，体积小，占用空间少，它的空间体积只有管式换热器的30%左右，占地面积只有1/10～1/5。重量可减轻50%，维修时既不增加空间，还易拆易修。组合垫片型板式换热器的无焊结构，使得拆开清洗或更换、增减板片变得简单易行，便于增减传热面积。污垢程度低 光洁的板片表面及流体在通道中的高湍流，使得垢层较薄，其热阻系数仅为管式换热器的1/5。在材质相同的情况下，板式换热器比管式换热器的投资低50%左右。诸多优点使得板式换热器广泛应用。

6.4.6 管道与阀门

各种型号蓄冷槽的接管都集中在槽体的一侧，随蓄冷槽容量不同接管管径不同。各蓄冷槽之间一般应保持并联。为了避免堵塞蓄冰盘管，管路系统安装前应清洗，安装过程中不得有杂物进入，安装后还要清洗与试压。蓄冷槽连接管进入蓄冷槽前应设旁通管。所有介质为乙二醇溶液的管道，都不宜采用镀锌管及其管道配件。

按载冷剂（乙二醇水溶液）的流量和推荐流速来确定管道直径，按不同管材的摩擦阻力系数计算管内沿程压降，按管件、设备的局部阻力系数等计算局部压降，确定出管道系统

的总压降。这是确定不冻液泵的条件之一。

在不冻液循环中阀门是管道的主要部件，其作用是控制载冷剂在系统中流动，要求密封性能好、不泄漏、耐腐蚀，运行调节开关方便、可靠，而且维修方便。

适用于冰蓄冷系统中的阀门种类较多。

1. 蝶阀

蝶阀主要用于管道的关开，是用圆盘式启闭件往复回转 90°左右来开启、关闭和调节流体通道的一种阀门。型号有单偏心型对夹式蝶阀、电动控制蝶阀、涡轮蜗杆型对夹式蝶阀等。

蝶阀的优点是其为 90°旋转开关，开关迅速，行程短，可任意角度安装；结构简单、紧凑、质量轻；在管道进口积存液体最少；低压下，可以实现良好的密封，调节性能好。另外蝶阀结构长度短，可以做成大口径，故在结构长度要求短的场合或大口径阀门，宜选用蝶阀。蝶阀外形如图 6-23 所示。

图 6-23　软密封法兰蝶阀

2. 闸阀

闸阀是指关闭件（闸板）沿通路中心线的垂直方向移动的阀门，一般用于流体的切断，不能用作流量调节。一般安装在管道直径大于 50mm 的系统中，外形如图 6-24 所示。闸阀的优点有开闭所需外力较小，介质的流向不受限制，全开时密封面受工作介质的冲蚀比截止阀小等。闸阀有各种不同的结构形式，主要区别在于密封元件的结构形式不同，常见的有平板闸阀、楔式闸阀，按照阀杆结构可分为升降杆闸阀和旋转杆闸阀。

图 6-24　闸阀示意图

3. 球阀

球阀在管路中主要用来做切断、分配和改变介质的流动方向。一般用于管道中的开关，不做节流用。它的关闭件是个球体，球体绕阀体中心线作旋转来达到开启、关闭目的的一种阀门（图 6-25）。目前球阀的密封面材料广泛，由氟塑料到金属材料，硬密封球阀应用越来越广泛。球阀的优点有密封可靠，而且可以双向密封；操作方便，开闭迅速，从全开到全关只要旋转 90°，快速启闭时操作无冲击；在全开或全闭时，球体和阀座的密封面与介质隔离，高速通过阀门的介质不会引起阀门密封面的侵蚀；适用范围广，通径从 8mm 到 1200mm，压力从真空至 42MPa，温度从 −204℃ 到 815℃ 都可应用。

图 6-25   球阀示意图

4. 截止阀

截止阀是一种常用的截断阀，主要用来接通或截断管路中的介质，一般不用于调节流量。截止阀适用的压力、温度范围很大，但一般用于中、小口径的管道。如图 6-26 所示，螺纹截止阀一般用于直径小于 50mm 管路系统，法兰截止阀一般用于直径小于 200mm 管路系统中。

图 6-26   螺纹和法兰截止阀示意图

5. 止回阀

止回阀又称止逆阀、单向阀或逆止阀，主要用于防止管路中的介质定向流动而不致倒流。启闭件靠介质流动和力量自行开启或关闭，止回阀外形如图 6-27 所示。

除了以上阀门外，还有三通调节阀。在蓄冷系统中常用三通调节阀来控制载冷剂的流量，以实现蓄冷和释冷。此外，随着技术的发展，电动闸阀、电动球阀、电动蝶阀等电动阀也大量的使用。

图 6-27   止回阀示意图

6.5   水蓄冷空调系统的形式与适用范围

冰蓄冷是利用水的潜热和显热来蓄冷，而水蓄冷仅仅是利用水的显热进行蓄冷。一般直接与常规空调系统匹配，空调主机在用电低谷时段工作，蓄水温度在 4~7℃，用电高峰时段或者空调用户需要时将蓄存的冷水从保温槽抽出使用。

6.5.1   水蓄冷空调系统的形式

一个好的水蓄冷空调系统，冷水机组和水泵的效率以及操作模式必然达到最佳，蓄存的能量损失最小。储存冷量的大小取决于蓄冷槽储存冷水的数量和蓄冷温差。为了提高水蓄冷系统的蓄冷效果和蓄冷能力，维持尽可能大的蓄冷温差，满足空调供冷时的冷负荷要求，关键问题是蓄冷槽的结构形式应该能防止蓄冷水与空调系统回流温水的混合。目前行之有效的水蓄冷模式有自然分层蓄冷、多槽式蓄冷、迷宫式蓄冷、隔膜式蓄冷四种。

1. 自然分层蓄冷

所谓分层就是利用密度的差别将热水和冷水分隔开。水的密度与温度关系密切，在 0 ~ 3.98℃，随温度升高密度增大，而 3.98℃ 以上，随温度升高密度减小。3.98℃ 时水的密度最大。因此，4 ~ 6℃ 的冷水稳定地自然聚集在蓄冷槽的下部，而 6℃ 以上的温水尤其 12℃ 以上的空调回水应该积聚在蓄冷槽的上部，实现冷温水的自然分层。图 6-28 所示是自然分层的水蓄冷系统原理图，蓄冷槽的上、下部位都设置了均匀分配水流的散流器。蓄冷和释冷过程中，空调回流温水始终从上部散流器流入或流出，冷水从下部散流器流入或流出，形成了分层水的上下平移运动，避免温水和冷水的相互混合。

在较好的自然分层蓄水槽中，上部温水和下部冷水之间会形成斜温层，这是由于冷热水之间自然的导热作用而形成的冷热温度过渡层。水流散流器可以使水缓慢地流入或流出蓄冷槽，尽可能减少紊流和扰乱斜温层。一般希望斜温层厚度为 0.3 ~ 1.0m。自然分层水蓄冷系统原理如图 6-28 所示。

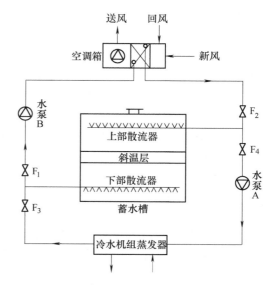

图 6-28　自然分层水蓄冷系统原理图

蓄冷时，阀门 F_1、F_2 和水泵 B 关闭，阀门 F_3、F_4 打开，水泵 A 和冷水机组运行。温水从上部散流器缓慢流出，通过阀门 F_4、水泵 A 进入冷水机组的蒸发器降温。由于槽中总水量不变，随着冷水量的增加、温水量的减少，直到槽中全是冷水为止。

释冷时，阀门 F_1、F_2 和水泵 B 打开，阀门 F_3、F_4 关闭，水泵 A 和冷水机组停止运行。蓄冷槽中的低温冷水从下部散流器缓慢流出经过阀门 F_1 和水泵 B 进入空调箱，与所处理的空气进行热湿交换后升温，温水经过阀门 F_2 流入上部散流器，缓慢流入蓄水槽，直到槽中全是温水为止。

这种开式流程的自然分层蓄冷直接向用户供冷，是最简单、有效和经济的，若设计合理，蓄冷效率可以达到 85% ~ 95%。但由于蓄冷槽与大气相通，水质容易受到环境的污染，需要设置相应的水处理装置。

自然分层蓄冷还有一种形式——蓄冷槽组，如图 6-29 所示，大的蓄水槽被隔板分隔成多个相互连通的小槽，形成多个蓄水槽的串联形式。蓄冷和释冷过程中，由于隔板的作用，所有槽中都是温水在上，冷水在下，依靠水温不同产生的密度差防止冷、温水的混合，

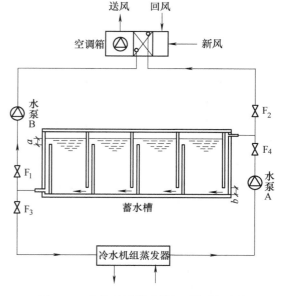

图 6-29　自然分层蓄冷槽组系统原理图

所以空调回流温水始终从左侧流出或流入，低温冷水始终从右侧蓄水槽流入或流出。

2. 多槽式蓄冷

图 6-30 所示是多槽式水蓄冷系统的流程原理图，中间部分设置 1~4 个蓄冷槽，将冷水和温水分别储存在不同的蓄冷槽中。蓄冷和释冷转换时，总有一个槽是空的，利用空槽来实现冷温水分离，所以也称之为空槽式水蓄冷系统。如图 6-30 所示，蓄冷开始时，水槽 1 是空的，温水从槽 2 中抽出送到冷水机组降温后进入槽 1；槽 1 充满时，槽 2 的温水正好抽空成空槽；通过阀门的开关控制，水槽从左到右逐个被冷水充满，只有最右侧的槽空出来。释冷开始时，因为最右侧的槽 4 是空的，所以槽 3 的冷水先抽出来送给空调箱处理空气；升温后的水回流到槽 4，当槽 3 中冷水抽光，槽 4 正好被温水充满；如此依次从右到左，直到槽 1 的冷水全部用光，又空出一个槽，释冷结束。

多槽式水蓄冷避免了温、冷水混合造成的冷量损失，可以达到较高的蓄冷效率，个别蓄冷槽可以从系统中分离出来进行检修维护。但从流程图中可以看出系统管道布置复杂，阀门较多，自控系统也比较复杂，初投资和运行费用较高。

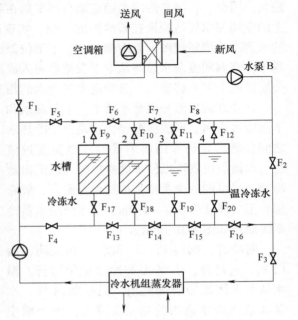

图 6-30　多槽式水蓄冷系统原理图

3. 迷宫式蓄冷

图 6-31 所示是迷宫式水蓄冷系统的流程原理图。对于有地下层结构的建筑物，一般都设有格子状的筏形基础梁，从而可以构成筏形基础槽，以此作为蓄水槽。将设计好的管道预埋在基础梁中，管道把基础槽联合成回路，像迷宫一样，故称之为迷宫式水蓄冷系统。

迷宫式水蓄冷系统充分利用地下层结构基础槽，不需要设置专门的蓄水槽，初投资比较节省。由于蓄冷槽是由基础梁隔离的多个小槽构成的，水流是按照设计的路线通过管道依次流过每个单元小槽，可以较好地防止冷温水混合。但是在蓄冷和释冷过程中，水交替地从顶

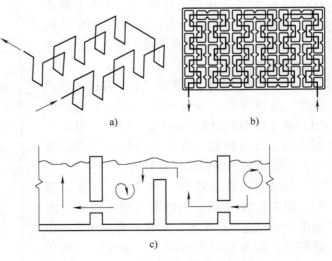

图 6-31　迷宫式水蓄冷系统原理图

a）水流向　b）平面图　c）剖面图

部和底部进口进入单元小槽，每两个相邻的单元小槽就有一个是温水从底部进口进入，或冷水从顶部进口进入，很容易因浮力造成混合。另外，若水流动速度过低，则会在进出口端发生短路，在单元小槽中形成死角，不能充分利用空间；若水流动速度过高，蓄冷小槽内则会产生漩涡，导致水流扰动及冷温水的混合。

4. 隔膜式蓄冷

隔膜式水蓄冷是为了减少冷水、温水混合造成的冷量损失而提出的，就是在蓄水槽内部安装一个活动的柔性隔膜或可移动的刚性隔板将蓄水槽分成两个空间，来实现分别储存冷水、温水。如图 6-32 所示，左边蓄水槽中的隔膜是垂直放置的，右边蓄水槽中的隔膜是水平放置的。隔膜材料用橡胶布比较多。垂直隔膜由于水流前后波动，隔膜与槽壁有摩擦，容易破裂，使用比较少见。而水平隔膜蓄水槽为了减少温水对冷水的影响，冷水一般放在下部，由于符合自然分层原理，隔膜即使有破损也能靠水温差的自然分层限制上下方水的混合。隔膜式蓄冷已经成功地应用于许多工程实例中。

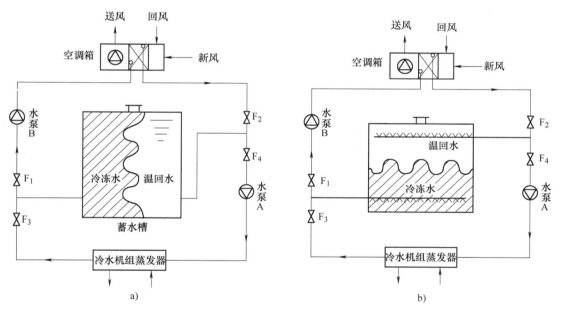

图 6-32　隔膜式水蓄冷系统原理图
a）垂直　b）水平

6.5.2　水蓄冷空调系统适用范围

水蓄冷系统应用比较广泛，有很多优点，但也有一些缺点，其特点及适用范围如下：

1）可以使用常规的冷水机组或吸收式制冷机组。一般常规的制冷机组就可以实现蓄冷和蓄热的双重用途，不需要专门的设备，其设备的选择和适用范围广。

2）其设备以及控制方式与常规空调系统相似，技术要求低，维修方便，不需要特殊的技术培训。

3）适用于常规供冷系统的扩容与改造，可以通过只增加蓄冷槽，不增加制冷机组容量而达到增加供冷容量的目的。

4）可以利用建筑物地下室、筏形基础槽、消防水池等设施作为蓄水槽，降低初投资。

5）蓄冷和释冷运行时的冷水温度比较接近，这两种运行工况下制冷机组都可以维持额定容量和效率。

6）可以实现蓄冷水和蓄热水的双重功能。水蓄冷系统非常适宜于采用热泵系统的地区，冬季蓄热，夏季蓄冷，有利于提高蓄冷槽的利用率。

7）水蓄冷空调系统只能储存水的显热，不能储存潜热，存在蓄能密度低、蓄冷槽体积大的缺点。使用受到空间条件的限制。

8）蓄冷槽体积大，表面散失的能量也多，需要增加保温层。

9）蓄冷槽内不同温度的冷水容易混合，影响蓄冷效率。

10）开放式蓄冷槽内的水与空气接触容易滋生菌藻，管路容易锈蚀，需增加水处理装置。

6.6 蓄热供暖系统的形式与设备

蓄热供暖系统分为常见的蓄热式电锅炉供暖、蓄热热泵系统供暖以及相变蓄热器供暖等形式。

6.6.1 蓄热式电锅炉供暖

伴随着供电峰谷差的加大，作为低谷时段将电能转变成热能的电热锅炉起到了"移峰填谷"的作用。夜间开启电热锅炉将产生的热量储存在保温水箱，白天直接用保温水箱的热水供暖。蓄热式电锅炉供暖系统的流程及组成如图6-33所示。

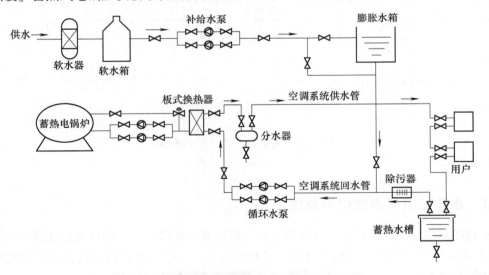

图6-33 蓄热式电锅炉供暖系统流程及组成图

蓄热式电锅炉供热系统是间接加热式蓄热供暖系统，中间的板式换热器将放热过程和吸热过程分隔成两个独立循环回路。左边的蓄热电锅炉通过电热管将电能转换成热能，一般利用热水或蒸汽或导热油等作介质将热能带走，通过板式换热器将热量传递给右边系统中蓄热水槽中的水。蓄热水槽中被加热的水通过循环水泵完成对用户的供暖过程。该系统适用于蓄热运行，尤其适合锅炉给水硬度较高的地方。因为在电热锅炉放热侧是闭式循环，常用的热媒水基本没有消耗，只有微量的泄漏需要补充，所以只要初始起动前循环回路中充满软化水，则电热锅炉中的电热元件表面就不会积垢。一般推荐充分采用低谷电蓄热的运行模式，蓄热运行时间一般设计为夜间的 8h 低谷电。蓄热时间越短，要求电热锅炉的功率越大，相应的初投资就越高。

除了最常用的间接加热式蓄热供暖系统形式外，对于功率较小的储水式电热锅炉来说，为了管路简单，一般采用直供式蓄热供暖系统；对于较大功率的快热式电热锅炉，一般采用循环式蓄热供暖系统。

6.6.2　蓄热热泵系统供暖

热泵系统在环境温度较低时使用，会造成室外机组的换热器会出现结霜现象，影响制热效果，而且化霜时会停止向室内供暖，引起室内温度波动。蓄热热泵的提出正好可以改善热泵在低温下的运行性能。

图 6-34 是蓄热热泵系统的流程图。在冬季供暖时，当环境温度较高，冷凝器出来的热流体先经过蓄热器再经过膨胀阀 2 节流到蒸发器。当环境温度较低，蒸发器的换热效果明显下降，这时利用蓄热器中储存的热量来补充。既可以并联补充，也可以串联补充。并联是指从冷凝器出来的制冷剂一部分进蓄热器过冷后再经膨胀阀 2 到蒸发器中吸热蒸发，另一部分经膨胀阀 1 直接节流后吸收蓄热器的热量蒸发，两部分在三通阀 2 混合后进入压缩机。串联主要用在较低温度下，冷凝器出来的流体全部通过三通阀 1、膨胀阀 1 节流后在蓄热器中吸热蒸发。

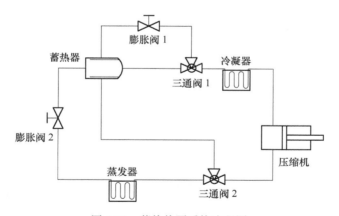

图 6-34　蓄热热泵系统流程图

蓄热热泵系统属于低温蓄热，一般低于 50℃。常用的显热蓄热材料为水、岩石等，蓄热密度比较低，热损失比较大。潜热蓄热材料为水合盐等，利用其相变产生的热量达到蓄热目的。

6.6.3　相变蓄热器供暖

由于相变的热量是在恒温下释放的，而且储热密度较高，所以相变蓄热器供暖有一些优势。相变蓄热器目前主要是两类，一类是相变蓄热供暖器，一类是相变蓄热电热水器。

　　传统的电热辐射供暖器加热功率一般都大于 800W，不具备蓄热功能。当较多的用户同时使用时出现电路负载过重，导致使用区域电压低，影响电器的正常使用。相变蓄热电供暖器如图 6-35 所示，主要由导热容器 7 及填充在内的相变蓄热材料 6 构成。这种电供暖器充分利用夜间廉价低谷电加热蓄热，不仅降低了取暖费用，而且由于不取暖时采用蓄热和隔热，取暖时采用换热肋片 3 强化传热，没有滞后时间。

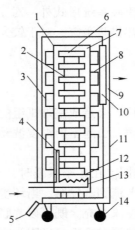

图 6-35　相变蓄热电供暖器示意图

1—换热箱　2—相变材料容器支撑架　3—强化换热肋片　4—电热器温控开关　5—可开闭风门
6—相变蓄热材料　7—相变蓄热材料容器　8—传热液体　9—换气扇隔热门　10—换气扇
11—隔热箱　12—支架　13—电加热器　14—支脚或万向轮

　　传统的电热水器一般是直热式和蓄水式两种类型。直热式一般需要 6kW 左右的大功率电加热才能保证出水较大，水温较高，一般家庭的电路和电表难以承受；而蓄水式的热水容量受到盛水容器容量的限制，放水时水压也较低，不便使用。相变蓄热电热水器的示意如图 6-36 所示，左侧是装有高温相变材料的蓄热部分，右侧是盛水容器。当电加热器 5 接通电源，电热段的升温使周围的高温相变材料熔化，热量以相变潜热形式蓄存。当需要用热水时，先打开水阀 3 使冷水进入换热管 4，其周围熔化的高温相变材料使管里的水沸腾，形成高温蒸汽通过出水口 8 进入盛水容器，以凝结方式加热由进水阀 9 来的冷水，通过控制两个进水管的水量使出水达到需要的温度。

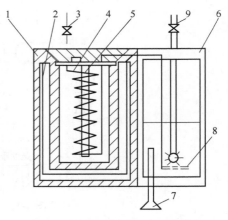

图 6-36　相变蓄热电热水器示意图

1—隔热层　2—真空桶　3—水阀
4—进水换热管　5—电加热器　6—隔热层
7—淋浴器　8—蒸汽沸水出口　9—进水阀

　　由于高温相变蓄热材料放置在左边的隔热容器中，其升温过程可以缓慢进行，能采用小功率加热，同时热损失少，可以使蓄热时间较长，充分利用电网低谷时段加热蓄热来降低电费开支。

6.7 蓄冷空调设计实例

蓄冷空调工程与常规的空调工程相比，其设计选型较为复杂，投资较大，施工、调试、验收及运行管理复杂，使得其应用受到了较大的限制。但蓄冷空调技术以投资少、见效快、运行费用低等特点在暖通空调行业得到高度重视，同时也成为实用的系统节能技术和可靠经济的供冷方式，与蓄冷技术相结合的空调系统亦将会是一种新趋势。

6.7.1 适合设计蓄冷空调系统的特点

蓄冷空调技术的主要适用范围是在执行峰谷电价且峰谷电价差较大的地区，在技术经济比较合理时才具有使用优势。峰谷电价差越大，安装蓄冷空调系统越有利。国外有资料表明，峰谷电价比为 2：1 时可以考虑采用蓄冷空调系统；峰谷电价比为 3：1 时可以大胆采用蓄冷空调系统。具体适合设计蓄冷空调系统的情况有：

1）建筑物的冷负荷具有显著的不均衡性，而且负荷比较集中在用电高峰，即空调负荷高峰与电网高峰时段重合，且在电网低谷时段空调的负荷较小，低谷电期间有条件利用闲置设备进行制冷的情况。

2）逐时负荷的峰谷差悬殊，使用常规空调系统会导致装机容量过大，且经常处于部分负荷下运行的情况。

3）有避峰限电要求或必须设置应急冷源的场所。

4）采用大温差低温供水或低温送风的空调工程。低温送风空调系统由于初投资低，只是常规空调造价的 73% ~ 86%，在初投资上具有能与常规系统相比的竞争力，再加上冰蓄冷冷源供冷的削峰填谷，使空调运行费用有较大程度的降低。

5）采用区域集中供冷的空调工程。区域供冷能充分利用各种建筑物峰值负荷不同步的特征，减少设备容量。大温差运行是该技术的主要保障因素，当把冰蓄冷、区域供冷、超低温送风空调系统结合起来时，是性价比较好的供冷形式。

6）在新建或改建项目中，需具有放置蓄冰装置的空间。建筑物结构、制冷机的位置、放置蓄冷槽的空间大小及位置都会影响蓄冷设备的选择，不同的蓄冷设备对放置空间有不同的要求。

7）经技术经济比较，采用冰蓄冷空调系统能获得很好的经济效益的情况。

6.7.2 蓄冷空调系统设计的步骤

1. 根据工程概况进行可行性分析

将建筑使用特点、负荷等条件了解清楚。具体包括建筑性质、规模（层数、面积、层高）、机房位置、变配电房位置、冷却塔位置、设备层承载、末端管材、末端定压方式、尖峰负荷、使用时间、分时电价情况、供回水温度等，还有使用单位意见、设备性能要求、经济效益等进行技术和经济的可行性分析。

2. 典型设计日的空调冷负荷的确定

常规空调以每年高峰负荷发生时间的最大负荷量作为设计值，并按照这个数值确定设备容量。而蓄冷空调系统除了需要知道最大负荷外，还应根据设计逐时气象数据、建筑围护结构传热系数、人员数量、照明情况、内部设备以及使用时间，采用不稳定计算法逐时进行计算（可采用软件计算），以获得逐时空调负荷。在逐时冷负荷的计算中，除建筑物冷负荷外，还应包括附加冷负荷部分。在方案设计阶段或初步设计阶段，可采用逐时冷负荷系数法或平均负荷系数法，按照估计峰值负荷设计日逐时冷负荷。

3. 确定蓄冷装置的方式

目前在蓄冷空调工程中应用较多的蓄冷形式是水蓄冷、冰蓄冷和相变蓄冷。

水蓄冷装置结构简单、运行管理方便，但在设计和应用上应防止供、回水的掺混。此外，水蓄冷系统需要占用较多的场地，应充分利用室外地下空间或室内外消防水池。对于相变蓄冷器，较普遍的应用是将相变材料封装于聚乙烯小球内制成蓄冷球，密集地堆积在密封罐或开式槽体内，构成冰球式蓄冷器。冰蓄冷方式是相变蓄冷的一种，主要包括动态型冰蓄冷、盘管外结冰式（内融冰系统和外融冰系统）和冰球系统。

4. 确定蓄冷空调系统模式

蓄冷空调系统有多种蓄冷模式、运行策略及不同的系统流程安排。流程形式有主机在上游的串联系统、主机在下游的串联系统和并联系统。具体采用何种流程，应根据建筑物蓄冷周期、逐时负荷曲线、工程概况、蓄冷设备的特性和现场条件等因素，经技术经济比较后确定。蓄冷运行模式有全量蓄冷模式和部分蓄冷模式，运行策略中有主机优先和蓄冷优先策略。对于部分蓄冷模式，蓄冷空调系统的负荷要按照一定的比例分配给制冷主机和蓄冷装置。在分配负荷时，应根据逐时冷负荷曲线、电力分时电价情况、设备初投资和投资回收情况进行优化设计。最佳的蓄冷比例一般取 30% ~ 70%。

5. 确定制冷主机和蓄冷装置的容量

在系统蓄冷模式、运行策略和流程安排确定的情况下，确定制冷主机和蓄冷装置的容量，并选定和计算蓄冷槽体积。下面以蓄冰系统为例介绍。

全蓄冰系统按照设计日总冷负荷计算，计算公式为

$$Q_s = \varepsilon \times Q \tag{6-1}$$

式中　Q_s——蓄冰装置容量（kW·h）；

　　　ε——蓄冰装置的实际放大系数，取 1.03 ~ 1.05；

　　　Q——设计的日总冷负荷（kW·h）。

部分冰蓄冷系统按照部分冰蓄冷系统的制冷机容量进行计算，计算公式为

$$Q_s = \varepsilon \times n_2 \times C_f \times q_c \tag{6-2}$$

式中　n_2——白天制冷机在空调工况下的运行时间（h）；

　　　C_f——制冷及制冰工况系数，由生产厂家提供；

　　　q_c——空调工况下制冷机的制冷量（kW·h）。

制冷机的容量应能适应制冷和制冰两种工况，其制冷量应根据设备生产厂家提供的资料，对两种工况分别计算。

全蓄冰模式时，制冷机制冷量计算公式为

$$q_c = (\varepsilon \times Q) / (n_2 \times C_f) \tag{6-3}$$

部分蓄冰时，制冷机制冷量计算公式为

$$q_c = (\varepsilon \times Q)/(n_1 + n_2 \times C_f) \tag{6-4}$$

式中，n_1 为制冷机制冰工况下的运行时间（h），一般为低电价小时数。

如果计算得出的制冷机制冷量 q_c 大于该时段制冷机承担的逐时冷负荷时，则需要对 n_2 进行修正。

夜间蓄能期间需要供冷时，应设置基载制冷机（若所需冷量较小可不设），其容量按夜间末端最大负荷确定。白天末端负荷较大，受冰蓄冷空调能力所限，大部分的负荷由常规基载提供的系统承担，其基载容量按尖峰负荷减去蓄能空调所能提供的最大容量设计。

6. 系统设备的设计及配套

系统设备的设计及配套主要是系统主机的选择、蓄冷槽的设计、附属设备如泵和换热器的选择等。泵的选择依据主要是泵的扬程，在方案设计阶段，水泵扬程可以进行估算。由于乙二醇管路和冷冻水管路都为闭式系统，管路系统水泵扬程的计算与管道垂直距离无关。冷却水管道大多数为开式系统，需考虑低位（冷却塔集水盘）的水提升到管路系统最高点的高差。供货厂家一般在产品样本中会提供冷却塔的扬程。

（1）乙二醇回路 主机蒸发器、盘管、板式换热器（乙二醇侧）压降按样本或厂家提供的计算书，管道估算为 8m，富余 2m，总扬程在 32～45m。一级泵系统的乙二醇泵负担蒸发器、盘管、板式换热器（乙二醇侧）的阻力以及所有乙二醇管路的压降；二级泵系统的初级泵负担蒸发器、盘管以及部分乙二醇管路的阻力，次级泵系统负担板式换热器以及部分乙二醇管路的阻力。

（2）冷冻水回路 板式换热器（水侧）压降、基载制冷机蒸发器压降按样本或厂家提供的计算书，管道（机房、末端管网）估算为 22m，总扬程在 32～38m。

（3）冷却水回路 主机冷凝器压降、冷却塔扬程按样本或厂家提供的计算书，管道估算为 6m，富余 2m，总扬程在 22～28m。

板式换热器的换热量为尖峰负荷减去基载制冷机的制冷量，系统未配置基载制冷机时即为尖峰负荷。

7. 经济效益分析

准确计算整个蓄冷系统的初投资费用、运行费用以及全年运行电费，将计算出的结果与常规空调系统相比较获得投资回收期，使投资者可以在计算的周期内以节省电费的形式收回多出的投资。

6.7.3 某机场蓄冷空调设计实例

1. 工程概况

某机场位于江西省南昌市以北，其航站楼建筑面积约 10 万 m^2，每天运行 19h。每年夏季运行 180d。该项目空调负荷白天很大，峰值冷负荷约为 16756kW，出现在设计日的 15：00 左右，而晚上电力低谷时段却很小，在零点的冷负荷不足 4000 kW，1：00 ～ 5：00 则没有冷负荷。该项目夏季逐时冷负荷如图 6-37 所示。

2. 技术分析

（1）系统形式选择 根据逐时负荷分布图可以看出，该项目只有白天负荷较高，在夜间电力低谷期负荷较低。南昌市采取了一系列措施推行峰谷分时电价的政策，如 19：00 ～

21：00 电价为 1.238 元/(kW·h)，17：00~23：00 电价为 1.07 元/(kW·h)，5：00~17：00 电价为 0.688 元/(kW·h)，而 23：000~5：00 电价仅为 0.359 元/(kW·h)。故采用水蓄冷方案会有比较好的经济效益。为了最大限度地节省投资和运行费用，本方案采用在低谷电（23：00~1：00）时段使用 3 台制冷量为 4 219 kW 的冷机并联蓄冷，在低谷电（1：00~5：00）时段使用 4 台制冷量为 4219 kW 的冷机并联蓄冷。系统流程如图 6-38 所示。

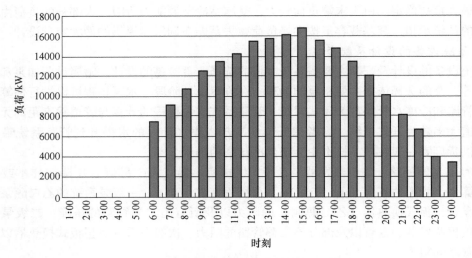

图 6-37　逐时冷负荷示意图

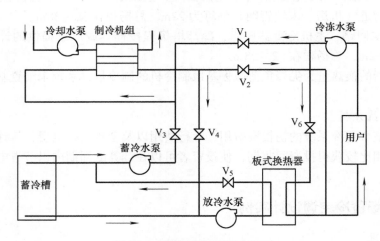

图 6-38　蓄冷系统流程示意图

蓄冷槽的体积为 10000m³，需要运行 4 台制冷量为 4219kW 的主机蓄冷 5.5h，蓄冷量为 92818kW·h。系统侧供回水温为 7℃/12℃，蓄冷侧供回水温为 4℃/12℃，蓄冷槽的最低蓄冷温度设计为 4℃，夏季冷水的最大蓄冷温差 8℃。

（2）运行策略　100% 负荷时（设计日），在夜间的电力低谷时段（23：00~1：00）使用 3 台主机蓄冷，在电力低谷时段（1：00~5：00）使用 4 台主机蓄冷，把蓄冷槽蓄满；在设计日白天，把蓄冷槽内冷量分配到部分高峰时段，不足部分使用主机来补充，其余时段运行主机。按此设计运行，蓄能槽有效体积为 10000m³，最大蓄冷量为 92818kW·h，如图 6-39 所示。

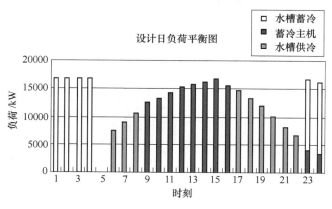

图 6-39　设计日负荷平衡示意图

当负荷降低到 80%、60% 时，由于全天的总负荷有所减少，可以减少白天的冷机开机时间。在夜间的电力低谷时段（23：00～1：00）使用 3 台主机蓄冷，在电力低谷时段（1：00～5：00）使用 4 台主机蓄冷，把蓄冷槽蓄满；白天把蓄冷槽内冷量分配到全部高峰时段和部分平峰时段，不足部分使用主机来补充，其余时段运行主机，如图 6-40、图 6-41所示。

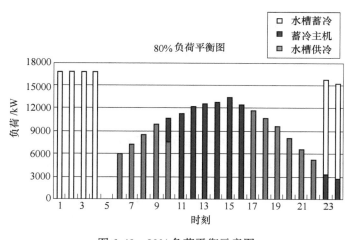

图 6-40　80% 负荷平衡示意图

当负荷降低到 30% 时，这个阶段一般是春秋季称为过渡时期，全天的负荷明显减少。在夜间电力低谷时段（1：00～5：00）使用 4 台主机蓄冷，不用把蓄冷槽蓄满；蓄冷槽所蓄的冷量可满足白天所有负荷，此时开启水泵即可，如图 6-42 所示。

3. 经济分析

（1）夏季空调运行费用计算　通过模拟分析蓄冷系统的运行，经计算可得出蓄冷空调系统和常规空调系统的运行电费。夏季空调供冷期按每年 180 d 来计算，运行电费汇总见表 6-4。

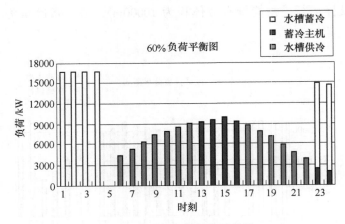

图 6-41　60%负荷平衡示意图

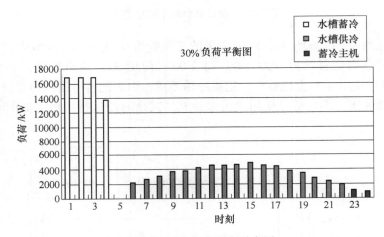

图 6-42　30%负荷平衡示意图

表 6-4　运行电费汇总表　　　　　　　　　　（单位：元）

夏季蓄冷空调系统年运行费用				夏季常规制冷系统运行费用			
负荷/%	天数/d	天运行电费	电费	负荷/%	天数/d	天运行电费	电费
100	30	33664	1009900	100	30	55897	1676900
80	80	25912	2073000	80	80	45287	3622900
60	45	17950	807800	60	45	34879	1569600
30	25	7909	197700	30	25	18455	461400
总计	180	85435	4090000	总计	180	154519	7330000

该项目水蓄冷空调系统比常规空调系统增加的初投资费用为

$$\Delta I = 1720.2 \text{ 万元}$$

水蓄冷空调系统比常规空调系统全年节省运行费用（万元）为

$$\Delta P = P_c - P_s = (733 - 409)\text{万元} = 324 \text{ 万元}$$

式中，P_c 为常规空调系统年运行费用；P_s 为水蓄冷空调系统年运行费用。

水蓄冷系统比常规空调初投资所增加的投资费用回收期可以简单地估算为

$$N = \Delta I / \Delta P = (1720.2/324)\,年 = 5.3\,年$$

（2）夏季空调运行电量统计　　通过模拟分析蓄冷系统和常规中央空调系统的运行，可计算得出蓄冷空调系统和常规空调系统的年运行电量，见表 6-5 和表 6-6，两者的比较见表 6-7。

表 6-5　蓄冷空调系统年运行电量统计表　（单位/kW·h）

负荷（%）	高峰电电量	平峰电电量	低谷电电量	天数/d	小　　计
100	3061	31845	23132	30	1741169
80	2449	21777	22756	80	3758609
60	1837	11556	22380	45	1609767
30	918	2075	15316	25	457735
总计	393374	3269435	3904470	180	7567279

表 6-6　常规空调系统年运行电量统计表　（单位/kW·h）

负荷（%）	高峰电电量	平峰电电量	低谷电电量	天数/d	小　　计
100	17157	38418	1933	30	1725229
80	13851	31111	1630	80	3727304
60	10545	24012	1327	45	1614779
30	5481	12633	873	25	474675
总计	2234300	5037759	269926	180	7541986

表 6-7　水蓄冷系统与常规空调系统年运行电量比较

项　　目	年转移高峰电/kW·h	年转移平峰电/kW·h	年开发低谷电/kW·h	总电量差/kW·h	平均转移高峰电功率/kW
常规系统—水蓄冷系统	1840926	1768325	3634544	−25293	3315

通过上述分析可知，该项目采用的水蓄冷空调系统，虽然水蓄冷系统比常规空调系统的初投资有所增加，增加了 1720.2 万元，但是充分利用了 23：00～5：00 的低谷电价，运行费用明显低于常规空调。年运行费用节省 324 万元，初投资回收期为 5.3 年，冰蓄冷系统使用 20 年可为用户节省费用 6480 万元，节能经济性明显。伴随国家鼓励政策的陆续出台，峰谷电价差将进一步拉大，该项目节省的运行费用还将增大，并且为国家电网的移峰填谷贡献巨大，经济效益和社会效益均非常显著。

思　考　题

1. 采用蓄能技术的主要目的是什么？
2. 从温度和载体等方面看蓄能技术的方式有哪些？各自的特点是什么？
3. 冰蓄冷空调技术的种类有哪些？各自的特点和适用条件是什么？
4. 蓄冷空调与常规空调的异同点有哪些？
5. 冰蓄冷空调系统的运行模式有哪几种？对应的主要设备的特征有哪些？
6. 水蓄冷空调技术的种类有哪些？各自的特点和适用范围是什么？
7. 常见的蓄热供暖系统形式是什么？画出简单流程图。
8. 根据冰蓄冷空调实例中的数据，请思考蓄冷蓄热技术的主要发展方向是什么？

第 7 章
建筑供热量和供冷量的计量

由于集中供暖和集中空调的广泛应用，供暖和空调的能耗也随着急剧增加。据统计，欧美以及中国寒冷地区的供暖能耗已达到当地社会总能耗的 30% 左右。但近年来随着国际能源价格飞涨，供暖费用在人们收入中的比例已不能再被忽视；加之温室效应对人类生存环境的压力，工业发达国家的政府，特别是能源缺乏国家的政府，开始高度重视能源节约与环境保护，逐步制定了热计量的相关政策，对供暖实行热计量并以用热量为基础进行热费结算，并鼓励对冷计量的研究，为实现以冷量为基础进行供冷收费提供理论基础。

7.1 建筑能源计量概述

计量供暖在欧盟各国已有近 30 年的历史，它已成为集中供暖进一步节能的有效政策和制度，尤其德国已积累了成熟的经验。德国早在 1976 年就制定了《建筑节能法》，1981 年颁布了《采暖热费结算的规定》，1989 年颁布了基于热耗量进行热费结算的国家标准。其中包括计量供暖概念、蒸发式热分配表的制造、电子式热分配表的制造、热量表的制造、运行费用的分配和结算以及热计量仪表的检验，注册及许可证制度。同年，德国经济部（BMWI）还发布了进一步贯彻执行《采暖和热水基于实耗进行收费规定的通知》，大力推行热计量。1993 年，欧盟颁布了 SAVE 导则 93/76/EEC，要求成员国贯彻实施供暖、空调和热水计量收费计划。1994 年欧盟又在德国 DIN 4713 标准的基础上，分别制定了统一的欧盟标准 EN—834《电子式热分配表标准》，EN—835《蒸发式热分配表标准》，并在 1996 年又颁布了 EN—1434《热计量表的标准》，对热计量装置和仪表生产及使用进行规范。欧盟领导下的"基于实际能耗进行结算收费的欧洲协会"（EVVE），也在当年发布了"计量供热指南"，统一欧盟各国推行计量供暖的步伐。据此，欧盟各国到 20 世纪 90 年代初，供暖中热计量已基本达到了统一和完善的地步。到目前为止，德国、丹麦、瑞士、奥地利、比利时等国，供暖和生活热水都推行分户热计量，德国约有 98% 公寓按分户热计量收费。芬兰、法国、瑞典等国主要推行按楼栋的热计量，在芬兰 77% 的公寓采用楼栋的热计量。波兰、保加利亚、捷克、匈牙利、罗马尼亚等国政府也都先后推出了供暖体制市场化和推行计量供暖的各项政策和措施，来促进集中供暖的节能增效，保护环境和可持续发展。

在我国，供暖范围主要包括淮河以北秦岭以东的广大地区，主要是东北、华北及西北的所谓"三北"地区，以及安徽、江苏、四川、云南、贵州的部分地区，其全部面积约占全国陆地面积的 70%。另外，根据国家规定对部分非供暖地区的幼儿园、养老院、中小学校、医疗机构等建筑宜考虑设置集中供暖。这两类地区约占全国陆地面积的 15%。可见在我国宜设和宜考虑设置集中供暖地区之广大。

到目前为止，我国城市供暖的主要热源有热电厂、区域锅炉房，还有工业余热、地热等。其中热电厂供暖占供暖总量的 62.9%，区域锅炉房占 35.75%，其他占 1.35%（工业余热、地热等）。在"三北"地区城市集中供暖的热化率已达 25%。

中国的计量供暖从 1995 年开始，建设部首先在天津、沈阳、长春、青岛、烟台、延吉等城市进行了计量供暖的试点工作。天津市在全国首先作了计量供暖能否节能的试验，证明实行计量供暖可以调动用户的节能积极性，可节约 15% ~ 25% 的热能。接着又在天津市凯立花园实施了单管供暖系统改造和利用蒸发式热分配表进行热计量的试验，在天津市龙潭路的节能住宅中进行了一户一表（热计量表）的试验，并在天津市顺驰住宅小区进行了大面积的计量供暖试验。同时，其他城市也都做了大量的工作。从技术层面上讲，中国计量供暖实施过程主要遇到的问题是：① 供暖设备落后、供暖效率较低、供暖系统调节功能差、失调严重、用户不易随需调节；② 热水供暖水质经常不达标，对温控阀和计量仪表损害很大；③ 建筑物种类多，供暖热耗差异大且数据不清；④ 供暖成本不准，没有统一的热价成本核算体系；⑤ 计量装置的成本高；⑥ 燃煤锅炉热源无法调节，没有调峰锅炉或蓄热设备；⑦ 供暖不达标或计量装置损坏，也导致无法计量收费；⑧ 即使计量正确，但又没有正确、透明和合理的热价，也无法进行热费分配。以上因素给热计量和热费分配造成诸多困难，特别是第⑥条中，没有调峰锅炉或蓄热装置，使热源无法根据室外温度状况进行调节，致使计量供暖的节能效果大打折扣。

由于集中供冷的精确计量较为困难，需要考虑众多因素，目前中央空调的分户计费尚未有统一的国家和行业标准。集中式中央空调，由于其供冷面积较大，服务对象繁多，未有供冷精确计量的需求。对于风机盘管加独立新风系统的半集中式中央空调系统，其需要调节房间数目较多，各个房间需要单独调节，可采用时间计量、能量计量、谐波反应法计量等，对供冷进行计量。

7.2　供热量和供冷量计量的方法

推行供暖供冷计量并基于实际能耗进行收费，可以提高集中供暖供冷的节能效果，用户通过计量支付公平合理的供暖费用。既然要冷热计量，就要安装计量仪表和读表、计算用户付费金额。当每年节约的能量费用不足以抵消为计量而付出的成本时，虽然节能可以获得节能的社会效益，而用户却得不到所期望的经济效益，这就会挫伤用户的节能积极性，给计量供暖的推广造成障碍。只有当每年节约的能量费用大于为热计量和冷计量所付出的成本时，才能取得用户行为节能的效果。因此选用合适的计量方法非常重要。

7.2.1　供热量计量

热计量常用方法包括有楼前热表法、分户热表法、分户热水表法、分配表法、温度法等。

1. 楼前热表法

在建筑物的供暖入口处设置楼前热量表，通过该表测量水的流量与供、回水温度，计算出该供暖系统入口处的总供热量，该系统的用户统一按此总供热量并结合各户的建筑面积进行热费分摊。由于建筑物的朝向、楼层数等会有差异，因此入口所负担的建筑（单元）不应过多。这种方法的优点是简单易行、初投资省，容易实现。缺点是计量不够精确，存在一定的平均主义，无法针对每家每户计量，不利于行为节能的充分发挥。

2. 分户热表法

除在建筑物供暖入口处设置楼前热量表外，在楼内各户的供暖入口处再设置分户热量表。即使面积相同，保持同样的室温，热表上显示的数字会因用户所处位置的不同而不相同，如顶层住户因有屋顶耗热、端头用户因有山墙耗热，在保持同样室温时，散热器必须提供比中间层更多的热量。因此，采用分户用热量表进行分摊时，需将各住户热量表显示的数值，根据最大限度地保持"相同面积的用户，在相同的舒适度的条件下，缴纳相同的热费"的原则，折算为当量热量，并按当量热量进行收费。这种方法的优点是有利于行为节能的发挥与实现，缺点是涉及难以解决的户间传热计算问题，而且供暖系统必须设计成每户一个独立系统的分户循环模式，限制了其他供暖制式的应用与发展。至今我国尚未制定出具体的折算办法，从而造成了热费分摊上的实际困难与混乱。这种方法是目前国内供暖企业主要的计量方式，优点是计量到户，数据精准，缺点是投入大，往往出现计量器具的成本高于节能成本。

3. 分户热水表法

这种方法与分户热表法基本相同，差异仅在于以热水表替代了热量表，能节省一定的初投资费用。这种方法的优点是有利于行为节能的发挥与实现，缺点是涉及难以解决的户间传热计算问题，而且供暖系统必须设计成每户一个独立系统的分户循环模式，限制了其他供暖制式的应用与发展。

4. 分配表法

蒸发式分配表充分利用了"分摊"的概念，抓住了影响散热器散热量的最主要因素"散热器平均温度与室温之差"这个关健，以散热器平均温度的高低来近似代表散热器散热量的大小，使问题得到了简化。采用分配表法的主要优点是：①计量值基本不受户间传热的影响，可以免去户间传热的修正；②初投资低；③可适用于任何散热器户内供暖系统形式。采用分配表时的主要缺点是：①安装较复杂，且需要厂家进行热费计算；②计量值不直观，需要入户安装和抄表，电子式热分配表可以数据传送，但价格较高；③每组散热器每年需要更换液管，增加更换费用。

5. 温度法

在建筑物的供暖入口处设置楼前热量表，通过测量热媒水的流量与供、回水温度，计算出该供暖入口的供暖总热量。在每个用户户内各室的内门上部安装一个温度传感器，用来测量室内温度，并通过采集器采集的室内温度经通信线路送到热量采集显示器。热量采集显示器接收来自采集器的信号，并将采集器送来的用户室温送至热量计算分配器。热量计算分配器按收采集显示器、热量表送来的信号后，按照现定的程序将热量进行分摊。

这种方法的出发点是：按照住户等舒适度分摊热费，认为室温与住户的舒适是一致的，如果供暖期的室温维持较高，那么该住户分摊的热费也应该较多。遵循的分摊原则是，同一栋建筑物内的用户，如果供暖面积相同，在相同的时间内，相同的舒适度应缴纳相同的热费。它与住户在楼内的位置没有关系，不必对住户位置进行修正。

温度法的主要优点是：①计量的每户热量，是在实际舒适度下的热用户的折算热量，消除了建筑物的位置差别对计量结果的影响；②每户分摊的热量之和等于结算热表计量的结果，不需要考虑管道散热损失的热量；③避免了难以解决的户间传热的计算问题，不管用户是否采暖，均应根据室温的分摊结果缴纳热费；④不需每户测量流量，避免了小口径机械式热量表易堵塞的问题；⑤设备简单、初投资低、使用可靠，易于管理，既适合于新建建筑中应用，也适用于既有建筑改造。

7.2.2　供冷量计量

中央空调分户冷量计量常用的方法包括时间计量、能量计量及谐波反应计量等。早期经常采用的水计量和电计量均不能准确反映空调的用冷量，现已很少采用，目前多取时间型计量方法和能量型计量方法，并被用户广泛接受。谐波反应法计量等方法是目前的研究热点，但应用较少。

1. 时间型计量

这种计量方法是依据定律（功 = 功率 × 时间），计量风机盘管运行时间作为收费依据。风机盘管消耗的能量与风机盘管的热交换功率、风机的转速、盘管的参数、运行的时间等很多因素有关，把这些因素综合成一个当量"有效运行时间"，以此作为计费依据。具体为计量风机盘管电动阀的开通时间和电机在"高""中""低"各档位的运行时间，对不同的风机盘管根据其电机功率、制冷量等参数加以修正。

时间型计量系统的优点是：成本低，安装、维护都十分方便，计量误差小，可靠性高。时间型计费系统的缺点：①没有考虑制冷主机的运行状况，会出现在制冷主机关机的情况下，用户只要打开风机盘管就会被计费的情况。解决的办法有：检测制冷主机是否开机，如果主机未开，则不计制冷时间。一般可通过测量供水总管道的冷冻水温度作为判定条件；②仅适合末端的风机盘管的计量，不适新风机或空调机的计量；③间接计量能量，不能真正反映能量消耗。

2. 能量型计量

此法采用与供暖系统热计量相同的方法。计量原理为由热源提供的热水以较高温度流入热交换系统（散热器、换热器等），以较低温度流出，在此过程中，通过热量交换向用户提供热量［根据热力学定律（功 = 流量 × 温差）］，通过测量中央空调介质（冷冻水）的瞬时流量、温差，就可以计算出系统的热交换量。

3. 双温流量计量

双温流量计量法的测量原理是：在水管路上加装一台流量传感器和两个温度传感器，通过测量末端设备的流量和供水温度来实现计量。该法计算结果精确、可信度高，但初期投资比较大，且安装复杂、维护困难，应用时受到投资限制。为了在保证较好的精度前提下，减少投资，则可采用温差检测计量方法，即仅测量冷冻水通过风机盘管后的水温，视每个风机盘管冷冻水质量流量为恒定值，则盘管用冷量可以用水温差和质量流量计算出来。

4. 谐波反应法计量

从空调建筑冷负荷计算的基本原理入手，采用谐波反应冷负荷计算法对用户各个用冷时刻的冷负荷进行理论计算，再根据用冷时间得到用户的用冷量。具体办法是在每个空调房间的适当位置安装一个高灵敏度的温度传感器，对室温进行实时监测，在大楼的四面外墙的适当位置各安装一个电子辐射计和一个温度传感器，分别测量各时刻的太阳照度以及室外空气温度，并将这些监测值送至中央处理机进行处理。同时还要根据各单元的末端设备开启信号判别用户是否在用冷，如果判定用户在用冷，就将用户用冷的时间段记录下来。每天停止供冷后，首先由当天的室外空气温度值和太阳辐射照度值得到当天的温度波函数（包括室外空气温度波、各朝向室外空气综合温度波）和太阳辐射照度波函数，然后利用谐波反应系数法计算出单元房间当天各个时刻的冷负荷，最后，根据用户的用冷时间段统计出用户当天的用冷量。将谐波反应冷负荷计算法用于空调冷量计量时，室外空气温度多阶波函数和太阳辐射照度多阶波函数可根据实测数据拟合得到。一般取谐波阶数为二阶；而各朝向的综合温度由室外空气温度和各朝向太阳辐射照度得到。谐波反应法计量精度要高于时间型计量，而且初期投资要比双温流量计法低，但是计量必须了解每个单元房间的室内热源情况及围护结构热物性的详细资料，当室内热源变化大或者开关机频率高时，可能引起较大误差。

7.3 热计量表

计量供热量所用的热计量仪表，都是基于以下原理：

$$Q = \int_{Z_0}^{Z_1} q_m \Delta h \mathrm{d}\tau = \int_{Z_0}^{Z_1} \rho q_V \Delta h \mathrm{d}\tau \tag{7-1}$$

式中 Q——热媒（这里指热水）释放出的热量（J 或 W·h）；

Z_0、Z_1——起始时间和终了时间（h）；

q_m——流经热表热水的质量流量（kg/h）；

q_V——流经热表热水的体积流量（m³/h）；

ρ——流经热表热媒的水的密度（kg/m³）；

Δh——热交换系统入口和出口温度下的焓值差（J/kg 或 W·h/kg）。

下面叙述热计量仪表的组成、原理、级别划分及误差限。

7.3.1 热计量仪表的组成

根据式（7-1），热计量仪表由流量传感器、配对的温度传感器和集算器三部分组成。

1. 流量传感器

这里指的就是热水流量表，目前常用的热水流量表，根据原理分以下三种类型。

（1）机械式热水流量表 它还可细分为单流道叶轮式热水表、多流道叶轮式热水表和涡轮式热水表三种形式，目前国内可大量生产和广泛应用，价格比较便宜。

（2）超声波热水流量表 因为它不需要浸入水中的转动部件，且对水质要求不高，使用寿命长，在国外供暖计量中得到广泛应用。我国几乎所有的热量表企业都已开始研发、生产超声波热量表，但绝大部分的研究重点都集中在流量计的基表机械结构（包括反射器和测量管段）设计，只有少量涉及传感器输出信号处理，普遍忽视了对超声波换能器件性能研究，有些企业甚至对主要技术参数还缺乏必要了解。技术研发不到位致使热水流量表性能不稳定，且价格比叶轮式的要贵。

（3）电磁感应式热水流量表 这种仪表因对水质的电解质含量有较高要求，对供暖系统中软化水的适应性差，其需要将流经磁场中水流加上 220V 的电压，使其水流具有导电性，所以在供暖计量中很少应用。

目前我国在计量供暖试点中，户用热表主要应用的就是叶轮式和超声波式的热水流量表，按常用流量主要分为 $0.6m^3/h$、$1.5m^3/h$ 和 $2.5m^3/h$ 三种规格。我国已有多家厂商用国产的叶轮式的热水流量表配套生产出了国产热计量表，其价格可比进口的同类产品便宜近 $1/3$，但还没有得到在供暖系统中长期运行的考验。从技术上说，超声波热水流量表更适合于供暖计量，但需要进口，价格较贵，国内虽有个别厂家研究试制成功，但还没有形成批量生产的能力。

2. 配对的温度传感器

配对的温度传感器是用来测量供暖系统给水和回水温度的，对它的配对误差要求很高。目前主要应用的是 Pt100 和 Pt1000，另外也有用 Ni100 和负温度系数的半导体温度传感器的。

3. 电子集算器

电子集算器是负责采集流量和温差数据并经查找焓值，最后计算、显示和储存瞬时热值、累计热值、单位换算以及日期的重要部件，以前采用传统的电子线路，现在几乎都用微处理器电路。

对于小型热计量表，如常用流量为 $0.6m^3/h$、$1.5m^3/h$、$2.5m^3/h$ 的户用热表，多做成一个整体式结构的热计量表，只有常用流量在 $3.5 \sim 250m^3/h$ 的大型热计量表才做成分体式的，即流量传感器是与集算器分开，以便灵活安装。

7.3.2　热计量仪表的标准

国际上最早出现的热计量表标准是德国的工业标准 DIN 4713 的第四部分，它于 1980 年生效，1989 年对 DIN 4713 进行了修订，但第四部分并没有变动。另外，国际法制计量组织（OIML）关于热计量表的国际建议"OIML—R75"，这个建议主要是关于热计量表的计量学特性要求。它开始制定于 20 世纪 80 年初，经过 5 年多的讨论，于 1988 年通过。这两个文件都有些陈旧。目前最通用的热计量标准是欧盟 2015 年修订通过的 EN—1434。

我国根据 EN—1434 并参考了《热能表检定规程》（JJG 225—2001），编写了城镇建设行业标准《热量表》（CJ 128—2007），并于 2008 年 4 月 1 日实施。

下面主要依据欧盟标准 EN—1434 说明当前热计量表的典型特征曲线、级别划分等特性，作为在我国选用、研究和生产的技术依据。

1. 热计量表的常用流量和测量学级别的划分

图 7-1 所示为一个热计量表随着流量 q（横坐标）由小变大时，其测量误差（纵坐标）随之变化的典型特性曲线，其中有以下 4 个特征流量：

1）最小流量 q_{min}，它是保持误差限不超过规定值的最小流量。

2）最大流量 q_{max}，它是保持误差限不超过规定值的最大流量，标准规定最大流量只能在短时间内运行（1h/天；200h/年）。

3）常用流量 q_n，系统正常连续运行，热计量表的误差限不超过规定值。

4）分界流量 q_t，是介于最小流量 q_{min} 与

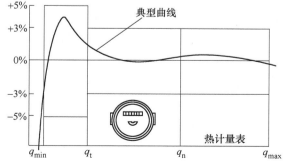

图 7-1　热计量表计量误差随流量而变化的典型曲线

常用流量 q_n 之间，且靠近最小流量的一个特征流量，它是标志经过热计量表的热媒介质的流态以此为转变的界限（$Re = 2300$），此前与此后误差限发生明显的变化。

EN—1434 标准对流量的工作范围作了规定，常用流量 q_n 与最小流量 q_{min} 之比，即 $q_n : q_{min}$ 只能是 10、25、50、100 或 250。据此，当前把热计量表分为三个等级，即：1 级 = 25，2 级 = 50，3 级 = 100。对于 1 : 10 与 1 : 250 尚未定出级别，只是为热计量表的进一步发展预留的空间。

EN—1434 标准还对热计量表的温差工作范围作了规定，一个热计量表的上界工作温差 Δt_{max} 与下界温差 Δt_{min} 之比不小于 10。而下界温差可取 1K、2K、3K、5K 或 10K。目前推荐下限工作温差取 3K，只有很少数情况采用 2K。这里所说的上界温差 Δt_{max} 与下界温差 Δt_{min}，即该热计量表在运行中，对进水和回水温度之差的最大值和最小值。

常用流量 q_n 由热计量表的外壳结构、用途和与管道的连接方式而定，其他特征流量根据 q_n 来定，如规定 $q_{max} = 200q_n$；而 q_{min}、q_t 同 q_n 的关系随计量表等级的不同而不同，详见表 7-1。

表 7-1　q_{min}、q_t 与 q_n 的关系表

常用流量	1 级		2 级		3 级	
q_n	q_{min}	q_t	q_{min}	q_t	q_{min}	q_t
$<15\mathrm{m}^3/\mathrm{h}$	$0.04q_n$	$0.10q_n$	$0.02q_n$	$0.08q_n$	$0.01q_n$	$0.06q_n$
$\geq 15\mathrm{m}^3/\mathrm{h}$	$0.08q_n$	$0.20q_n$	$0.04q_n$	$0.15q_n$	$0.02q_n$	$0.10q_n$

2. 热计量表的典型举例

（1）机械式户用热表　机械式户用热表，一般都是采用单流道的叶轮式热水表作为流量传感器，水平安装于供暖系统的回水管道上。主要原因就是回水管道上有比给水管道更好的运行条件。大部分进口表已经把回水的温度传感器直接装于流量传感器内，只有给水温度传感器才用导线引出以便在给水管道上安装。若要装于给水管道上，就需要事先向供应商说明。这种表也可安装于垂直管道上，但它的误差限会有所变化，动态范围会相应变小。如表中所列，一只水平安装的 3 级表，若供应商认为可以垂直安装，那么它的误差限将按 2 级表计算。关于它的使用年限，国际上一直存在争议，在德国一只一般的户用热表价格 250 欧元左右，法定 5 年校正一次，而校证费用为 150 欧元，如校正不合格同样要换新的，即使校正合格，其温度传感器也不能再用 5 年，所以在德国实际上就是 5 年就要换装新表。计算器的计算与显示依靠锂电池供电，一般寿命为 5 + 1 年，其中的 1 年作为从出厂到安装应用这段时间的储备，即真正投入运行的寿命为 5 年。

仅以表 7-2 中的产品实例，说明机械式户用热表的特性与应用中需要注意的问题。

表 7-2　机械式户用热计量表

技术参数名称	WZ—G06/06	WZ—G06/15	WZ—G06/25
常用流量 $q_n/(\mathrm{m}^3/\mathrm{h})$	0.6	1.5	2.5
最大流量 $q_{max}/(\mathrm{m}^3/\mathrm{h})$	1.2	3.0	5.0
分界流量 $q_t/(\mathrm{L}/\mathrm{h})$	36	90	150
最小流量 $q_{min}/(\mathrm{m}^3/\mathrm{h})$	0.006	0.015	0.025

（续）

技术参数名称	WZ—G06/06	WZ—G06/15	WZ—G06/25
启动流量 q_{an}/（L/h）	3	4	5
安装方式	水平/垂直	水平/垂直	水平/垂直
安装位置	回水管上	回水管上	回水管上
测量学等级	C/B	C/B	C/B
温度测量范围/℃	5～90	5～90	5～90
运行温差 Δt/K	3～70	3～70	3～70
常用压强/bar	16	16	16
q_n时的压力损失/bar	≤0.04	≤0.22	≤0.24
温度传感器	pt1000	pt1000	pt1000
供水温度传感器导线/m	1.5	1.5	1.5
锂电池寿命	>6 年	>6 年	>6 年
螺纹连接/in	G3/4	G3/4	G1
仪表长度/mm	110	110	130
仪表质量/g	720	720	905

注：1bar = 1×10⁵Pa，1in = 25.4mm。

（2）超声波户用热表　超声波户用热表，对水质的要求不高，测量精度稳定，比较耐用，但价格比机械式的高，其性能见表 7-3。它一般安装于回水管道上，可以水平安装，也可以垂直安装。电源也采用锂电池，寿命为（5＋1）年。它的流量传感器部分使用寿命可达 10 年，但与之配套的配对温度传感器最多只有 8 年；它的校正期限为 5 年，即使校正合格，之后的 3 年内也要更换配对温度传感器并要重新进行整体校正，这实际上也等于 5 年换一次新表。

表 7-3　超声波户用热表

制造序列号	471		
常用流量 q_n/（m³/h）	0.6	1.5	2.5
最大流量 q_{max}/（m³/h）	1.2	3.0	5.0
分界流量 q_t/（L/h）	36	90	150
最小流量 q_{min}/（m³/h）	0.006	0.015	0.025
启动流量 q_{an}/（L/h）	2	5	8
安装方式	任意	任意	任意
安装位置	回水管上	回水管上	回水管上
测量学级别	C	C	C
温度测量范围/℃	10～90	10～90	10～90
运行温差 Δt/K	3～40	3～40	3～40
温度传感器	pt1000	pt1000	pt1000
供水温度传感器导线/m	1.5	1.5	1.5
常用压强/bar	16	16	16
q_n时的压力损失/bar	0.12	0.20	0.25
锂电池寿命	（5＋1）年	（5＋1）年	（5＋1）年
螺纹连接/in	G3/4	G3/4	G1
仪表长度/mm	110	110	130

当前户用热计量表主要是以上的两种形式，从应用角度讲，即使在欧洲也认为机械式热表容易因水质的问题而经常出现被堵塞的现象，一般都建议采用超声波热量表。

（3）中型和大型热量表　这类热量表主要用于楼栋热计量或与热分配表配套的总热表，或用于锅炉房、换热站的热计量。中型热表一般指常用流量为 3.0m³/h、6.0m³/h、和 10.0m³/h 的热量表；大型热表一般指常用流量 15m³/h、25m³/h、40m³/h、60m³/h、100m³/h、150m³/h 和 250m³/h 的热量表。中型的机械式热表一般采用多流道的叶轮式流量传感器，大型的一般采用涡轮式流量传感器。中大型的超声波热量表现已在供暖领域广泛应用。这些热量表都做成分体式的，各部件可以随时更换。热表的安装在产品说明书中都有详细说明。它们所用的电源除有锂电池外，一般都可连接市电。这类热表的校正周期也为 5 年，但它的校正费用非常昂贵，一只大型热表的校正费用为 10000～15000 欧元，因为它的校正不能在实验室进行，只能在供热站进行。正是为了避免昂贵的校正费用，从 1993 年中期德国采用德国物理技术研究院公布的抽样方法，将尽量多的同类或具有同类要求的热量表组成一批，用此批中抽出约 20% 作样本，进行计量学试验。如果所有的表的误差在 0.8 倍的运行误差限内，这一批表在以后 5 年内不必再标定。正是由于大型热表在安装使用和校正上的巨大费用，所以对它的折旧年限一般还是按 5 年计算。

7.4　蒸发式热分配表

目前，热分配表有两种类型，一种是蒸发式热分配表，它相应的欧盟标准是 EN—835；另一种是电子式热分配表，它相应的欧盟标准是 EN—834。在欧洲热分配表不作为测量仪表对待，因为它直接计量的并不是物理量，所以，它的制造只要符合相应的欧盟标准，并经国家指定的检验机构认定合格，即可以在工程中运用，不需要进行校正。因为它不能用来直接计量热量，只是它所属的总热量表记录的总热量及其总热费分配到各组散热器上，也就是把热量和热费分配到每个用热的房间和每一个热用户。通常把负责计量一栋或几栋楼的总热表和它所属的供热系统总称为一个热计量单元，在这个热计量单元中，要求装有同一种类型的散热器，而每组散热器上又必须安装同一种类型和同一种型号的热分配表，从而保证对热量和热费分配的正确性。

不管是蒸发式热分配表还是电子式热分配表，它们都是基于散热器的基本散热原理制造的，即

$$Q = Q_N \left(\frac{\Delta t}{\Delta t_n} \right)^n \tag{7-2}$$

式中　Q——散热器在任意运行情况下的散热量（kW·h）；

Q_N——散热器的标准散热量（kW·h），当散热器的形式和生产厂家确定之后，这个值就是确定的了；

Δt_n——标准情况下的计算温差（K），按 $\Delta t_n = \frac{t_V + t_R}{2} - t_L$ 计算。标准情况是指：散热器的进水温度 $t_V = 90℃$，散热器的回水温度 $t_R = 70℃$，室内设计温度 $t_L = 20℃$，所以标准情况下 $\Delta t_n = 60K$，它是个常数；

Δt——实际情况下热媒平均温度和室内温度之差（K），即 $\Delta t = \dfrac{t_V + t_R}{2} - t_L$，在这里 t_L 为室内设计温度，是个常数；而 t_V 为一般情况下的散热器的进水温度（℃），t_R 为一般情况下的散热器回水温度（℃），所以 $\dfrac{t_V + t_R}{2}$ 可视为散热器的表面平均温度（℃），可记作 $t_B = \dfrac{t_V + t_R}{2}$；

n——散热器的换算指数，它随散热器的散热面积、连接方式和热媒的流量有关；一旦散热器的形式、连接方式和生产厂家确定之后，它即可以根据相关资料确定为常数，如一般的组片式（铸铁或钢制）散热器 $n = 1.30$，板式散热器 $n = 1.39$。

据上分析，当一组散热从时间 Z_1 到 Z_2 所散出的总热量可以根据式（7-2）写为如下形式

$$Q = Q_N \int_{z_1}^{z_2} \left(\frac{t_B - t_L}{\Delta t_n} \right)^n dZ \tag{7-3}$$

由此结果可以看出，一组散热器的散热量仅与散热器的表面平均温度 t_B 相关。而蒸发式热分配表和电子式热分配表正是基于散热器的表面温度 t_B 来求得热计量单元中每组散热器所散出的热量占总热计量表所测得的总热量的比例。蒸发式热分配表是把装满蒸发液体的玻璃管紧紧贴附于散热器的表面安装，而且玻璃管上附有刻度标尺。由式（7-3）知，散热器的散热量取决于 t_B，同时玻璃管内蒸发液体的蒸发量也同样取决于 t_B，液体的蒸发量的多少是以刻度标尺的格数来度量的，这样，散热器的散热量就同蒸发液蒸发的格数建立起了一个相应的置换关系。例如，有一个计量单元，总热表计量出该单元消耗的热量为 1500kW·h，假定这个单元就有两组片式铸铁散热器，第一组为 10 片，设计的散热功率为 1.4kW，第二组为 5 片，设计的散热功率为 0.7kW，这两组散热器上安装有同一型号的蒸发式热分配表，在供暖期间第一组散热器上的分配表读数为 20 格，第二组散热器上的分配表读数也为 20 格。这种情况说明，在供水和回水温度相同的情况下，两组散热器的表面平均温度也相同。但第一组散热器每格对应的热量与第二组散热器每格对应的热量却不同，因为第一组散热器的散热功率是第二组散热器的两倍。如果以第一组散热器的格作为标准格的话，那么，第二组散热器的散热功率仅为第一组的 1/2，所以第二个散热器的格数要化为标准格的话，它只能是 $20 \times 1/2 = 10$ 标准格。这样，可知这个计量单元的标准格数为 30。所谓标准格，其意义就是每格所对应的散热量应是相同的。这个演化过程叫作格数的标准化过程，1/2 源于 0.7kW/1.4kW，称这 1/2 或 0.5 为第二组散热器对第一组散热器的标准化功率修正系数。有了总热表记得的耗热总量为 1500kW·h 和 30 个标准格，就可求得这个计量单元每个标准格对应的耗热量为 50kW·h。进一步根据每组散热器的标准格数，即可求得第一组散热器的实际耗热量应为 1000kW·h，第二组散热器的实际耗热量应为 500kW·h，这就是利用热分配表进行热计量和热费分配的原理。

电子式热分配表与蒸发式的类似，它同样是依据式（7-3）。用一只温度传感器紧贴散热器表面安装，测得散热器表面温度，然后按式（7-3）算出数值，在此称为点数，即温度-小时数。在散热器整个散热期间，按照不同时间和对应的表面温度，计算和累计其总的点数，这些总点数就如蒸发式分配表的蒸发液所蒸发的总格数一样，它与散热器的总散热量建立了一个关

联的置换关系。此后，一个计量单元各个散热器上的电子式热分配表累计的点数，要像蒸发式分配表对蒸发格数进行标准化那样，对不同散热器上的电子分配表的点数进行标准化后，即可用总的标准化点数和这个计量单元总热表所测得的总耗热量，算得各散热器的散热量和相应热费，最后再分配到每户以及每个房间。像这样只装有一只温度传感器用来感受 t_B 的电子式热分配表，称谓单点式电子式热分配表。它可用于设计热媒温度为 55～90℃的供暖系统。

为了计量的进一步准确，电子式热分配表还可以做成两点式或三点式的电子式热分配表。两点式即两只温度传感器，除测量散热器表面温度外，又加了一只测量室内温度的传感器，这就比一直把室内设计温度看作不变的式（7-3）更合理，它可用于设计热媒温度为35～100℃的供暖系统。三点式是指热分配表具有三只温度传感器，它是测量热媒进入散热器的温度 t_V、热媒流出散热器的温度 t_R 和室内温度 t_L，这样用 t_V 和 t_R 来求得散热器表面平均温度比固定在散热器表面某一个点上更准确。实际上，三点式热分配表已可以根据它测得的三个温度，用式（7-2）算出散热器的实际散热量。但是，即使单点式的电子式热分配表，其价格已是蒸发式热分配表价格的几倍，两点式和三点式的电子式热分配表就要比蒸发式的更贵，所以两点式和三点式的电子式热分配表在实践中用得并不多。电子式热分配表还可能具备远程读数的优点，这样可以避免对用户的打扰，但其价格又要增加许多，更限制了它的应用。

实践证明，蒸发式热分配表可用于热媒平均温度在 55～110℃的供暖系统，它的使用寿命可以达到 15 年，但每年都需要更换一次新的蒸发液管，同时每年至少需要两次进入用户进行换管和读取数据。然而，由于它低廉的价格和长久的使用寿命，使 20 世纪 80 年代出现的电子式热分配表也很难取代它。

尽管电子式热分配表有它的很多优点，但也有不少缺点，除了价格昂贵以外，它还有需要辅助电源、易于损坏、数值显示错误率高等缺点。据统计每年都会有 15%左右的表因损坏或读数错误而给最后的账单处理造成困难。在处理 10 个蒸发式热分配表账单的时间里只能处理 7 只电子式热分配表的账单，这就使它因可以远程读数而节省下来的人力成本大打折扣。

7.5 热计量收费

计量供暖的任务是对供暖系统供热量的正确计量，并把供热的热量和热费合理地分摊到每个用户。前者主要是经济技术问题，后者主要是管理和政策问题。采用供暖按热量计费，依靠市场经济杠杆，才能使更多的人关注节能，真正落实节能措施，实现节能目标。

7.5.1 热计量收费办法

1. 热价组成

传统供暖系统收费常采用按面积收费，即先按用户供热面积计算热费然后一次性收取。这种传统供暖系统收费办法导致 24h 对用户不间断供暖，没有考虑到用户在不同时段对热量的不同需求。供暖温度无法做到可调、可控，用户无法节约用暖，造成供暖浪费严重。而对供暖企业来说，用户即使私放热水"偷热"，安装循环水泵"抢热"，也无法通过计费机制加以追缴和惩罚。随着供暖逐步走向市场，按面积收费使供暖计费成了一笔'糊涂账'。很多供暖纠纷，都不能通过正常的市场机制化解。因此这种传统按面积收费的供暖模式愈加受人质疑。

按住建部相关文件及法规，从 2010 年开始，北方供暖地区新竣工建筑及完成供暖计量改造的既有居住建筑，取消以面积计价收费方式，实行按用热量计价收费方式。用两年时间，既有大型公共建筑全部完成供暖计量改造并实行按用热量计价收费。

目前我国采用的按用热量计价收费办法采用国外供暖系统发达国家的两部热价法，即热价由两部分组成：固定热费和实耗热费。固定热费也称容量热费，即仅根据用户的供暖面积收费而不管用户是否用热或者用热多少收取的费用。实耗热费也称热量热费，是根据用户实际用热量的多少来分摊计算的热费。

固定热费的收取基于以下理由：①为用户供暖兴建的锅炉房、供暖管网等固定资产的年折旧费和投资利息以及供热企业管理费用等，并不因为使用或停用、用的多少而变化，这部分费用应由用户按建筑面积分摊；②建筑物共用面积的耗热量以及公共的供暖管道散热未包括在各户热量表的读值内，此部分热量应由各户分摊；③由于热用户所处楼层、位置不同，其外围护结构数量不同，部分用户要多负担屋顶、山墙、地面等围护结构的耗热量，而这些围护结构是为整个建筑、所有用户服务的，应由所有用户分摊；④邻室传热的存在，使得某户当关小或关闭室内散热设备时，可以从邻户获得热量，而这部分热量显然未包括在该户的热计量表读值内，需另外收取予以补偿。

实耗热费则只按用热量的多少来分摊计算，可以有效调动用户行为节能的积极性，从供暖系统的末端实现节能的目的。

固定热费与实耗热费比例的确定与建筑物性质、能源种类、热源形式等有关。固定热费比例高，有利于供暖企业的收费，但不利于用户的节能。我国目前标准规定暂按 30% 执行，但地方多按 50% 来执行。

2. 热价制定

热费分摊的原则是用热公平、公共耗热量共摊的原则。不同楼层、不同建筑位置但户型相同、面积相同的用户维持相同的室温所缴纳的热费相同，不应受到山墙、屋顶、地面等外围护结构及户间传热的影响。

无论是分户热量表还是热分配表的读值，它们仅反映了用户室内用热量的多少。基于上述原则，耗热量与邻户传热耗热量应计入各户的热费中。这部分耗热量是与各户的建筑面积相关联的，与其相关的热费也应与建筑面积相关。因此，用户的热费应为

$$C_{Ti} = C_{Bi} + C_{mi} \qquad (7\text{-}4)$$

式中　C_{Ti}——某户的年度供暖费（元/年）；

C_{Bi}——表示与该户建筑面积相关的基础热费（元/年）；

C_{mi}——表示按热表热值确定的实耗热费（元/年）。

供暖站所得的全部费用应为：

$$\sum C_{Ti} = \sum C_{Bi} + \sum C_{mi} = x \sum C_{Ti} + \sum C_{mi} \qquad (7\text{-}5)$$

式中，x 表示固定热费所占比例。

各地供暖主管部门可会同物价部门，根据各供暖站提供的年度报表、年度预算等资料，选择具有先进性、代表性的供暖企业的成本，制定出本地区的合理收费指标 x 值。

7.5.2　热费分摊软件简介

下面以某住宅建筑为例，说明热费分摊软件的编制与应用。该计算分摊软件适用于单栋楼房自设锅炉房（无室外管网）的集中供暖系统和具有集中锅炉房的区域供暖系统（具有

室外管网）。

该计量分摊软件以热计量单元作为分配基础。每个热计量单元采用一个总热量表，单元内所用的散热器和热分配表也是同一种类型。

根据上述内容，编写热费分摊软件程序的框图，如图 7-2 所示。

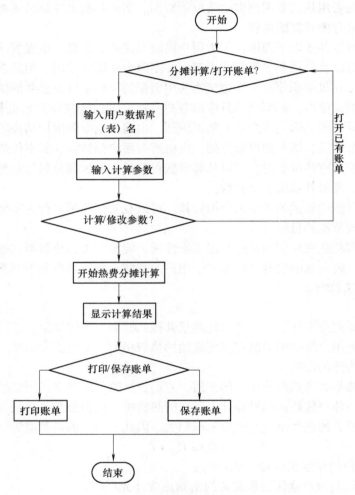

图 7-2　热费分摊软件程序框图

在每一个热计量单元中，必须录入每家用户的楼层、建筑面积和供暖面积、散热器的型号、每组散热器的片数（或长度，米）、标准散热功率、安装方式和对应房间的朝向、热分配表的蒸发格数等。根据上述程序框图和输入数据，课题组编制了热费分摊软件，其输入用户数据库窗口如图 7-3 所示，输入信息如图 7-4 所示。图 7-4 所示为开始热费分摊计算前，初始化计算参数的窗口。为了便于用户根据政策调整比例及单位热价，这部分参数由程序用户自行输入，输入值会保存在计算结果文件中，以便日后查阅。图 7-3 要求使用者提供数据库名称及需要进行热费分摊计算的热量表的相关数据表名称。

编制的热费分摊计算程序适用于采用蒸发式热分配表和热量表进行热计量的单管（双管）顺流式供暖系统，固定热耗费用可从 30% 变化到 60%，运用该软件，即可以实现热用户供热收费的计算。

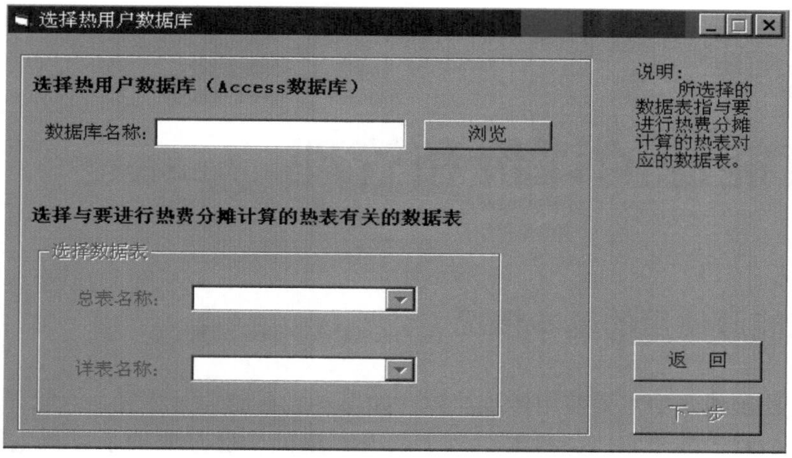

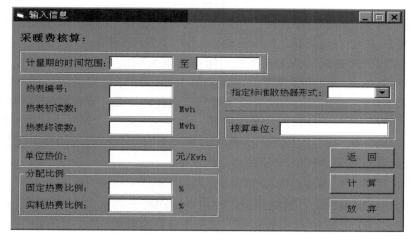

图 7-3　输入用户数据库窗口

图 7-4　输入信息窗口

思　考　题

1. 我国很多城市都出台了"供暖计量收费管理办法"，要求供暖计量价格实行两部制热价。但实际执行过程中，多数城市供暖仍然按照建筑面积来收费。请问供暖收费过程中，为何难以完全按两部制热价进行收费管理？

2. 供暖计量收费目前已在全国各地稳步推进。供冷量是否也能按供暖计量收费办法进行收费？如果按供暖计量收费，实际执行中会面临哪些问题？

3. 供热量计量有哪些常用方法，这些方法都有哪些特点？供冷量计量有哪些常用方法，这些方法都有哪些特点？

4. 热计量仪表有哪几部分组成？这些部分分别有哪些类型和特点？

5. 结合标准《热量表》（CJ 128），探讨当前热计量表的级别划分、计量误差限、计量准确度等特性。

第 8 章
建筑能源的评价和管理

8.1 建筑能源使用的基本情况

现阶段，我国建筑中主要使用传统能源，如煤炭、石油、天然气、电能等。但是随着我国可持续发展战略的逐步实施，我国在"十二五"期间，已经明确了可再生能源建筑应用推广目标，提出要切实提高太阳能、浅层地能、生物质能等可再生能源在建筑用能中的比重，到 2020 年实现可再生能源在建筑领域消费比例占建筑能耗的 15% 以上。常见的可再生能源有太阳能、风能、水能、潮汐能、地热能、生物质能等，能够应用到建筑上的可再生能源主要有太阳能、风能、地热能、生物质能。

我国目前城镇民用建筑（非工业建筑）运行耗电为我国总发电量的 22% ~ 24%，北方地区城镇供暖消耗的燃煤为我国非发电用煤量的 15% ~ 18%（建筑消耗的能源为全国商品能源的 21% ~ 24%）。这些数值都仅为建筑运行所消耗的能源，不包括建筑材料制造用能及建筑施工过程能耗。目前发达国家的建筑能耗一般在总能耗的三分之一左右。随着我国城市化程度的不断提高，第三产业占 GDP 比例的加大以及制造业结构的调整，建筑能耗的比例将继续提高，最终接近发达国家目前的 33% 的水平。

我国城镇民用建筑能源消耗按其性质可分为如下几类：

1）北方地区供暖能耗。目前城镇民用建筑供暖能耗平均约为 20kg 标煤/m^2，城镇民用建筑供暖面积约为 65 亿 m^2，此项能耗约占民用建筑总能耗的 56% ~ 58%。

2）除供暖外的住宅能耗（照明、炊事、生活热水、家电、空调），折合用电量为每年 30kW·h/m^2，目前城镇住宅总面积接近为 100 亿 m^2，约占民用建筑总能耗的 18% ~ 20%；

3）除供暖外的一般性非住宅民用建筑能耗（办公室、中小型商店、学校等），主要是照明、空调和办公室电器等，用电量每年 20 ~ 40kW·h/m^2，约占民用建筑总耗能的 14% ~ 16%。

4）大型公共建筑能耗（高档写字楼、星级酒店、大型购物中心等），此部分建筑总面积不足民用建筑面积的 5%，但单位面积用电量每年多达 100 ~ 300kW·h/m^2，因此用电量占民用建筑总量的 30% 以上，此部分建筑能耗占民用建筑总用电量的 12% ~ 14%，是非常值得关注的部分。上述分析之所以把供暖能耗分出是因为此部分能耗以直接燃煤和热电联产之排热为主，其他部分能耗则以用电为主；之所以把非住宅民用建筑分为一般与大型是因为这两类建筑的单位面积用电量差别巨大。

目前我国正处在城市化高速发展的过程中。为适应城镇人口飞速增加的需求和继续改善人民生活水平的需要，在 2020 年前我国每年城镇新建筑的总量将持续保持在 10 亿 m^2 左右，到 2020 年新增城镇民用建筑面积将为 100～150 亿 m²，由于人民生活水平提高，供暖需求线不断南移，新建建筑中将有 70 亿 m² 以上需要供暖，10 亿 m² 左右为大型公建，按照目前建筑能耗水平，则需要每年增加 1.4 亿 t 标煤/用于供暖，每年增加 4000～4500 亿 kW·h 用电量。这将成为对我国能源供应的巨大压力。因此加强可再生能源在建筑中的使用可以有效缓解我国能源的紧缺状况。

8.2　建筑能耗分析方法及工具

建筑能耗是指建筑物（包括商业、民用及其他非物质生产部门）建成以后，消耗在建筑中的供暖、空调、电气、照明、炊事、热水供应等所消耗的能源，包括下面三个主要方面：一是建筑本身的能耗（主要包括外围护结构的传热及冷风渗透耗热）；二是为维持室内热环境、冷（热）源设备及系统的能耗；三是各种余热、废热及自然能的得热。

建筑能耗分析对建筑设计和空调系统的节能优化、现有建筑的节能改造、空调系统的运行管理有着重要的意义。合理全面的建筑能耗分析可以帮助确定空调全年能耗、比较空调系统设计和运行方案、分析空调设备全年利用率、优选设备容量和合理匹配、确定最佳运行制度、预测运行费用。

目前国内外可采用的建筑物能耗分析方法有很多种，根据所依据的传热数学模型不同，可将计算方法分为两大类：一类是建立在稳定传热理论基础上的静态能耗分析法，另一类是建立在不稳定传热理论基础上的动态能耗模拟法。一般静态能耗分析法仅需要简单的项目资料，就可以对建筑物的全年空调、供暖系统能耗进行估算。动态能耗模拟法需要详细的建筑资料和空调、供暖系统方案建立复杂的分析模型，利用计算机软件来完成能耗模拟过程。

静态能耗分析的方法主要有度日数法、温度频率法（BIN 法）、当量峰值小时数法、当量运行小时数法等。静态能耗分析法的基本原理是将供暖（冷）期或供暖（冷）期中的各旬、各月的耗热（冷）量按稳态传热理论进行计算，而不考虑各部分围护结构的蓄热效应。由于供暖（冷）期较长，温度的日波动周期也较长，围护结构蓄热对整个供暖（冷）期耗热（冷）量的影响甚微。它适用于只需知道整个建筑物或单位建筑面积在一个供暖期的耗热（冷）量，并不需要详细掌握耗热（冷）量随时间变化的具体情况。

动态能耗模拟法是指根据建筑所在地区的全年气象数据进行模拟计算的方法，主要依靠计算机数值模拟来完成能耗分析。从 20 世纪 60 年代后期开始，加拿大、美国、日本等对计算方法进行了一些研究，已有部分中间成果出现，如美国 Carrier 公司的蓄热系数法，加拿大 D. G. Stephenson 和 G. P. Mitalas 提出的房间反应系数法和传递函数法等。这些成绩为计算机的精确能耗分析提供了有力的数学理论工具。从 20 世纪 70 年代中末期开始，出现了计算建筑物全年逐时能耗的计算机程序，进而发展成建筑能耗模拟软件。

建筑能耗计算机模拟软件是研究建筑能耗特性和评价建筑设计的常用工具，它可以解决很多复杂的设计问题，并将建筑能耗进行量化。建筑能耗模拟软件通常是逐时、逐区模拟建筑能耗，考虑了影响建筑能耗的各个因素，如建筑围护结构、HVAC 系统、照明系统、控制系统等。在建筑物周期分析中，建筑能耗模拟软件可对建筑物寿命周期的各个环节进行分析，包括设计、施工、运行、管理。建筑能耗模拟软件应用领域包括建筑冷热负荷计算、建筑能耗特性分析、建筑能源管理、控制系统设计等。

建筑能耗分析是一个系统工程，需要在详细的运行记录和能耗数据基础上进行分析。如果在建筑设计过程中进行能耗分析，就需要用一些简单的估算方法或计算机模拟方法进行能耗分析，帮助改进设计，合理的设计是建筑节能的基础。本章将介绍几种常用的建筑能耗分析方法和工具。

8.2.1 度日法

度日法通常用来计算供暖期总的累计供暖耗能量。

度日，是指每日平均温度与规定的标准参考温度（或称温度基准）的离差，因此某日的度日数，就是该日平均温度与标准参考温度的实际离差。度日法分为供暖度日数和空调度日数。

供暖度日数是指在供暖期中，室外逐日平均温度低于室内温度基数的度数之和，即

$$\text{HDD} = \sum_{i=1}^{n} (t_R - t_{m,i}) \tag{8-1}$$

式中　HDD——供暖期度日数（℃·d）；

n——供暖期天数或计算天数（d）；

t_R——室内温度基数（℃），我国一般取 18℃，国外取 18.3℃（65F），也有取 15.6℃（60F）；

$t_{m,i}$——第 i 天的室外日平均温度（℃）。

空调度日数，指在供冷期内，室外逐日平均温度高于室内温度基数的度数之和，即

$$\text{CDD} = \sum_{i=1}^{n} (t_{m,i} - t_R) \tag{8-2}$$

我国一般取 $t_R = 26℃$。为了计算精确，还定义了平衡温度 t_{bal}，对于某个室内设定温度 t_i，当温度达到 t_{bal} 时，得热 q_{gain} 正好等于热损失。

$$t_{bal} = t_i - \frac{q_{gain}}{K_{tot}} \tag{8-3}$$

式中　K_{tot}——建筑的总热损失系数（W/℃）。

建筑全年供暖能耗为

$$Q_H = \frac{K_{tot}}{\eta_H} \cdot \text{HDD}(t_{bal}) \tag{8-4}$$

式中　η_H——供暖系统能耗。

我国有齐全的度日数资料，可由住房和城乡建设部颁发的民用建筑设计标准查出，按 18℃ 基准温度计算出数据。表 8-1 所示为我国部分城市的供暖度日数。

表 8-1　我国部分城市供暖度日数（基准温度 18℃）

地　　方	年供暖期总天数/d	供暖度日数/（℃·d）	地　　方	年供暖期总天数/d	供暖度日数/（℃·d）
齐齐哈尔	182	5132	大连	131	2541
哈尔滨	177	4938	呼和浩特	166	4017
长春	171	4497	乌鲁木齐	162	4293
沈阳	152	3587	西宁	162	3451

（续）

地　　方	年供暖期总天数/d	供暖度日数 /(℃·d)	地　　方	年供暖期总天数/d	供暖度日数 /(℃·d)
兰州	133	2766	青岛	110	1881
银川	146	3168	济南	103	1782
延安	131	2672	郑州	100	1660
西安	102	1724	洛阳	93	1469
太原	137	2822	徐州	96	1574
石家庄	114	2109	南京	77	1155
北京	126	2470	上海	56	801
包头	163	3928	合肥	72	1080
酒泉	156	3497	南昌	18	239
大同	162	3758	武汉	59	856
唐山	129	2580	长沙	32	432
秦皇岛	135	2754	贵阳	20	262
天津	120	2340	拉萨	143	2503

在供冷季，有时候可以通过开窗来使室内温度降低，所以做供冷分析比做供暖分析复杂。供冷能耗用下式计算：

$$Q_c = \frac{K_{tot}}{\eta_c} \left[\text{CDD}(t_{max}) + (t_{max} - t_{bal}) \cdot N_{max} \right] \tag{8-5}$$

式中　CDD（t_{max}）——以 t_{max} 为基准的供冷度日数；

　　　N_{max}——供冷季中室外气温升高到 t_{max} 以上的天数；

　　　η_c——空调系统的效率。

度日数不太适合计算冷耗，因为需要制冷时，太阳辐射对室内外温差影响显著，显然单纯考虑温差作用的度日数法计算冷耗时有很大的误差。日本进行建筑审批所使用的全年冷热负荷系数 PAL 计算中，采用了扩张度日数法，此方法考虑了新风负荷、辐射负荷、室内热源负荷的计算，既能计算供暖负荷，又能较好的计算供冷能耗。

8.2.2　当量满负荷运行时间法

当量满负荷运行时间法，一方面可以分系统进行估算，另一方面可以考虑空调供暖系统类型、效率和节能措施，是非常好的能耗估算方法。

当量满负荷运行时间 T_E 的定义是：全年空调冷负荷（或热负荷）的总和 $q_c = \int q dT$（kJ/a）与制冷机（或锅炉）最大出力 q_R（或 q_B）的比值，即

$$T_{ER} = \frac{q_c}{q_R} \tag{8-6}$$

$$T_{EB} = \frac{q_h}{q_B} \tag{8-7}$$

式中　T_{ER}、T_{EB}——夏、冬季当量满负荷运行时间（h）；

　　　q_c、q_h——全年空调冷负荷或热负荷（kJ/a）；

q_R、q_B——冷冻机或锅炉的最大出力（kJ/h）。

负荷率 ε 是全年空调冷负荷（或热负荷）与冷冻机（或锅炉）在累计运行时间内总的最大出力之和的比例，即

$$\varepsilon_R = \frac{q_c}{q_R T_R} \tag{8-8}$$

$$\varepsilon_B = \frac{q_c}{q_B T_B} \tag{8-9}$$

式中，T_R、T_B 为夏、冬季设备累计运行时间（h）。

将式（8-6）、式（8-7）代入式（8-8）、式（8-9），得

$$\varepsilon_R = \frac{T_{ER}}{T_R} \tag{8-10}$$

$$\varepsilon_B = \frac{T_{ER}}{T_B} \tag{8-11}$$

上述累计运行时间是指设备从早晨启动至晚上停止运行的全年运行时间的总和。例如，早晨 8 点启动，下午 6 时停止运行，冷冻机 6~9 月运行，则冷冻机累计运行时间（不包括星期日和节假日）T_R 为

$$T_R = 10h \times 25(天数) \times 4(月数) = 1000h$$

当量满负荷运行时间法计算空调全年能耗见表 8-2：

表 8-2　空调设备耗电量

设　　备		耗　电　量
冷冻机		$P_R = (\sum P_{R,N}) T_R \varepsilon_R = (\sum P_{R,N}) T_{ER}$
冷冻水泵和冷却水泵	定水量	$P_P = (\sum P_{R,N}) T_P$
	变水量	$P_P = (\sum P_{R,N}) T_P (\varepsilon_R + \alpha_R)$ $\alpha_R = (1 - \varepsilon_R)/n$
冷却塔	全部运行	$P_{CT} = (\sum P_{CT,N}) T_{CT}$
	台数控制	$P_{CT} = (\sum P_{CT,N}) T_{CT} (\varepsilon_R + \alpha_R)$
风机	定风量	$P_F = (\sum P_{F,N}) T_F$
	变风量	$P_F = (\sum P_{F,N}) T_F (\varepsilon' + \alpha_R)$ $\varepsilon' = (\varepsilon_R T_R + \varepsilon_B T_B)/(T_R + T_B)$

注：$P_{R,N}$、P_P、$P_{CT,N}$、$P_{F,N}$ 为冷冻机、冷冻水泵或冷却水泵、冷却塔和风机的额定耗电量。

当量满负荷运行时间法可以分别计算空调供暖系统的年耗电量和耗气量，其中，年耗电量为制冷机、冷水泵、冷却水泵、冷却塔风机、空调系统风机、热水泵、锅炉附属设备、锅炉给水泵等年耗电量之和，年耗气量为热水（或蒸汽）锅炉的年耗气量。

当量满负荷运行时间法估算空调供暖系统全年能耗的流程非常简单，首先分别计算各设备的全年耗电量或耗气量，然后对各设备的年耗电量或耗气量进行加总，就可以得出整个空调供暖系统的年耗电量或耗气量。下面以制冷机为例说明各设备年耗电量计算流程（图 8-1）。

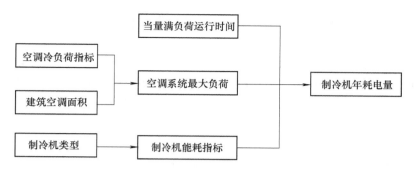

图 8-1　制冷机年耗电量计算流程

以下用一个例题来说明如何用当量满负荷运行时间法来估算空调供暖系统全年能耗。

[**例**]　试计算建于上海市某办公建筑的空调全年能耗。

某办公建筑位于上海市，建筑面积共 110000m²，空调面积约为 88000m²，地下二层、地上八层。空调冷负荷指标取 150W/m²，空调热负荷指标取 100W/m²。经估算，制冷机采用离心式冷水机组 3 台，耗电指标为 0.2kW/kW，3 台冷水泵；冷却塔 2 台，冷却水泵 2 台；燃气热水锅炉 2 台，热水泵 2 台；空调箱共 20 台，风机单位风量耗功率取 0.48W/(m³/h)。

[**解**]　根据图 8-1 的计算流程进行计算，计算结果详见表 8-3 和 8-4。

表 8-3　空调系统耗电量计算表

序号	设　　备		计 算 公 式	年耗电量/kW·h
1	制冷机		$P_R = (\sum P_{R,N}) T_R \varepsilon_R = (\sum P_{R,N}) T_{ER}$	1848000
2	冷水泵	变流量	$P_P = (\sum P_{R,N}) T_P (\varepsilon_R + \alpha_R)$	255200
3	冷却水泵	变流量	$P_P = (\sum P_{R,N}) T_P (\varepsilon_R + \alpha_R)$	290400
4	冷却塔	台数控制	$P_{CT} = (\sum P_{CT,N}) T_{CT} (\varepsilon_R + \alpha_R)$	87120
5	风机	变流量	$P_F = (\sum P_{F,N}) T_F (\varepsilon' + \alpha')$	1404058
6	热水泵	变流量	$P_P = (\sum P_{P,N}) T_P (\varepsilon_R + \alpha_R)$	277200
7	合计			4161978

表 8-4　天然气耗量计算表

序号	锅炉台数	天然气耗量计算公式	天然气耗量/(m³/a)
1	2 台	$Q_{fB} = q_{fB,N} T_B e_B = q_{fB,N} t_{E,B}$	562328

经计算供暖空调系统全年耗电量约为 4161978kW·h，全年耗气量约为 562328m³。

8.2.3　温度频率法（BIN）方法

温频法（BIN 方法）是美国 ASHRAE（美国供暖、制冷、空调工程师协会）提出的计算方法。所谓 BIN 参数，即某一地区室外空气干球温度逐时值的出现频率。BIN 方法首先根据某地气象参数，统计出一定温度间隔的温度段各自出现的小时数，然后分别计算在不同温度频段下的建筑能耗，并将计算结果乘以各频段的小时数，相加便可得到全年的能耗量。

BIN 方法按频数计算能耗，简便直观，易于被工程技术人员接受，在我国得到了较为广泛的应用。

空调系统的容量是根据设计负荷（或称高峰负荷）选定的，但设计负荷在一年中出现较少，多数时间处于部分负荷条件下。BIN 方法首先根据某地气象参数，统计出一定间隔的温度段各自出现的小时数，并找出四个与建筑能耗有关的代表温度：

1）高峰冷负荷温度（Peak Cooling，T_{pc}）：该地区最高温度段的代表温度（中点温度）。上海地区为 36℃。

2）中间冷负荷温度（Intermediate Cooling，T_{ic}）：该地区需要供冷的最低温度段的代表温度，一般定在 22～25℃。

3）中间热负荷温度（Intermediate Heating，T_{ih}）：该地区开始供暖的温度段的代表温度，一般定在 5～14℃。按我国供暖期的规定，也可定在 5℃～8℃。对于要求较高的建筑（如高星级宾馆或医院）该温度应设得高一些。

4）高峰热负荷温度（Peak Heating，T_{ph}）：该地区最低温度段的代表温度（中点温度）。上海地区为 -6℃。

假定围护结构负荷和新风、渗透风负荷都与室外干球温度有着线性关系，则有如下一组关系式：

1. 日射负荷

$$\text{SCL} = \frac{\sum_{i=1}^{n} (\text{MSHGF}_i \times \text{AG}_i \times \text{SC}_i \times \text{CLFT}_i \times \text{FPS})}{t \times A_f} \tag{8-12}$$

式中　SCL——7 月份和 1 月份的平均日射负荷（W/m²）。分别记作 SCL_7 和 SCL_1；

n——建筑物所有外窗的朝向数；

MSHGF_i——朝向 i 的 7 月和 1 月的最大日射得热因数（W/m²）；

AG_i——朝向 i 的窗的总面积（m²）；

SC_i——朝向 i 的遮阳系数；

CLFT_i——朝向 i 的 24h 日射冷负荷系数之和；

FPS——7 月和 1 月的月平均日照率；

t——空调系统运行小时数（h）；

A_f——建筑物的空调面积（m²）。

假定 SCL 与室外气温 T 之间存在着如下的线性关系：

$$\text{SCL} = M \times (T - T_{ph}) + \text{SCL}_1 \tag{8-13}$$

式（8-13）中：$M = (\text{SCL}_7 - \text{SCL}_1)/(T_{pc} - T_{ph})$

2. 围护结构热传导负荷

围护结构热传导负荷由两部分组成：①通过屋面、墙体、玻璃窗由温差引起的稳定传热部分；②通过屋面、墙体由投射在外表面上的日射引起的不稳定传热部分。这两部分可分别用式（8-14）和式（8-15）来计算：

$$\text{TCL(THL)} = \frac{\sum_{i=1}^{n} (A_i \times K_i)(T - T_i)}{A_f} \tag{8-14}$$

式中 TCL、THL——夏季、冬季由温差引起的传导负荷（W/m^2）；

n——建筑物的传导表面数；

A_i——第 i 个表面（或玻璃窗）的面积（m^2）；

K_i——第 i 个表面的传热系数 [$W/(m^2 \cdot \text{℃})$]；

T——室外气温（℃）；

T_i——室内设定温度（℃）。

$$TSCL = \sum_{i=1}^{n} (A_i \times K_i \times CLTDS \times KC \times FPS)/A_i \tag{8-15}$$

式中 TSCL——7 月和 1 月由日射形成的传导负荷（W/m^2），分别记作 $TSCL_7$，和 $TSCL_1$；

CLTDS——7 月和 1 月由日射形成的墙体冷负荷温差，可查阅有关手册；

KC——墙体外表面颜色修正系数，查阅有关手册。

利用式（8-15）可建立 TSCL 与 T 的线性关系：

$$TSCL = M(T - T_{ph}) + TSCL_1 \tag{8-16}$$

式中：

$$M = (TSCL_7 - TSCL_1)/(T_{Pc} - T_{Ph})$$

3. 内部发热量形成的负荷

$$CLI = \frac{AU \times CLI_{max} \times HF}{A_f} \tag{8-17}$$

式中 AU——平均使用系数，按空调期和空调期各小时内部负荷占最大内部负荷的比例分别进行平均；

CLI_{max}——设备和照明的最大负荷或房间内最大人数时的人体散热；

HF——单位换算系数。

4. 渗透风、新风负荷

显热负荷：

$$CLVS(HLVS) = 0.34 \times V \times (T - T_i)/A_f \tag{8-18}$$

潜热负荷：

$$CLVL = 0.83 \times V \times (d - d_i)/A_f \tag{8-19}$$

式中 V——新风量或渗透风量（m^3/h）；

d——对应于各温度频段的室外空气含湿量（g/kg）。

BIN 气象参数除给出各温度段出现的小时数外，还应给出对应的各小时湿球温度的平均值。用该频段的中点温度与湿球温度平均值，便可得到该频段的含湿量 d 值。

在新风和渗透风负荷计算中，如果空调系统无加湿器，则可忽略冬季潜热负荷，在 T_{pc} 和 T_{ic} 之间的夏季潜热负荷应按各频段分别计算。

8.2.4 计算机模拟方法

建筑物的传热过程是一个动态过程，建筑物的得热和失热是随时随地随着室外气候条件的变化而变化的，采用静态方法会引起较大误差。建筑能耗不仅依赖于围护结构和 HVAC 系统、照明系统的性能，并且依赖于它们的总体性能。大型建筑非常复杂，建筑与环境、系统以及机房存在动态作用，这些都需要建立模型，进行动态模拟和分析。动态的能耗模拟必须以计算机技术为基础，这样就应运而生了许多建筑能耗分析软件。

建筑能耗软件的主要用途和目的，主要包括如下四方面：

1) 建筑负荷和能耗的模拟：为后续的节能设计、节能评估、节能审计以及节能措施的制定提供参考。

2) 优化分析：通过不同工况的模拟，进行围护结构、设备、暖通空调系统、控制系统和控制策略等的优化，得出最佳结果；同时还可以进行各种方案的比对，通过经济性分析得出最佳方案。

3) 设备与系统各种运行状况的预测：在内外扰动等复杂因素的作用下，系统中参数的变化很复杂。通过建筑能耗模拟软件能够比较方便地预测各种工况下的系统参数。

4) 为节能标准和规范的制定和实施提供辅助作用。

1. 建筑能耗模拟的基本原理

用来模拟建筑能耗的数学模型由三部分组成：①输入变量，包括可控制的变量和无法控制的变量（如天气参数）；②系统结构和特性，即对于建筑系统的物理描述（如建筑围护结构的传热特性、空调系统的特性等）；③输出变量，系统对于输入变量的反应，通常指能耗。在输入变量及系统结构及特性确定之后，输出变量（能耗）就可以确定。因应用的对象和研究目的的不同，建筑能耗模拟的建模方法可以分为两大类：正向建模的方法（Forward modeling）和逆向建模（Inverse modeling）的方法。前者用于新建建筑，后者用于既有建筑。

(1) 正向建模方法　正向建模方法（经典方法）：在输入变量和系统结构与特性确定后预测输出变量（能耗）。这种建模方法从建筑系统和部件的物理描述开始，例如，建筑几何尺寸、地理位置、围护结构传热特性、设备类型和运行时间表、空调系统类型、建筑运行时间表、冷热源设备等。建筑的峰值和平均能耗就可以用建立的模型进行预测和模拟。

正向建模方法的模型由四个主要模块构成：负荷模块（Loads）、系统模块（Systems）、设备模块（Plants）和经济模块（Economics）——LSPE。这四个模块相互联系形成一个建筑系统模型。其中负荷模块是模拟建筑外围护结构及其与室外环境和室内负荷之间的相互影响。系统模块是模拟空调系统的空气输送设备、风机、盘管以及相关的控制装置。设备模块是模拟制冷机、锅炉、冷却塔、蓄能设备、发电设备、泵等将冷热源设备。经济模块是计算为满足建筑负荷所需要的能源费用。

图 8-2 所示为正向建模方法的计算流程示意图。

在负荷模块中，有三种计算显热负荷的方法：热平衡法（Heat balance method）、加权系数法（Weighting-factor method）和热网络法（Thermal-network method）。前两种方法较为常用。热平衡法和加权系数法都采用传递函数法计算墙体传热，但从得热到负荷的计算方法两者不同。热平衡法根据热力学第一定律建立建筑外表面、建筑体、建筑内表面和室内空气的热平衡方程，通过联立求解计算室内瞬时负荷。

热平衡法假设：①房间的空气是充分混合的，因此温度为均一，而且房间的各个表面也具有均一的表面温度；②长短波辐射、表面的辐射为散射；③墙体导热为一维过程。热平衡法的假设条件较少，但计算求解过程较复杂，计算耗时较多。热平衡法可以用来模拟辐射供冷或供暖系统，因为可以将其作为房间的一个表面，并对其建立热平衡方程并求解。

加权系数法是介于忽略建筑体的蓄热特性的稳态计算方法和动态的热平衡方法之间的一

个折中。这种方法首先在输入建筑几何模型、天气参数和内部负荷后计算出在某一给定的房间温度下的得热，然后在已知空调系统的特性参数后由房间得热计算房间温度和除热量。这种方法是由 Z 传递函数法推导得来，有两组权系数：得热权系数和空气温度权系数。得热权系数是用来表示得热转化为负荷的关系的；空气温度权系数是用来表示房间温度与负荷之间的关系的。加权系数法有两个假设：①模拟的传热过程为线性。这个假设非常有必要，因为这样可以分别计算不同建筑构件的得热，然后相加得到总得热。因此，某些非线性的过程如辐射和自然对流就必须被假设为线性过程。②影响权系数的系统参数均为定值，与时间无关。这个假设的必要性在于可以使得整个模拟过程仅采用一组权系数。这两点假设一定程度上削弱了模拟结果的准确性。

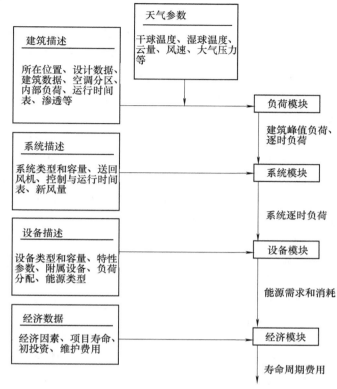

图 8-2　正向建模方法的计算流程示意图

　　热网络法是将建筑系统分解为一个由很多节点构成的网络，节点之间的连接是能量的交换。热网络法可以被看作是更为精确的热平衡法。热平衡法中房间空气只是一个节点，而热网络法中可以是多个节点。热平衡法中每个传热部件（墙、屋顶、地板等）只能有一个外表面节点和一个内表面节点，热网络法则可以有多个节点。热平衡法对于照明的模拟较为简单，热网络法则对于光源、灯具和整流器分别进行详细模拟。但是热网络法在计算节点温度和节点之间的传热（包括导热、对流和辐射）时还是基于热平衡法。在三种方法中，热网络法是最为灵活和最为准确的方法，然而，这也意味着它需要最多的计算时间，并且使用者需要投入更多的时间和努力来实现它的灵活性。

　　（2）逆向建模方法　逆向建模方法（数据驱动方法）：在输入变量和输出变量已知或经过测量后已知时，估计建筑系统的各项参数，建立建筑系统的数学描述。与正向建模方法不同，这种方法用已有的建筑能耗数据来建立模型。建筑能耗数据可以分为两种类型：设定型和非设定型。所谓设定型数据是指在预先设定或计划好的实验工况下的建筑能耗数据；而非设定型数据则是指在建筑系统正常运行状况下获得的建筑能耗数据。逆向建模方法所建立的模型往往比正向建模方法简单，而且对于系统性能的未来预测更为准确。

　　逆向建模方法可以分为三种类型：经验（黑箱）法（Empirical or "Black-Box" Approach）、校验模拟法（Calibrated Simulation Approach）和灰箱法（Gray-Box Approach）。

1）经验（黑箱）法。这种方法建立实测能耗与各项影响因子（如天气参数、人员密度等）之间的回归模型。回归模型可以是单纯的统计模型，也可以基于一些基本建筑能耗公式。无论是哪一种，模型的系数都没有（或很少）被赋予物理涵义。这种方法可以在任何时间尺度（逐月、逐日、逐时或更小的时间间隔）上使用。单变量（Single-variate）、多变量（Multi-variate）、变平衡点（Change-point）、傅立叶级数（Fourier Series）和人工神经元网络（Artificial Neural Network，ANN）模型都属于这一类型。因其较为简单和直接，这种建模方法是逆向建模方法中应用最多的一种。

2）校验模拟法。这种方法采用现有的建筑能耗模拟软件（正向模拟法）建立模型，然后调整或校验模型的各项输入参数，使实际建筑能耗与模型的输出结果更好地吻合。校验模拟方法仅在建筑能耗测量仪表具备和节能改造项目需要估计单个措施的节能效果时才适合采用。分析人员可以采用常用的正向模拟程序（如 DOE-2）建立模型，并用建筑能耗数据对模型进行校验。用来校验模型的能耗数据可以是逐时的，也可以是逐月的，前者可以获得较为精确的模型。

校验模拟的缺点是太过费时、太过依赖于做校验模拟的分析人员。分析人员不仅需要掌握较高的模拟技巧，还需要具备实际建筑运行的知识。另外，校验模拟模型准确地反映实际建筑能耗还存在着一些实际的困难，包括：①模拟软件所采用的天气参数的测量和转换；②模型校验方法的选择；③模型输入参数的测量方法的选择。要想把模型校验得真正准确，需要花费大量的时间、精力、耐心和经费，因此往往较难做到。

3）灰箱法。这种方法首先建立一个表达建筑和空调系统的物理模型，然后用统计分析方法确定各项物理参数。这种方法需要分析人员具备建立合理的物理模型和估计物理参数的知识和能力。这种方法在故障检测与诊断（Fault Detection and Diagnosis，FDD）和在线控制（Online Control）方面有很好的应用前景，但在整个建筑的能耗估计上的应用较为有限。

2. 建筑能耗模拟软件

建筑能耗模拟软件是计算分析建筑性能、辅助建筑系统设计运行与改造、指导建筑节能标准制定的有力工具，已得到越来越广泛的应用。据统计，目前全世界建筑能耗模拟软件超过 100 种。

建筑能耗模拟软件大致可以分为五类：简化能耗分析软件、逐时能耗模拟计算引擎、通用逐时能耗模拟软件、特殊用途逐时能耗模拟软件、网上逐时能耗模拟软件。简化能耗分析软件采用简化的能耗计算方法，如度日法等，计算建筑的逐月、典型日或年总能耗；逐时能耗模拟计算引擎是详细的逐时能耗模拟工具，没有用户界面或仅有简单的用户界面，用户通常需要编辑 ASCII 输入文件，输出数据也需要自己进行处理，如 DOE-2、BLAST、Energy-Plus、ESP-r、TRNSYS 等。通用逐时能耗模拟软件是在逐时能耗模拟计算引擎的基础上开发的具有成熟的用户界面的逐时能耗模拟工具，包括 Energy-10、eQUEST、VisualDOE、Power-DOE、IssiBAT 等。特殊用途逐时能耗模拟软件是一些专门为某一种系统或在某一类建筑中应用的逐时能耗模拟软件，例如，DesiCalc（用来模拟商业建筑中的除湿系统）、SST（Supermarket Simulation Tool）等。网上逐时能耗模拟软件是在逐时能耗模拟引擎基础之上开发的具有网上计算用户界面的逐时能耗模拟软件，如 Home Energy Saver、RVSP、Your California Home 等。

目前世界上比较流行的建筑全能耗分析软件主要有：Energy-10、HAP、TRACE、DOE-

2、BLAST、EnergyPlus、TRANSYS、ESP-r、DeST 等。这些软件具有各自的特点。DOE-2 是开发最早、应用也最广泛的模拟软件之一，并作为计算核心衍生了一系列模拟软件，如 eQUEST，VisualDOE，EnergyPro 等。EnergyPlus 是美国能源部支持开发的新一代建筑能耗模拟软件，目前仅是一个无用户图形界面的计算核心，以此为核心开发的软件有 DesignBuilder 等；DeST 是以 AutoCAD 为图形界面的建筑能耗模拟软件。以下简要介绍几种国内外应用比较广泛的建筑能耗软件。

（1）DOE-2　DOE-2 由美国劳伦斯·伯克利国家实验室（Lawrence Berkeley National Laboratory，LBNL）开发，自 1979 年开始发行第一个版本，1999 年停止开发。经过 20 年的发展，DOE-2 成为世界上用得最多的建筑能耗模拟软件，目前有 133 个不同用户界面的版本都是采用它作为计算引擎，如 VisualDOE、eQUEST、PowerDOE 等。

DOE-2 采用传递函数法模拟计算建筑围护结构对室外天气的时变响应和内部负荷，通过围护结构的热传递所形成的逐时冷、热负荷采用反应系数（Response-Factor）法计算；建筑内部蓄热材料对于瞬时负荷（如太阳辐射得热、内部负荷）的响应采用权系数（Weighting Factor）计算。

该软件采用顺序模拟法，由四个模块（Loads，Systems，Plant，Economics）组成，模块之间没有反馈。空气温度权系数被用来计算因系统设置和运行而产生的室内逐时温度。其流程如图 8-3 所示。

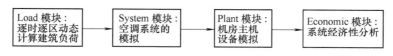

图 8-3　DOE-2 软件的流程图

DOE-2.2 由 J. J. Hirsh 和 LBNL 共同在 DOE-2.1 基础上开发，对 DOE-2.1 做了一些更新和改进。在 DOE-2.2 里，系统模块（Systems）和设备模块（Plant）被合并为一个模块，称为"空调模块（HVAC）"。采用循环环路（Circulation Loops）将空调系统的各个设备或部件连接起来，并模拟计算水和空气在流经各个部件的温度。在一个时间步长内，负荷模块和空调模块同时计算，并进行迭代，因此每个时间步长可以达到能量平衡。DOE-2 的最新版本为 DOE-2.3。DOE-2.3 增加了由压缩机、冷凝器、蒸发器和其他部件组成的制冷环路（Refrigeration Loops），因此具备对制冷系统进行详细模拟的能力。

（2）EnergyPlus　EnergyPlus 由美国能源部（Department of Energy，DOE）和劳伦斯·伯克利国家实验室（Lawrence Berkeley National Laboratory，LBNL）共同开发。二十多年里，美国政府同时出资支持两个建筑能耗分析软件——DOE-2 和 BLAST 的开发，其中 DOE-2 由美国能源部资助，BLAST 由美国国防部资助。这两个软件的主要区别就是负荷计算方法——DOE-2 采用传递函数法（加权系数）而 BLAST 采用热平衡法。这两个软件在世界上的应用都比较广。因为这两个软件各自具有其优缺点，美国能源部于 1996 年决定重新开发一个新的软件——EnergyPlus，并于 1998 年停止 BLAST 和 DOE-2 的开发。EnergyPlus 是一个全新的软件，它不仅吸收了 DOE-2 和 BLAST 的优点，并且具备很多新的功能。EnergyPlus 被认为是用来替代 DOE-2 的新一代的建筑能耗分析软件。EnergyPlus 于 2001 年 4 月正式发布，现在已经发布了 EnergyPlus7.0 版。

EnergyPlus 是一个建筑能耗逐时模拟引擎，采用集成同步的负荷/系统/设备的模拟方法。在计算负荷时，时间步长可由用户选择，一般为 10 ~ 15min。在系统的模拟中，软件会自动设定更短的步长（小至数秒，大至 1 h）以便于更快地收敛。EnergyPlus 采用 CTF（Conduction Transfer Function）来计算墙体传热，采用热平衡法计算负荷。CTF 实质上还是一种反应系数，但它的计算更为精确，因为它是基于墙体的内表面温度，而不同于一般的基于室内空气温度的反应系数。在每个时间步长，程序自建筑内表面开始计算对流、辐射和传湿。由于程序计算墙体内表面的温度，可以模拟辐射式供暖与供冷系统，并对热舒适进行评估。区域之间的气流交换可以通过定义流量和时间表来进行简单的模拟，也可以通过程序链接的 COMIS 模块对自然通风、机械通风及烟囱效应等引起的区域间的气流和污染物的交换进行详细的模拟。窗户的传热和多层玻璃的太阳辐射得热可以用 WINDOW5 计算。遮阳装置可以由用户设定，根据室外温度或太阳入射角进行控制。人工照明可以根据日光照明进行调节。在 EnergyPlus 中采用各向异性的天空模型对 DOE-2 的日光照明模型进行了改进，更为精确地模拟倾斜表面上的天空散射强度。

不同于 DOE-2 按模块顺序模拟的模式，EnergyPlus 采用负荷、系统、设备同步进行模拟的方法，克服了 DOE-2 不能考虑建筑内部热平衡的缺点，严格地保证了室内环境的热平衡，突破了 DOE-2 这一软件的局限。如图 8-4 所示，三个计算模块的计算结果进行相互反馈，保证了模拟结果的精确性。

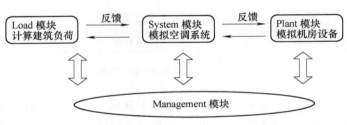

图 8-4　EnergyPlus 运行流程图

由于建筑模拟的复杂性，能耗模拟软件都会进行相应的模拟简化。EnergyPlus 运用了多种运算假设。对于外表面辐射换热，此软件分别计算建筑外围护结构与天空、地面、空气的长波辐射，并假设空气温度与地面温度相等。对于内表面辐射换热，将辐射系数的表达式转换为线性关系。合理的简化使 EnergyPlus 的模拟结果更精确、更细腻。此款软件也存在着一些不足，如对所模拟的建筑描述较为简单，输出的模拟结果文件不够直观。

（3）TRNSYS　TRNSYS（Transient Systems Simulation）由美国 Wisconsin Madison 大学的太阳能实验室开发，自 1975 年起有商业版。该软件最先的开发目的是模拟太阳能热水系统的性能，经过多年的发展已经可以用来模拟小型的商业建筑。TRNSYS 程序是模块化结构，用户可以定义建筑和系统部件，再进行连接。部件之间的连接可以用物理流（如空气流）或信息流（如控制信号）。TRNSYS 的模块化结构使之具有非常大的灵活性，而且用户可以自己建立数学模型加入程序。

与其他建筑能耗模拟软件不同，TRNSYS 要求用户自己用模块（如建筑区域、外墙、窗、太阳辐射处理器、恒温器、冷盘管等）搭建建筑模型。TRNSYS 的所有模块都在每个时间步长同时求解，相关联的模块之间有完全的反馈。标准的系统模块有冷盘管、风机、泵和简单的供暖和供冷系统。太阳能和空气源的双源热泵也在标准模块中。其他的模块属于商业模块，包括辐射地板供暖系统和地源热泵模块等。用户可以自己开发模块模拟想要模拟的任何系统，这也使得 TRNSYS 特别适于模拟新型的空调系统。

（4）eQUEST　The Quick Energy Simulation Tool 软件简称为 eQUEST，是在美国能源部的支持下，有多家实验室及其联盟公司共同研发的一款能耗模拟软件。其克服了 DOE-2 软件界面不友好的缺点，运用能耗模拟向导精灵，简单地完成对复杂建筑的描述，使更多的设计人员可以在很短的时间内通过自学掌握该软件的使用方法。

该软件根据用户所提供的室外气象参数、围护结构热工性能参数以及系统设备、楼宇运行时间等各项可能影响建筑能耗的参数进行模拟计算，整个模拟的过程是动态平衡的，其模拟结果会随着其中任何一个参数的改变而改变。

该软件分为原理图设计向导（Schematic Design Wizard）、设计开发向导（Design Development Wizard）、详细操作页面（Detailed Interface）、能效估算向导（Energy Efficiency Measures Wizard）、参数运行（Parametric Runs）、图形报告（Graphical Reports）、细节报告（Detailed Reports）几个部分。根据用户不同的需要，针对简单、复杂不同的建筑结构进行建模模拟。

用一个等式来简单地描述 eQUEST 软件：eQUEST = DOE-2 + 向导（Wizards）+ 图形（Graphics）。DOE-2 是现今在建筑能耗模拟过程中被最广泛认可和推崇的建筑能耗分析软件，而 eQUEST 软件的运行引擎是 DOE-2。eQUEST 在 DOE-2 的基础上，对 DOE-2 的几个功能进行了改良和延伸，如交互操作（Interactive Operation）、动态智能修正（Dynamic/intelligent defaults）。eQUEST 改善了 DOE-2 的操作页面，突破了对软件使用人群的限制。此软件功能强大，适用于建筑各行的设计人员使用（如建筑、照明、机械），可以全方位地描述整个建筑，对建筑外围护结构、建筑外观、建筑内部照明、空调系统分区、设备运行时间、人员密度、系统形式、室内负荷、建筑各功能区等方面进行了详细的描述。操作页面简单，主要以对话框的形式完成。eQUEST 软件在描述建筑形状过程中，可以将建筑施工平面图导入，有着良好的兼容性。eQUEST 软件拥有最先进的建筑能源使用模拟技术，在完成设计向导中所需要填入的信息之后，eQUEST 会出具模拟 3D 楼宇图形，以及系统流程图等，为建模模拟提供依据。与此同时，eQUEST 针对每个楼宇参数以及运行等信息的不同，会给出以小时为单元的全年（8760h）能耗模拟，包括每小时的实际居住者、照明负荷、设备负荷等信息。除对建筑整体的全方位的能耗模拟外，eQUEST 软件还可以给出所模拟建筑的运营费用。用户可根据建筑所在地区的不同公共事业费率，编写适用于所模拟建筑的 BDL 语言文件，将其导入 eQUEST 中便可进行建筑的运营费用模拟。图 8-5 为 eQUEST 软件运行原理图。

在建筑物负荷的模拟模块中，用户可以通过选择当地的全年气象参数，输入外围护结构、内墙、外窗、天窗的热工参数以及建筑内部人员设备负荷等信息，eQUEST 软件便会在用户选定的参数下进行模拟计算。

在工程的系统模拟部分中，eQUEST 在考虑建筑负荷的同时，根据用户输入的系统形式、运行时间等信息进行系统冷热负荷的模拟。同时，eQUEST 还对建筑内设备进行了详细的描述。能够根据风机、水泵等设备的运行时间和负荷大小，以及用户所提供的当地的公共事业费率，模拟建筑的燃气或用电量，为之后的建筑经济性模拟评价提供了依据。

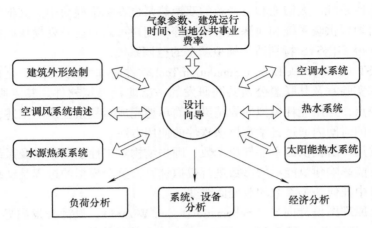

图 8-5　eQUEST 软件运行原理图

此外，eQUEST 软件还适用于多种冷热源系统，如地源热泵、水源热泵、太阳能热水系统等系统。

（5）DeST　DeST 软件是由清华大学自主研发的一款能耗模拟软件。它基于 CAD 平台，有效地将工程 CAD 图和建筑能耗模拟结合起来，很大程度上帮助了设计人员的节能设计，为设计人员提供了有力的帮助。适用于建筑设计的各个阶段，软件方便快捷，易于掌握。

DeST 软件主要由九个模块构成，在不同的设计阶段采用不同的模拟模块，各模块之间有很好的反馈和数据连接，应用灵活，完全符合我国设计人员的设计习惯，由浅及深，逐步完成建筑能耗的模拟过程。图 8-6 所示是对此款模拟软件的功能介绍。

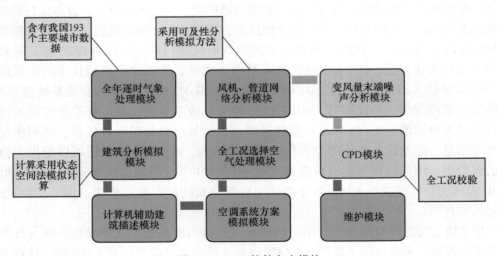

图 8-6　DeST 软件九大模块

DeST 采用的是现代控制理论中的状态空间法，求解时空间上离散、时间上保持连续，其求解的稳定性以及误差与时间步长的大小没有关系，所以在步长的选取上较为灵活。DeST 嵌入在 AutoCAD 中，界面友好，所见即所得，但无法从 AutoCAD 中读取数据，用户必须自己建模。与其他软件相比，DeST 采用分阶段设计，分阶段模拟的思想具有独到之处。

DeST 以设计过程为驱动，利用已有的信息（未知的信息按理想的缺省值来设定），逐步深入，将未知转化为已知，直到最后完成模拟。

DeST 模拟设计时采用建筑负荷计算、空调系统模拟、AHU（Air Handing Unit）方案模拟、风网和冷热源模拟的步骤，完全符合设计的习惯，对设计有很好的指导作用。其次，DeST 也可求解比较复杂的建筑，它考虑了邻室房间的热影响，可以对围护结构和房间联立方程求解。DeST 吸收了 TRNSYS 的开放式特性，以期成为应用建筑能耗模拟成果的一个优良的通用平台，为将来的扩展提供了坚实的基础。再其次，DeST 的适用范围十分广泛，针对不同的使用对象，DeST 推出了不同的版本，如评估版和分析版等。然而，DeST 在组件的扩充上没有 TRNSYS 方便，它的控制方式也没有 TRNSYS 多样灵活，本身所包含的设备和系统数目也没有 TRNSYS 等软件丰富。另外，DeST 是基于 AutoCAD 和 Microsoft Acess 等平台，没有自己独立运行的平台，软件的发展受制于 AutoCAD 和 Microsoft Acess 的发展。同时，由于目前我国还没有完整的气象数据文件，DeST 的气象数据库是实测结合拟合得到的，一般认为在能耗模拟中还是应该使用逐时气象数据，拟合的结果会给计算的准确性带来隐患。

8.3　建筑节能评价方法

目前国际上的建筑能效相关的评价方法很多，可以分为三大类：清单列表法，生命周期评价方法和基于建筑能耗计算和模拟的评价方法。清单列表实际上是一些带有标记的问题，不同的权重分配给一个分类或某个问题，然后一个评分以及最后的结果就会根据提问计算出来。生命周期评价方法按照生命周期评价方法的基本框架，对建筑的物质和能量的输入和输出做清单分析，需要一个涉及建筑过程与管理的材料与资源的详细目录。以建筑能耗计算和模拟为基础的建筑评价和标识是基于一套建筑能耗计算方法或者计算机模拟软件，通常计算结果为建筑运行阶段的能耗，在计算出的单位面积能耗基础上进行评价。

8.3.1　清单列表法

基于清单列表法的建筑能效相关的评价方法有许多，目前知名度比较大的有：美国的能源与环境设计先导 LEED（Leadership in Energy and Environmental Design），英国的建筑环境评价方法 BREEAM（British Research Establishment Environmental Assessment Method），日本的建筑物综合环境性能评价体系 CASBEE（Comprehensive Assessment System for Building Environmental Efficiency），国际化的建筑环境评价的绿色建筑挑战项目（Green Building Challenge，GBC），Arup 公司开发的可持续建设项目评价工具 SpeAR（r）（Sustainable Project Appraisal Routine），近年来广受关注的澳大利亚绿色建筑委员会（The Green Building Council of Australia，CBCA）发起的绿之星（Green Star），荷兰的 ECO QUANTUM，德国的 ECO-PRO，加拿大 EnerGuide 建筑能耗标识体系，俄罗斯莫斯科市实施的建筑"能源护照（Energy Passport program）"计划等。清单列表的优点是提高了实际操作性，但是，清单列表的一个问题是权重对于用户来说并不是一直明显的，目前对于打分方法以及权重的优先性还没有一致的看法。另一方面，有些建筑能效的评价列表关注面过广，失去了对建筑能效的针对性。

1990 年由英国的"建筑研究中心"（Building Research Establishment，BRE）提出的关于

建筑环境的评估方法（Building Research Establishment Environmental Assessment Method，BREEAM）是世界上第一个绿色建筑综合评估系统，也是国际上第一套实际应用于市场和管理之中的绿色建筑评价办法。其目的是为绿色建筑实践提供指导，以期减少建筑对全球和地区环境的负面影响。当前，BREEAM 有各种类型建筑的建筑环境评价方法的版本，包括：住宅建筑、办公室建筑、医院建筑、工业建筑、学校建筑以及零售商店建筑等多种建筑类型。2002 年，英国新建办公室有 15%~20% 获得 BREEAM 认证。

美国绿色建筑委员会（USGBC）在 1995 年建立了一套自愿性的国家标准 LEED（Leadership in Energy and Environmental Design，能源与环境设计先导），该体系用于开发高性能的可持续性建筑，它通过"整体建筑"观点进行建筑物全生命周期环境性能评价。这套标准旨在采用成熟的或先进的工业原理、施工方法、材料和标准提高商业建筑的环境和经济性能。LEED 可用于新建和已建的商业建筑（北美地区的商业建筑一般指三层以上的建筑，包括旅馆、三层以上的住宅和公共建筑等）、公共建筑及高层住宅建筑。整个项目包括培训、专业人员认可、提供资源支持和进行建筑性能的第三方认证等多方面的内容。该套指标紧扣建筑能效这个主题，对建筑能效评价指标体系的建立有较大的参考价值。

2001 年 4 月，在日本的国土交通省的大力支持下，由日本政府和企业联合成立了"建筑物综合环境评价研究委员会"并合作开展项目研究。历经三年时间，所得的科研成果就是建筑物综合环境性能评价体系 CASBEE（Comprehensive Assessment System for Building Environmental Efficiency）。目前，名古屋市和大阪市已规定在建筑报批申请和竣工时必须用 CASBEE 进行评价。

绿色建筑挑战（Green Builidng Challenge，CBC）于 1996 年由加拿大的自然资源部发起，是一个由多个国家共同开发一套建筑环境评价方法，该项目的初期于 1998 年由 14 个国家组成，最初的参加的国家都是欧洲国家，有奥地利、丹麦、芬兰、法国、德国、荷兰、挪威、波兰、瑞典、瑞士和英国。到 2000 年，丹麦和瑞士由于经费原因，没有继续参加该项目，澳大利亚、智利、南非、西班牙、威尔士这几个国家以及中国香港参加了绿色建筑挑战，至 2002 年，CBC 的成员已经达到 23 个。Gbtool 则是该项目的建筑环境评价软件工具。该项目试图在国际化平台上建立一个充分尊重地方特色，同时具有较强专业指导性的评价系统。绿色建筑挑战项目的 Gbtool 在应用到具体的国家和地区之前，需要根据具体国家和地区的情况为评价指标分配权重，使得 Gbtool 能充分适应当地环境。GBC 的设计者为 GBC 提出的三个主要目标是：①研究推广代表目前先进水平的建筑环境性能的评价方法；②保持对可持续发展问题研究的密切关注，并确保绿色建筑与其发展的一致性，特别关注对建筑环境性能评价方法的内容和结构的研究；③举办有关国际会议，促进建筑环境性能评价研究团体和建筑从业者研究信息的交流，展示对于优秀的绿色建筑的评价。

澳大利亚的 Green Star 是一个综合的自愿的建筑环境设计的评估工具。Green Star 是为房地产工业界开发的建筑环境评价工具，其目的是为绿色建筑评价建立通用语言，设立通用评价标准，提倡建筑整体设计，强调环境先导，明确建筑生命周期影响和提升绿色建筑效益的认识。Green Star 包含 9 个大类：管理（Management）、室内环境质量（Indoor Environment Quality）、能源（Energy）、交通、水、材料、土地使用和生态、温室气体排放、创新。

加拿大自然资源部组织的 EnerGuide 建筑能耗标识体系的住宅能效分数总分 100 分，0 分代表能效最差，100 分代表能效最好，即在建筑保温、保证充足通风情况下的气密性、可再生能源使用等方面的表现均达到最好效果。评分的对象涉及供暖及卫生热水设备、通风系统、照明设备、家用电器等。从 2001 年，加拿大自然资源能效办公室在加拿大引入能源之星 ENERGY STAR 标识。

8.3.2　生命周期评价方法

生命周期评价 LCA（Life Cycle Assessment）是对产品的生产和服务"从摇篮到坟墓"的整个生命过程造成的所有环境影响的全面分析和评价。生命周期评价能对最优化配置资源和重视整体利益起到重要的指导作用。生命周期评价（LCA）经过 30 多年的发展，目前已纳入 ISO14000 环境管理系列标准而成为国际上环境管理和产品设计的一个重要支持工具。生命周期评价已被认为是 21 世纪最有潜力的可持续发展支持工具。生命周期评价（LCA）不存在一种统一模式，其实践按照 ISO14040 标准提供的原则与框架进行，并根据具体的应用意图和用户要求，实际地予以实施。生命周期评价的步骤包括目的与范围的确定、清单分析、影响评价和结果解释。当前采用生命周期评价方法评价建筑领域上升的趋势很明显。目前，建筑能效相关的生命周期评价方法有中国香港机电工程署开发的香港商业建筑生命周期成本分析 LCC（Life Cycle Cost）、香港商业建筑生命周期能量分析 LCEA（Life Cycle Energy Analysis），美国的 BEE，加拿大的 Athena，法国的 EQUER 和 TEAM。基于生命周期的建筑能效评价方法优点很明显，但是，基于生命周期的建筑能效评价方法需要一个涉及建筑过程与管理的材料与资源的详细输入和输出目录，所以，目前在我国内地开展生命周期建筑能效评价研究的瓶颈是基础数据的缺乏。离开翔实全面的基础数据，基于生命周期的建筑能效评价将失去评价的先进性和准确性。

2002 年，中国香港机电工程署（Electrical and Mechanical Services Department，EMSD）开发了一套生命周期建筑能效分析计算机工具，该套工具包括香港商业建筑生命周期成本分析 LCC（Life Cycle Cost）、香港商业建筑生命周期能量分析 LCEA（Life Cycle EnergyAnalysis）。LCEA 通过建筑设计者输入的数据，通过模型计算出提供建筑生命周期的环境影响、能量使用和成本。软件能输出建筑生命周期不同阶段计算结果。

美国的 BEES 是一个建筑生命周期评价工具，用来评价建筑的环境与经济可持续性，它的生命周期评价数据来源是美国的制造厂商、市场、环境立法机构以及其他的一些数据。BEES 的目的是开发与实施一个系统的方法，用来进行建筑产品选择以尽可能达到环境与经济性能的平衡。这个方法是以一致的标准为基础，并具有实际性、灵活性、一致性以及透明性。考虑的环境标准主要有：全球气候变暖、酸雨、资源与臭氧损耗、生态与人体毒素、室内空气品质等。

加拿大的 Athena 是一个环境影响预测工具，能让建筑师、工程师以及研究人员在初设阶段得到整个建筑的生命周期评价。这些建筑类型包括新建的工业类建筑、教育类建筑、办公类建筑、多单元住宅建筑以及单个家庭的住宅建筑。这个软件集成了研究机构在 Simapro 开发的世界认可的生命周期详细目录数据库，覆盖了超过 90 种结构与围护材料。它能够模拟 1000 多种生产线的组合，能够模拟北美 95% 的建筑市场。这个预测器考虑了材料生产中的各种环境影响，包括资源汲取与循环部分、有关的交通、能源使用方面的区域差异、交通以及其他的因素等。

法国的 EQUER 的目的是为建筑过程的各个实施者提供一些定量的指标以求减少建筑物

对环境的影响。由于环境质量是一个综合整个复杂系统生命周期过程的集成结果，因此 EQUER 的分析方法是建立在生命周期分析法上的，并且它耦合了包括自然光照明模块的动态热模拟工具。法国的 TEAM 4.0 是一个专业软件，用来评价产品、技术以及包括建筑在全生命周期内的环境影响与成本。它适用于从建筑设计到建筑生命终止的全过程，可为建筑选择最佳的方案。

8.3.3　基于建筑运行能耗计算或模拟的评价方法

与上述试图从建筑能效相关的整体性能来评价建筑所不同的是，以某种建筑运行能耗计算方法或者建筑运行能耗计算机模拟软件为基础的建筑能效评价方法是目前建筑能耗评价的主要方法。在欧盟建筑能效指导 EPBD 2002/91/EC（Energy Performance of Buildings Directive）框架下的建筑能耗证书制度都属于该类建筑能效评价方法。该类方法最大的优点是能为建筑能耗提供定量的比较和评价，不足之处则是建筑能效的评价依赖于某一建筑能耗模型。任何一种建筑能耗计算方法和模拟软件都是在一定的假定条件下对建筑能耗进行计算和模拟，一方面建筑能耗计算方法和模拟的结果经常出现较大出入，另一方面任何一种建筑计算方法和模拟软件都不能将影响建筑能效的方方面面都包含进去，并建立定量的能耗计算。建筑能耗计算方法和建筑能耗模拟软件是建筑设计的有效工具，然而，完全依靠其计算结果来进行建筑能效的评价和标识是不可取的。目前大多数建筑能耗计算和模拟软件自身存在着功能复杂、使用不方便、专业知识要求高、软件之间采用的气象数据各异等诸多问题，评价结果很大程度上取决于计算方法和软件模拟工具。

英国建立了基于标准评价程序 SAP 的新建住宅能耗标识和基于"简化标准评价程序"（Reduced Data SAP, RDSAP）既有住宅能耗标识方法。英国标准评价程序实质上是一套住宅的供暖、照明、通风、卫生热水的能耗计算方法。在标准评价程序 SAP 基础上的计算机软件有许多，包括 NHER Plan Assessor, EES SAP Calculator, SuperHeat, Building Desk, JPA Designer, SAP Calculator 等。英国"标准评价程序 2005"（Standard Assessment Procedure, SAP2005）是英国政府采用的"国家建筑能效计算方法"（National Methodology for Calculation, NCM）之一。"标准评价程序 2005"用于建筑面积小于 450 m^2 的住宅建筑能耗计算和标识。"标准评价程序 2005"首次发布于 1993 年，由英国建筑研究院 BRE（the Building Research Establishment）与英国环境食品与农村事务部 DEFRA（the Department for Environment, Food and Rural Affairs）共同开发。之后经过几次修改，陆续发布了"标准评价程序 1998"及"标准评价程序 2001"版本，当前最新版本为"标准评价程序 2005"。"标准评价程序 2005"是按照欧盟建筑能效指令的要求进行修改后的最新版本。"标准评价程序 2005"能耗计算方法的基础是英国建筑研究院 BRE 的家庭能量模型（Domestic Energy Model），其计算原理是建筑能量平衡。"标准评价程序 2005"计算结果用 4 个指标表示：单位建筑面积的耗能量、能效分数、环境影响分数和单位建筑面积 CO_2 年排放量。能效分数和环境影响分数通常情况下为 1～100。数值越大表示住宅的能效越高，对环境的影响越小。标准评价程序 2005 所计算单位建筑面积的耗能量和 CO_2 年排放量包括供暖、热水供应、通风和照明的能耗，计算过程考虑到了可再生能源的使用情况。最后，根据计算所得的能效分数和环境影响分数确定住宅能效等级和环境影响等级。

当前英国对非居住建筑的能效评价采用 CIBSE 开发的"能量评价和报告方法"EARM，能量评价和报告方法 EARMTM 共有两个版本，一个是 1999 年开发的，称为 EARMTM1999，为了符合 2003 年欧洲建筑指令的要求，CIBSE 在 2006 年将 EARMTM1999 升级为 EARMTM2006 版本。EARMTM2006 以单位面积 CO_2 年排放量和能源消耗为主要评价指标。以办公室为例，"英国办公室能耗指导 19" 为四种类型（自然通风家庭型办公建筑，自然通风的开敞式办公建筑，带空调设备的标准办公建筑，标志性办公建筑）的办公室建筑提供年能耗指标、年能耗成本指标和年 CO_2 排放指标。该指导的能耗指标（Building Energy Benchmarks）来源于大量的既有建筑能耗的调研，能耗指标给出以上四种类型办公建筑的能耗代表值。对办公室能效的评价则是通过实际的年能耗与指导所提供能耗指标的比较。"英国办公室能耗指导 19" 提供两种类型的能耗指标，一种是典型值（Typical），另一种是优秀案例值（Good PracticeExamples），前者是 20 世纪 90 年代中期英国环境交通和地区事务部在大量的既有办公室收集的能耗数据的中间值，后者是采用节能措施后的节能办公室建筑的能耗指标，这些建筑都属于所调查建筑中能耗最低的 1/4 部分。

德国的建筑能源护照则由统一的计算方法计算得到的一次能耗为基础对建筑物能耗指标［每平方米每年一次能耗，$kW \cdot h/(m^2 \cdot a)$］，并根据这个能耗指标对建筑物进行能耗分级。

美国能源之星 ENERGY STAR 是美国环保署（Environmental Protection Agency，EPA）和能源部（Department of Energy）共同运作的项目。仅仅 2007 年在能源之星的帮助下，美国减少的温室气体排放就相当于 2700 万小汽车的排放量，相当于节约 160 亿美元的能耗开销。能源之星项目源于 1992 年由美国环保署 EPA 发起的一个旨在标识能效产品、减少温室气体排放的自愿能效标识系统，最初标识的产品是计算机。1995 年，美国环保署将能源之星标识扩展到办公设备产品和住宅的供暖和制冷设备。当前，能源之星已经覆盖新建住宅、商业建筑和工业建筑。住宅建筑要想获得能源之星标识，必须达到美国能源署的住宅建筑指导的标准，至少比 2004 国际住宅规范（2004 International Residential Code，IRC）的能耗减低 15%，并且还要采取一些能源署推荐的节能措施。这些措施一般情况下能使得能源之星住宅建筑的能耗比标准住宅建筑减低 20% ~ 30%。美国能源署推荐的住宅节能措施包括有效的保温、节能窗户、管道和建筑的气密性、供暖制冷和机械通风的能效、能效家用电器（照明、节能灯、风扇、冰箱、洗碗机、洗衣机）、第三方认证（由独立于房屋开发部门和购买者的第三方进行住宅能效的评定）。2004 国际住宅规范（2004 International Residential Code，IRC）为三层或三层以下的住宅建筑提供最低的建筑能耗综合标准，包括建筑管道系统、机械系统、燃料供应和家用电器。2004 国际住宅规范提供了两种评价住宅能效的方式，一种是说明性方式（Prescriptive Approach），另一种是性能性方式（Performance Approach）。说明性方式与清单列表的方式比较相似，而性能性方式利用能量模型计算出住宅的能耗。

8.3.4　我国建筑节能评价

《民用建筑热工设计规范》（GB 50176—1993）在建筑热工设计方面将我国分为五个气候区，分别是严寒地区、寒冷地区、夏热冬冷地区、夏热冬暖地区和温和地区。目前，除了温和地区之外，其余四个气候分区都有自己的住宅建筑节能设计标准，分别是《严寒和寒冷地区居住建筑节能设计标准》（JGJ 26—2010）（主要是针对严寒和寒冷地区的标准），《夏热冬冷地区居住建筑节能设计标准》（JGJ 134—2010），《夏热冬暖地区居住建筑节能设计标准》（JGJ 75—2012），《公共建筑节能设计标准》（GB 50189—2015）。可以说，迄今为止，我国已经初步建立了在 1980 年标准基础上节能 50% 为目标的建筑节能设计标准体系，新建建筑全面严格执行 50% 节能标准，四个直辖市和北方严寒、寒冷地区实施新建建筑节能 65% 的标准。

在建筑综合性能评价和绿色建筑评价方面。2003 年底，由清华大学、中国建筑科学研究院、北京市建筑设计研究院等科研机构组成的课题组公布了详细的"绿色奥运建筑评估体系"。这是国内第一个有关绿色建筑的评价、论证体系。该体系是在日本的 CASBEE 的评价方法的基础上，结合中国的现有标准等制定的一个绿色建筑评估体系。2005 年，建设部与科技部联合发布了《绿色建筑技术导则》和《绿色建筑评价标准》（GB 50378—2006）。GB 50378—2006 可以说是我国颁布的第一个关于绿色建筑的技术规范。《绿色建筑技术导则》中建立了绿色建筑指标体系，绿色建筑指标体系由节地与室外环境、节能与能源利用、节水与水资源利用、节材与材料资源、室内环境质量和运营管理六类指标组成。国家标准《住宅性能评定技术标准》（GB 50362—2005）于 2006 年 3 月 1 日起实施。《住宅性能评定技术标准》适用于城镇新建和改建住宅的性能评定，反映的是住宅的综合性能水平，体现节能、节地、节水、节材等产业技术政策，倡导一次装修，引导住宅开发和住房理性消费，鼓励开发商提高住宅性能等。在《住宅性能评定技术标准》中，住宅性能分为适用性能、环境性能、经济性能、安全性能、耐久性能五个方面，根据综合性能高低，将住宅分为 A、B 两个级别。

目前，行业主管部门和有关科研单位为建立我国建筑节能评价及能效标识进行探索和研究。由中国建筑科学研究院及重庆大学等单位共同起草的《节能建筑评价标准》（GB/T 50668—2011）将节能建筑按照采用节能措施的情况划分为 A、B 两个级别，其中 B 级节能建筑为执行了国家和行业现行强制性标准的建筑，A 级节能建筑为执行了国家现行标准且节能性高于 B 级的建筑。A 级节能建筑又细分为 1A、2A、3A 三个等级。该标准的节能建筑评价指标体系由规划与建筑设计、建筑围护结构、供暖通风与空气调节、给水排水、电气和照明、室内环境质量和运营管理七类指标组成。每类指标包括控制项、一般项与优选项。节能建筑应满足该标准中所有控制项的要求，并按被评建筑满足一般项数和优选项数目，划分为 B、1A、2A 和 3A 四个等级。《节能建筑评价标准》适用于全国的节能居住建筑与节能公共建筑评价，评价对象包括建筑群和单体建筑。《节能建筑评价标准》中的评价方法基本属于清单列表法，具有评价指标体系全面、评价方法可操作性好等优点，但该标准也存在一些不足。首先，该标准对各等级必须达到的一般项和优选项数目提出最低要求，被评建筑等级划分的主要依据是其达到一般项和优选项的数量，然而，该标准没有提供各等级一般项和优选项最低数量要求的理论依据；其次，该标准没有为其评价指标分配清晰的量化权重；最后，该标准没有提出一个如何处理主观评价中出现的不确定和不完全信息的方法。

由中国建筑科学研究院主编及各地方建筑科学研究院参编的《建筑能效测评与标识技术导则》将建筑能效标识划分为五个等级。当基础项（按照国家现行建筑节能设计标准的要求和方法，计算得到的建筑物单位面积供暖空调耗能量）达到节能 50% ~65% 且规定项均满足要求时，标识为一星；当基础项达到节能 65% ~75% 且规定项均（按照国家现行建筑节能设计标准要求，围护结构及供暖空调系统必须满足的项目）满足要求时，标识为二星；当基础项达到节能 75% ~85% 以上且规定项均满足要求时，标识为三星；当基础项达到节能 85% 以上且规定项均满足要求时，标识为四星。若选择项（对高于国家现行建筑节能标准的用能系统和工艺技术加分的项目）所加分数超过 60 分（满分 100 分）则再加一星。建筑能效的测评与标识以单栋建筑为对象，在对相关文件资料、部品和构件性能检测报告审查以及现场抽查检验的基础上，结合建筑能耗计算分析结果，综合进行测评。

8.4　建筑能源管理系统

8.4.1　建筑能源管理系统的基本概念

1. 建筑能源管理系统（Building and Energy Management System，BEMS）的定义

国际能源组织（International Energy Agency，IEA）在 Annex 16 Building Energy Management Systems-User Interfaces and System Integration（工作报告附件 16，建筑能源管理系统的用户接口和系统集成）中对 BEMS 有了详细的定义和对象，如下：

"BEMS, An electrical control and monitoring system that has the ability to communicate data between control nodes（monitoring points）and an operator terminal. The system can have attributes from all facets of building control and management functions such as HVAC, lighting, fire, security, maintenance management and energy management"。译为："建筑能源管理系统，是有能力在控制（监视）节点和操作终端之间通信传输数据的控制和监视系统，该系统拥有建筑物内所有的控制和管理功能，比如暖通空调系统、照明系统、火灾系统、安全系统、维护管理和能源管理。"

"The objectives of computerized control, regulating and monitoring systems can be listed as follows：1. To provide a healthy and pleasant indoor climate；2. To ensure the safety of the user and the owner；3. To ensure economical running of the building in respect of both personnel and energy"。译为："其目标是：1. 提供愉快和舒适的室内环境；2. 确保使用者和管理者的安全；3. 确保建筑节能效果和人力的节约"

日本对于 BEMS 的定义是，整合 BAS（楼宇自控系统）、EMS（Energy Management System，能源管理系统）、BMS（Building Management System，楼宇管理系统）、HVAC automatic control（暖通空调自控系统）、BOFDD/Cx（Building Optimization, Fault Detection and Diagnosis/Commissioning，建筑物优化、故障诊断和评估系统）及 FDS（Fire/Disaster Prevention & Security，火灾灾害预防和安全系统）等功能为一体的全方位的系统。

我国对于 BEMS 的定义是，BEMS 是指将建筑物或者建筑群内的变配电、照明、电梯、空调、供暖、给水排水等能源使用状况，实行集中监视、管理和分散控制的管理与控制系统，是实现建筑能耗在线监测和动态分析功能的硬件系统和软件系统的统称。它由各计量装置、数据采集器和能耗数据管理软件系统组成。BEMS 通过实时的在线监控和分析管理实现以下效果：①对设备能耗情况进行监视，提高整体管理水平；②找出低效率运转的设备；③找出能源消耗异常；④降低峰值用电水平。BEMS 的最终目的是降低能源消耗，节省费用。

IEA 对于 BEMS 的定义中强调的是目的，特别是舒适、安全、能源和人力的双重节约；日本对于 BEMS 的定义强调的是大集成，整合几乎所有自控系统后提供全系统的联动，涵盖供能、输能和用能进行监视和控制三方面；而国内强调的是数据监测、数据分析、优化策略

制定，总体较为偏软，即偏在 IT 系统，而实现控制功能的偏硬件方面现阶段仍以与 BAS 结合为主。

2. 建筑能源管理系统分类

建筑能源管理系统可以分为宏观层面和微观层面上的管理。在宏观层面，主要是指政策法规的制定，在建筑设计中贯彻节能标准，对工程项目的建筑节能进行审核、评估、监管和验收。在我国目前的国情下，宏观层面的建筑能源管理是由政府主导的，部分工作可由第三方参与。在微观层面，主要是通过对建筑物的日常运行维护和用户耗能的行为方式实施有效的管理，以及通过能效改善和节能改造实现节能。相对而言，微观层面的建筑能源管理更加务实，也蕴藏着很大的节能潜力。

宏观层面的建筑能源管理是以社会或国家的利益作为工作角度，而微观层面的建筑能源管理则是以建筑使用者利益为出发点，在具体实施的时候微观层面的建筑能源管理必须以宏观层面的建筑能源管理为导向，宏观层面的能源管理则最终要落实到微观层面的能源管理上来，以此来推动建筑节能事业的发展。图 8-7 显示了微观和宏观建筑能源管理内容。

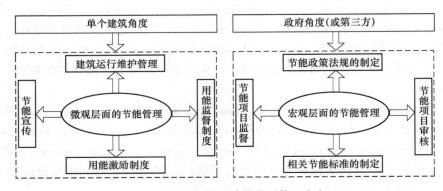

图 8-7　微观和宏观建筑能源管理内容

8.4.2　建筑能源管理系统组成、结构和模式

1. 建筑能源管理系统组成

完整的建筑能源管理系统（BEMS）由监测计量、统计分析、系统控制等组成。其中监测计量是整个系统的基础，对建筑内的水、电、空调、冷热源、燃气等能耗状况进行实时计量，为 BEMS 节能提供依据。统计分析是系统的核心，通过分析、对比系统采集的数据，提出更合理、节能的控制策略，对多表综合计费、建筑设备监控、电力监控、智能照明等子系统进行优化。系统控制执行统计分析形成的控制指令，控制和调节系统设备，最终达到节能效果，建筑能源管理系统功能框图如图 8-8 所示。

2. 建筑能源管理系统结构

建筑能源管理系统采用分层分布式结构，分为现场层、自动化层、中央管理层，并有专用的能源监控和管理软件。服务器加工作站模式便于进行日常维护管理，且支持局域网或 Internet 访问。

（1）现场层　采集原始计量数据，包含各类能源计量装置，如电能表（含单相电能表、

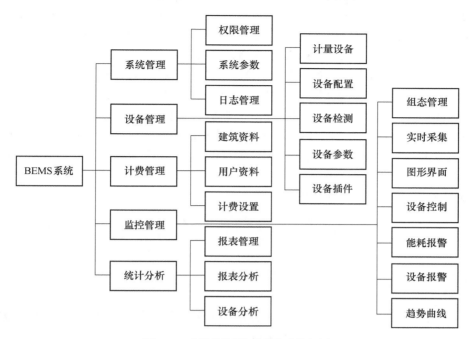

图 8-8　建筑能源管理系统功能框图

三相电能表、多功能电能表）、水表、冷量表等。监测现场末端空调、动力设备各项运行参数，如空调系统的运行状态、故障报警、启停控制及供回水温度、风压及流量等。采集空调主机房冷水机组、水泵及管网系统各项参数。

（2）自动化层（数据处理执行层）　对采集的能耗数据进行汇总，将汇总的数据发往中央管理层，并同步接收中央管理层发送的控制指令。能耗数据存储在数据库中，通过建筑物内部局域网提供给能源管理系统。

（3）中央管理层　对自动化层传输的能耗数据进行综合分析，将分析结果提交决策者作为决策参考，同时将客户的能耗修正指令传输至自动化层，以降低系统能耗。

3. 建筑能源管理的模式

（1）减少能耗（节约）型能源管理　节约型管理最容易实现，具有管理方便、易操作、投入少的优点，能收到立竿见影的节能效果。其主要措施是限制用能，例如非高峰时段停开部分电梯、提高夏季和降低冬季室温设定值、加班时间不提供空调、无人情况下关灯（甚至拉闸）和人少情况下减少开灯数量等。这种管理模式的缺点也很明显，主要有会造成室内环境质量劣化、管理不够人性化、不利于与用户的沟通、造成不满或投诉。因此，其管理的底线是必须保证室内环境质量符合相关标准。

（2）设备改善（更新）型能源管理　任何建筑都会有一些设计和施工缺陷。更新管理是指针对这些缺陷和建筑运行中的实际状况，不断改进和改造建筑用能设备。一般而言是"小改年年有"，如将定流量改成变流量、为输送设备电动机加变频器、手动控制改自控等。大改则结合建筑物的大修或全面装修进行，如更换供暖制冷主机、增设楼宇自控系统、根据能源结构采用热电冷联产和蓄冷（热）等新技术。这种管理模式的优点是能明显提高能效、提高运行管理水平、减少能源费用和日常维护费用开支、减少人力费用开支。其风险在于需要较大的初期投入（除了自有资金，也可以采用合同能源管理方式），需要较强的技术支持以把握单体设备节能与系统节能的关系，避免在改造时或改造后影响系统的正常运行。这种管理的底线是所掌控的资金量能满足节能改造的需要。

（3）改善（优化管理）型能源管理　通过连续的系统调试（System Commissioning）使建筑各系统（尤其是设备系统与自控系统）之间、系统的各设备之间、设备与服务对象之间实现最佳匹配。它又可以分为两种模式：一种是负荷追踪型的动态管理，如新风量需求控制、制冷机台数控制、夜间通风等；另一种是成本追踪型的运行策略管理，如根据电价峰谷差控制蓄冰空调运行、最大限度地利用自有热电联产设备的产能等。这种方式对管理人员素质要求较高。

4. 建筑能源管理系统主要功能

（1）实时能耗数据采集　对能源系统能源数据（水、空气、燃气、电、蒸汽、冷量等）进行实时监控和采集，并提供从概貌到具体的动态图形显示。实时数据保存到能源管理系统的能耗数据库中，各级管理人员在自己的办公室里就可以利用浏览器访问能源管理系统，根据权限浏览全部或部分相关能源计量信息。

（2）能耗报表（Energy Profile）　各能源管理组逐时、逐日、逐月、逐年能耗值报告，帮助用户掌握自己的能源消耗情况，找出能源消耗异常值。单位面积能耗等多种相关能耗指标报告为能耗统计、能源审计提供数据支持。

（3）能耗指标排名（Energy Ranking）　不同时间范围下能源管理组的能耗值排序，帮助找出能效最低和最高的设备单位。

（4）能耗比较（Energy Comparison）　不同时间范围内能源管理组能耗值的比较。

（5）建立能源使用计划　根据目前的能源使用情况，做出能源使用计划。根据能源使用需求，制订能源采购、供应计划，做到能源使用有计划，保障能源使用合理、节俭，避免浪费现象发生。

（6）建立能源指标系统　对于不同种类能源的使用情况，必须折合成标准单位才能进行比较和综合，因此建立能源指标系统，以便能对不同的能源进行合并比较。将建筑能耗值折算为热量（MJ）、标准煤以及原油、原煤等一次能源消耗量和相对的 CO_2 释放量。

（7）建立需求侧管理　目前大部分地区都有峰谷平电价，如何利用不同的电价进行有效的运营管理，降低能耗费用，帮助设施管理人员进行分析和决策，系统能为用户自动计算出设备经过调整后节约的费用，让管理者看到进行调整带来的直接效益。

（8）科学预测、预警　系统可对企业单耗指标自动计算节能量，并同企业节能目标进行对比，对未完成目标企业提出报警。实现能耗限额制度和节能量目标完成情况的在线监察。

（9）能耗对标及异常分析　系统搜集相关国家、省、市限额标准，对全面数据进行汇总、统计分析，实现重点指标对标分析，及时发现企业发展过程中的问题，分析能耗变化的趋势及原因，充分挖掘企业节能潜力。

（10）为管理者提供决策服务　系统利用采集、上报的数据，通过建立节能目标的地区分解理论模型，根据具体指标影响因素对全省经济和能耗数据做出全省节能目标的区域分解目标，指导节能计划的科学制定。

（11）整体用电量统计模块　通过同供电局的数据接口连接，掌握各地市、各区域的全部用电情况，为科学、及时了解用电情况提供决策性数据支持。

8.4.3　建筑能源管理的实施

1. 建筑能源管理的四项基本原则

（1）服务原则　建筑能源管理是一种服务。它的目标是提高能源终端的能源利用效率、降低建筑运营成本。节能不是单从数量上限制用户合理的需求，更不能以节能为借口，降低服务质量，劣化室内环境质量。管理者应向用户提供恰当的能源品种、合理的能源价格、高效的用能设备，以及节能技术、工艺和管理方式，用尽量少的能耗满足用户的各种用能需求和环境需求。

（2）系统优化原则　建筑能源管理应从能源政策、能源价格、供需平衡、成本费用、技术水平、环境影响等多方面进行投入产出分析，选择社会成本最低、能源效率较高、又能满足需求的节能方案。除了注意单体设备的节能，更要注意系统的匹配、协调和整合，重视系统的"持续调试（Continued Commissioning）"。

（3）采用先进的节能技术原则　采用经济上合理、技术上可行的节能技术提高终端的能源利用效率是实现建筑节能的关键所在。但最先进的技术不一定是最适用的技术，根据建筑自身条件，有时选用处于"镰刀与收割机"之间的"中间技术"更为合理。避免出现不顾条件，用行政手段"大跃进"式地推广某一新技术，或硬性规定节能改造的技术路线。对于节能的方案或新技术，在市场经济不完善、信用机制不健全的条件下，要依据科学做出正确判断。

（4）动态节能原则　建筑节能技术的最大特点是有两性，即地域性和时效性。由于各地气候、生活习惯、建筑形式、系统形式以及建筑功能有差别，因此在北京适用的节能技术在深圳就不一定适用，在 A 楼适用的节能技术到 B 楼就可能适得其反。由于气候变化、建筑功能改变、用户需求变化以及设备系统的损耗都会引起节能效果的改变，因此建筑节能并不是一劳永逸的。管理者要适应这种变化。

2. 建筑能源管理的组织

我国节能法规定，年综合能源消费在 5 000t 标准煤以上的单位是"重点用能单位"。节能法还规定"重点用能单位应当设立能源管理岗位，在具有节能专业知识、实际经验以及工程师以上技术职称的人员中聘任能源管理人员"。

建筑能源管理工作首先需要由最高管理层组织建立能源管理队伍，其次建立建筑能源管理领导负责制以及高能耗的问责制。大型耗能建筑应有专职的能源管理经理，直接对董事会（高校对校长）负责。建筑能源管理的组织形式有以下几种：

（1）全员参与方式　以经营者或单位领导为责任人，组成节能推进委员会或节能领导小组，小组成员包括部门负责人和员工代表（在学校是各学生宿舍推选的学生代表）。这种方式尤其适合大学。

（2）会议方式　各部门推选代表定期举行会议对建筑能耗状况进行合议。

（3）项目方式　对某一节能措施或节能改造项目，由各部门代表会同本单位或外聘的能源管理专家、专业人员参与项目管理。

（4）业务方式　设立专门的能源管理部门，将能源管理作为其业务内容。

3. 设立能源管理目标

与常规管理一样，建筑能源管理应设立可量化的、具体的管理目标，主要有以下几个。

（1）量化目标　如全年能耗量、单位面积能耗量（EUI）、单位服务产品（如旅馆、医院的每床位，大学的人均）能耗量等绝对值目标；系统效率（如 CEC）、节能率等相对值目标。

（2）财务目标　如能源成本降低的百分比、节能项目的投资回报率，以及实现节能项目的经费上限等。

（3）时间目标　如完成项目的期限，在每一分阶段时间节点上要达到的阶段性标准等。

（4）外部目标　如达到国际、国内或行业内的某一等级或某一评价标准，在同业中的排序位置等。

设定目标必须遵循实事求是的原则。根据自己的财力、物力和资源能力恰如其分地确定目标。

4. 建立能源管理标准

根据建筑内各种设备系统的特点制订将能耗控制在最低限度的运行、管理措施。这些措施是依据一定的节能评价基准（量化值），并把这些基准作为管理目标的标准值。根据管理措施的要求，确定自动控制（BA）系统的设定值和目标值，制订检测、记录、维护、检修、故障诊断等方面的操作规定，编制各种报表。

5. 建筑能源审计

建筑能源审计（Building Energy Audit）是指审计单位根据国家有关的节能法规、法律，技术标准，消耗定额等，对建筑能源利用的物理过程和财务过程进行监督检查和综合分析评价。对管理者而言，通过建筑能源审计可以对自己管理的建筑的能耗现状、先天条件、节能潜力、与其他同类建筑相比的优势和劣势心中有数，即有一个量化的概念。同时，通过审计检查建筑物能源利用在技术上和经济上是否合理，诊断主要耗能系统的性能状态，找出大楼的节能和节约能源费开支的潜力，以确定节能改造方案。因此，能源审计是建筑能源管理中最重要的环节之一。

对政府而言，在政府建筑和大型公共建筑中推行建筑能源审计，有利于节能管理向经常化和科学化转变；计算出不同层次的建筑的能耗指标，有利于对既有建筑的能源使用情况进行有效的监督和合理的考核；有利于了解建筑节能标准的贯彻情况与实施效果；有利于推进既有建筑节能改造和合同能源管理事业的发展；有利于改善管理、改进服务，获得实质性的节能（Embodied Energy）。

6. 建筑调试（Commissioning）

Commissioning 这个词原来是指竣工后的暖通空调（HVAC）设备的调试、验收和交工。随着建筑设备系统技术日趋先进，特别是楼宇自控系统日趋普及，调试过程从设计阶段开始一直延续到建筑使用之后。在建筑正常使用过程中每隔 3~5 年就需要进行调试。这也成为建筑能源管理的一个重要内容。

建筑在验收后的系统调试的主要任务是：

1）系统连续运转，检验系统在各个季节以及全年的性能，特别是能源效率和控制功能。

2）在保修期结束前检查设备性能以及暖通空调系统与自控系统的联动性能。

3）通过调试寻找系统的节能潜力。

4）通过用户调查了解用户对室内环境质量及设备系统的满意度。

5）在调试过程中记录关键的参数，整理后完成调试报告。

7. 能耗计量

我国能源法规定："用能单位应当加强能源计量管理，健全能源消费统计和能源利用状况分析制度"。建筑能耗计量的重要性体现在：

1）通过计量能实时定量地把握建筑物能源消耗的变化。通过对楼宇设备系统分系统进行计量以及对计量数据进行分析，可以发现节能潜力和找到用能不合理的薄弱环节。因此，能耗计量是能源审计工作的基础。

2）通过计量可以检验节能措施的效果，是执行合同能源管理的依据。

3）通过计量可以将能量消耗与用户利益挂钩，计量是收取能源费用的唯一依据。

4）通过计量收费可以促进建筑能源管理水平的提高。要向用户收费，则用户有权要求能源管理者提供优质价廉的能源。在大楼里，用户会对室内环境（热环境、光环境和空气质量）质量提出更高的要求，希望以较少的代价，得到舒适、健康的工作环境和生活质量。能源管理实际是能源服务，管理者只有不断改进工作、提高效率、降低成本，才能满足用户需求。

5）计量收费是建筑能源管理的重要措施。管理者可以通过价格杠杆调整供求关系，促进节能，鼓励节能措施，推动能源结构调整。

8.4.4　建筑合同能源管理

合同能源管理（Energy Management Contract，EMC），也称为能源绩效合约（Energy Saving Performance Contract，ESPC）。合同能源管理（EMC）是以节省下来的能耗费用支付节能改造成本和运行管理成本的投资方式。这种投资方式让用户用未来的节能收益降低目前的运行成本，改造建筑设施，为设备和系统升级。用户与专业的节能服务公司之间签订节能服务合同，由节能服务公司提供技术、管理和融资服务。通过合同能源管理，业主、用户和企业可以切实降低建筑能耗，降低成本，使房产增值，并且得到专家级的建筑能源管理服务，同时规避风险。

节能服务公司（Energy Services Company，ESCO），又称能源管理公司，是一种基于合同能源管理机制运作的、以赢利为目的的专业化公司。ESCO 与愿意接受能源管理服务和进行节能改造的客户签订节能效益合同，向客户提供能源和节能服务，通过与客户分享项目实施后产生的节能效益、承诺节能项目的节能效益或承包整体能源费用等方式为客户提供节能服务，获得利润，滚动发展。

ESCO 向客户提供的服务包括：建筑能耗分析和能源审计、设备系统的调适和诊断、建筑能源工程项目从设计到验收的全程监理、"量体裁衣"式的建筑设备和系统改造、建筑能源管理、区域能源供应、设施管理和物业管理、节能项目的投资和融资、节能项目的设计和施工（交钥匙工程）总包、材料和设备采购、人员培训、运行和维护（O&M）、节能量检测与验证（M&V）等。图 8-9 所示为 ESCO 的合同能源管理在不同阶段的投资和收益。

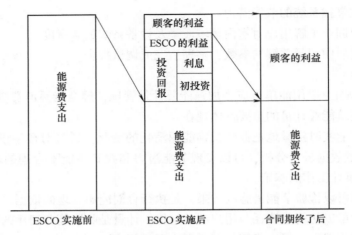

图 8-9　ESCO 的合同能源管理收益

1. 我国建筑合同能源管理的发展

我国第一个完全规范的合同能源管理项目是 1999 年德国 ROM 公司为上海金茂大厦所实施的节能改造。此后，我国建筑合同能源管理的节能服务项目迅速发展起来。经过多年的发展，我国建筑合同能源管理已初具规模，呈现出如下特点：

1）建筑合同能源管理占全部节能服务项目数量比重较大。据对 100 多家能源服务公司的调查，建筑节能服务项目占其全部项目数的 21%，建筑节能服务投资占到全部项目投资的 58%。

2）需要建筑节能的建筑类型较多样。当前，我国建筑节能项目主要集中在商业楼宇、学校、医院、政府办公机构、科研院所等大型公共建筑，其中商业楼宇的建筑节能服务项目无论是在投资额和项目数量上均占了很大比重，其次为学校、医院和政府办公建筑。服务内容包括供暖系统改造、锅炉节能改造、楼宇照明系统节能、中央空调系统改造等。其中，中央空调改造项目数量较多，其余类型的建筑服务项目分布较为平均。

3）建筑节能项目投资少、节能收益明显，投资回收期短。相比于工业节能项目，建筑节能服务项目的单体投资较少，平均每个建筑节能服务项目的投资额为工业节能项目投资额的 20%，收益明显，投资回收期短。建筑节能服务项目的 69% 是在 2 年内收回投资，3 年以上收回投资的只占到了 7%。

由于建筑节能工程是一个系统工程，实施起来具有更大的复杂性，同时建筑物业主及物业管理部门由于其自身技术、管理、融资等能力的局限性，无法依靠自身力量进行节能改造，急需具备研究、工程、管理和服务能力的专业节能服务公司，因此，节能服务机制尤其适合建筑节能。

2. 建筑节能领域合同能源管理运作模式

目前，我国建筑节能领域的合同能源管理大致有以下六种运作模式：

（1）总包和"交钥匙"模式　业主或政府委托的节能改造工程项目一般采取总包和"交钥匙"的方式，即 ESCO 公司提供节能方案和节能技术，承担从设计到设备采购到系统集成到施工安装直至验收的全程技术服务。业主按普通工程施工的方式，支付工程前的预付款、工程中的进度款和工程后的竣工款。没有融资问题，也不承诺节能量。这种模式多用于旧房改造（如将旧工业厂房改造成创意产业园区）和既有建筑更新（如旧设备更新、系统加自控、用冰蓄冷或微型热电联产给建筑扩容等）。运用该模式运作的 ESCO 公司的效益是最低的，因为合同规定不能分享项目节能的巨大效益。当然，因为不用担保节能量，ESCO 公司的风险也最小。

（2）节能量担保模式　节能改造工程的全部投入和风险由 ESCO 公司承担，在项目合同期内，ESCO 公司向业主承诺一定的节能量，或向客户担保降低一定数额的能源费开支，将节省下来的能源费用来支付工程成本；达不到承诺节能量的部分，由 ESCO 公司负担；超出承诺节能量的部分，双方分享。在合同期内，节能改造所添置的设备或资产的产权归 ESCO，并由 ESCO 负责管理（也可以由客户自己的设施管理人员管理，ESCO 负责指导）。ESCO 公司收回全部节能项目投资后，项目合同结束，ESCO 将节能改造中所购买的设备产权移交给业主，以后所产生的节能收益全归企业享受。由于这种模式对 ESCO 存在着较大的风险，所以一般都采用可靠性高、比较成熟、投资回收期短、节能效果容易量化的技术。投资回收期控制在 3～5 年以内。

（3）节能效益分享模式　节能改造工程的全部投入和风险由 ESCO 公司承担，项目实施完毕，经双方共同确认节能率，双方按比例分享节能效益。项目合同结束后，ESCO 将节能改造中所购买的设备产权移交给业主，以后所产生的节能收益全归业主。

（4）能源费用托管模式　ESCO 负责改造业主的高耗能设备，并管理其用能设备。在项目合同期内，ESCO 按双方约定的能源费用和管理费用承包业主的能源消耗和维护。项目合同结束后，ESCO 将经改造的节能设备无偿移交给业主使用，以后所产生的节能收益全归业主。

（5）设备租赁模式　业主采用租赁方式购买设备，即付款的名义是"租赁费"。在租赁期内，设备的所有权属于 ESCO。当合同期满，ESCO 收回项目改造的投资及利息后，设备归业主所有。产权交还业主后，ESCO 仍可以继续承担设备的维护和运行。一般而言这种 ESCO 公司是由设备制造商投资的，作为制造商延伸服务的一种市场营销策略。而政府机构和事业单位比较欢迎这种设备租赁方式。因为在这类单位中，设备折旧期比较长。

（6）能源管理服务模式　通过使用 ESCO 公司提供的专业服务，实现企业能源管理的外包，将有助于企业聚焦到核心业务和核心竞争能力的提升方面。能源管理的服务模式有两种形态：能源费用承包方式和用能设备分类收费方式。前者由 ESCO 公司承包双方在合同中约定数额的能源费，在保证合同规定的室内环境品质的前提下，如果能源费有节约，则作为 ESCO 公司的营收；如果因非不可抗力造成的能源费超支，则由 ESCO 公司承担损失。后者按 ESCO 所管理的设备系统能耗的分户计量以及双方在合同中商定的能源价格收费，在能源价格中含有 ESCO 公司管理费，也可以按建筑面积另收取固定的管理费。这种模式是典型的服务外包。

3. 全过程合同能源管理服务

结合我国城市化的特点，针对建筑合同能源管理中的问题，可以将能源服务扩大到能源规划阶段，实现全过程的合同能源管理服务。

在政府主导的大型区域开发项目中，由于区域能源系统的先进性、集约性和复杂性（例如，大型区域供冷供暖系统、热电冷联供系统、蓄冷调峰系统、大规模可再生能源系统等），政府可找寻专业化的第三方承担项目融资、项目管理、系统设计、设备采购、工程施工等全过程任务，给予第三方公司基础设施经营的特许权，作为这部分资产的所有权人在项目竣工和区域开发建成之后负责运行管理。承包项目的能源服务公司通过冷、热和一部分电力的销售回收投资、赚取利润，使合同能源管理从短期分享转变成长期收益。

全过程能源管理服务实际上是基础设施建设中常用的 BOT 方式。BOT 是英文 Build-Operate-Transfer 的缩写，通常直译为"建设-经营-转让"，也可意译为"基础设施特许权"。BOT 模式是在政府和 ESCO 之间达成协议，由政府向 ESCO 颁布特许，允许其在一定时期内筹集资金建设区域能源系统，管理和经营该设施及其相应的产品和服务。政府对其提供的公共产品或服务的数量和价格可以有所限制，但保证 ESCO 有获取利润的机会。整个过程中的风险由政府和 ESCO 分担。特许期限结束时，ESCO 按约定将能源系统移交给政府部门，转由政府指定部门经营和管理。

（1）BOT 的几种"变形"

1）BOOT（Build-Own-Operate-Transfer）模式，即建设-拥有-运营-移交。这种方式明确了 ESCO 公司在特许期内既有经营权又有所有权。一般情况下 BOT 即是 BOOT。

2）BOO（Build-Own-Operate）模式，即建设-拥有-运营。这种方式是 ESCO 公司按照政府授予的特许权，建设并经营能源系统，但所有权归 ESCO 公司，并不将此基础设施移交给政府或公共部门。

3）BLT（Build-Lease-Transfer）模式，即建设-租赁-移交。即政府授予特许权，在项目运营期内，ESCO 公司拥有并经营该项目，政府有义务成为项目的租赁人，在租赁期结束后，所有资产再转移给政府公共部门。

4）BT（Build-Transfer）模式，即建设-移交。即由 ESCO 公司融资、建设，能源系统建成后立即移交给公共部门，政府按项目的收购价格分期付款，其款项可来自于项目的经营收入。

5）BTO（Build-Transfer-Operate）模式，即建设-移交-运营。与 BT 方式不同的是，政府在获得能源系统的所有权后委托 ESCO 公司运营和管理该项目。

6）IOT（Investment-Operate-Transfer），投资-运营-移交。即由 ESCO 公司融资并收购现有的能源系统，然后再根据特许权协议运营，最后重新移交给公共部门。

在全过程能源管理服务中，ESCO 公司是 BOT 项目的执行主体，它处于中心位置。所有关系到 BOT 项目的筹资、分包、建设、验收、经营管理以及还债和偿付利息都由 ESCO 公司负责。大型项目通常专门设立项目公司作为业主，同设计、施工、制造厂商以及客户打交道。而政府是 BOT 项目的控制主体。政府决定着是否设立此项目、是否采用 BOT 方式。在谈判确定 BOT 项目协议合同时政府也占据着主导地位。在 ESCO 公司向银行或基金贷款时，政府要提供担保。它还有权在项目实施过程中对各个环节进行监督，并具有对 ESCO 所提供的服务产品的定价权。在项目特许期结束后，政府还具有无偿收回该项目将其国有化的权利。如果能源系统运行的年度实际总成本与净累计损失之和低于预计总成本基准，则可以获得比预期更多的节能收益，其节能效益可以由用户与节能服务公司分享。

（2）全程合同能源管理的服务内容

1）设定区域节能减排的战略目标和关键性能指标（Key Performance Indicators）。

2）通过城市（城区）的气候设计（Climate Design）技术调整建筑布局和气流通道，充分利用天然采光、自然通风等被动式技术。

3）通过负荷测绘（Load Mapping）技术调整建筑功能布局，降低负荷集中度。

4）通过能源总线集成应用低能量密度的可再生能源和低品位的未利用能源（Untapped Energy），提高有限资源的利用效率。

5）将无碳的虚拟能源（即用户端的节能）作为替代资源。

6）在城区层面合理利用基于天然气的分布式能源。

7）通过热回收和协同（Synergy）技术实现园区层面传统能源的梯级利用。

8）利用城区能源系统的负荷参差率和同时利用系数降低负荷和需求。

9）设计科学合理的园区能源收费制度。

10）在区域内积极推行绿色生活方式和行为节能。

（3）ESCO 公司的类型与层次　全程合同能源管理提高了 ESCO 公司的技术含量。因此 ESCO 公司应该分为三种类型，三个层次：

1）第一类是能源服务公司 ESCO。这类公司从事能源管理服务和建筑节能改造业务。

2）第二类是能源服务供应商 ESP（Energy Service Provider）。这类公司能以 BOO 方式提供热电联产和分布式能源项目的服务。

3）第三类是节能承包商 ESC（Energy Service Contractor）。这类公司只能提供单一改造技术和服务。

第一类公司必须具备照明、电动机和驱动装置、暖通空调系统、自动控制系统和围护结构热工性能改善方面的技术和管理能力；同时还必须具备提供能源审计、设计和工程实施、融资、项目管理、系统调试、运行维护以及节能量验证等方面的服务的能力。第二类公司则必须具备实施分布式能源和热电联产工程、按合同供应能源的技术和管理能力，以及融资和资产管理的能力。而第三类公司一般只能作为前两类公司的分包商。

（4）能源服务公司的经营流程　国外建筑节能服务的实施机构一般为能源服务公司。ESCO 一般通过以下步骤向客户提供综合性的节能服务：

1）能效审计。ESCO 针对客户的具体情况，评价各种节能措施，测定业主当前用能量，提出节能潜力之所在，并对各种可供选择的节能措施的节能量进行预测。

2）节能改造方案设计。根据能效审计的结果，ESCO 为客户的能源系统提出如何利用成熟的技术来提高能源利用效率、降低能源成本的整体方案和建议。

3）能源管理合同的谈判与签署。在能效审计和改造方案设计的基础上，ESCO 与客户进行节能服务合同的谈判。在某些情况下，如果客户不同意签订能源管理合同，则 ESCO 将向客户收取能效审计和项目设计费用。

4）材料和设备采购。ESCO 根据项目设计负责原材料和设备的采购，其费用由 ESCO 支付。

5）施工。

6）运行、保养和维护。在完成设备安装和调试后即进入试运行阶段。

7）节能及效益保证。ESCO 与客户共同监测和确认节能项目在合同期内的节能效果，以确认在合同中由 ESCO 方面提供项目的节能量保证。

8）ESCO 与客户分享节能效益。

建筑节能服务公司经营流程如图 8-10 所示。

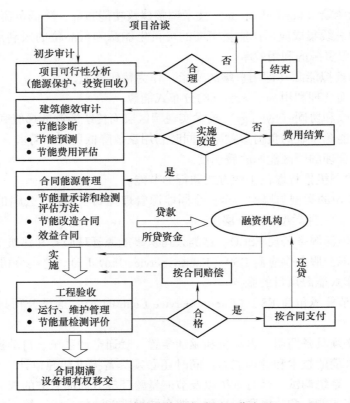

图 8-10　建筑节能服务公司经营流程

8.5　建筑能源审计

8.5.1　建筑能源审计的基本概念

建筑能源审计（Building Energy Audit）是建筑能源管理的重要内容，也是建筑节能监管的重要环节。建筑能源审计是一种建筑节能的科学管理和服务的方法，其主要内容就是根据国家有关建筑节能的法规和标准，对既有建筑物的能源利用效率所做的定期检查，以确保建筑物的能源利用能达到最大效益。之所以称这种检查为"审计"，是因为在许多方面能源审计与财务审计十分相似。能源审计中的重要一环是审查能源费支出的账目，从能源费的开支情况来检查能源使用是否合理，找出可以减少浪费的地方。如果审计结果显示建筑物的能源开支过高，或某种能源的费用反常，就需要进行研究，找出究竟是设备系统存在技术缺陷还是管理上存在漏洞。

按照《国家机关办公建筑和大型公共建筑能源审计导则》的定义：建筑能源审计是一种建筑节能的科学管理和服务的方法，其主要内容是对用能单位建筑能源使用的效率、消耗水平和能源利用的经济效果进行客观考察，对用能单位建筑能源利用状况进行定量分析，对建筑能源利用效率、消耗水平、能源经济和环境效果进行审计、测试、诊断和评价，从而发现建筑节能的潜力。

建筑能源审计的主要目的是：

第一，对建筑物能源使用的效率、消耗水平和能源利用的效果（如室内环境品质）进行客观考察。

第二，通过对建筑用能的物理过程和财务过程进行统计分析、检验测试、诊断评价，检查建筑物的能源利用在技术上和在经济上是否合理。

第三，对建筑物的能源管理体系是否健全有效进行检查。

第四，诊断主要耗能系统的性能状态，找出大楼的节能潜力和节约能源费开支的潜力，提出无成本和低成本的节能管理措施、确定节能改造的技术方案。

第五，改进管理，改善服务。

在确定建筑能源审计的目标时，应正确处理节能和节支的关系。一般情况下，二者并不矛盾。但是有些建筑节能技术措施可以实现节支却不能实现节能。例如蓄热蓄冷技术，利用峰谷电价的差异，可以实现节支，但在用户侧并不节能。

建筑能源审计从低到高有四种形式：

（1）初步审计（Preliminary Audit）　初步审计又称为"简单审计（Simple Audit）"或"初级审计（Walk-through Audit）"。这是能源审计中最简单和最快的一种形式。在初步审计中，只与运行管理人员进行简单的交流，对能源账目只做简要的审查，对相关文件资料只做一般的浏览。但这种审计的结果还不足以作为对建筑物能耗水平的评价依据和节能改造项目的决策依据。

（2）一般审计（General Audit）　一般审计是初步审计的扩大。它要收集更多的各系统的运行数据，进行比较深入的评价。因此，必须收集 12 ~ 36 个月的能源费账单和各用能系统的运行数据，才能正确评价建筑物的能源需求结构和能源利用状况。此外，一般审计还需要进行一些现场实测、与运行管理人员进行深入交流。

（3）单一审计（Single Purpose Audit）或目标审计（Targeted Audit）　这种审计其实是一般审计的一种形式。在初步审计的基础上，可能发现大楼的某一个系统有较大节能潜力，需要进一步分析。有时，由大楼业主提出对自己的某一系统进行能耗诊断。因此，单一审计或目标审计只是针对一两个系统（例如照明系统或空调系统）开展。但对被审计的系统做得要比较仔细。例如照明系统，需要详细了解楼内所有照明灯具的种类、数量、性能和使用时间，并抽样测试室内照度水平，计算实际照明能耗，分析改造后的节能率、投资回报率和室内光环境的改善程度。

（4）投资级审计（Investment-Grade Audit）　投资级审计又被称为"高级审计（Comprehensive Audit）"或"详细审计（Detailed Audit）"。它是在一般审计基础上的扩展。它要提供现有建筑和经节能改造后的建筑能源特性的动态模型。如果需要对能源基础设施的升级换代或节能改造进行投资，必须在同一个财务标准上与其他非能源项目进行比较，重点是它们各自的效益，即投资回报。而节能项目的效益又不像某个产品可以在事先有比较准确的估计。因此，用数学模型进行预测就显得尤为重要。在很多情况下，投资者还需要得到节能率的承诺和担保。一般情况下，需要运用具有权威性的模拟软件来进行分析。

8.5.2　建筑能源审计的实施

1. 建筑能源审计的实施条件

政府主导的建筑能源审计的主要对象：一是国家机关办公建筑；二是政府所有的宾馆和

列入政府采购清单的星级酒店；三是大学校园；四是其他 2 万 m² 以上的大型公共建筑。因此，要使建筑能源审计工作得以顺利开展，必须具备以下条件：

（1）主管领导的重视　　不能仅仅把建筑能源审计看成是建设主管部门一家的事。审计的主要对象，都是用国家财政支付能源费用的。能源审计后的公示，首先是政府形象的公示，是政府贯彻执行节能减排和可持续发展战略的决心的昭示。对这些不同隶属关系的单位，需要当地主管领导亲自进行协调。

（2）科技人员的参与　　建筑能源审计的主要依据是建筑物的能量平衡和能量梯级利用的原理、能源成本分析原理、工程经济与环境分析原理以及能源利用系统优化配置原理。因此，审计人员应由建筑、暖通空调、会计、审计等专业人员组成。尽管只是初步审计和一般审计，但它具有一定的技术含量，决不同于一般的评比检查，更不能流于形式。在开展建筑能源审计时，必须依托当地的科研机构和大学。

（3）被审计单位的配合　　《民用建筑节能条例》中明确指出："国家机关办公建筑和公共建筑的所有权人或者使用权人应当对县级以上地方人民政府建设主管部门的调查统计工作予以配合"。被审计单位应该认识到，建筑能源审计是对自己的物业的能源管理水平的一次综合检验，并能发现建筑节能的潜力，为进一步进行建筑节能改造、降低建筑运营成本、改善管理、改进服务创造了重要条件。被审计单位要委托或指定专人担任责任人，负责能源审计的联络、沟通和协调。被审计单位应无保留地提供建筑能源审计所需要的能源费用账单、能源管理文件等各种有关资料，提供被审计建筑的基本信息和各种资料数据，并对所提供的基本数据和相关资料的真实性承担责任。

要完成建筑能源审计工作，上述三项条件缺一不可。各省（市）建设行政主管部门负责成立省（市）建筑能源审计工作领导小组。领导小组负责指导建筑能源审计工作，负责建筑能源审计过程的监督与协调，负责向公众公示审计结果。领导小组应由省（市）主要负责人担任组长，由建设行政主管部门及相关行政主管部门的负责人、能源监察部门及建筑节能专家组成。成立若干个建筑能源审计小组，负责能源审计的全部具体工作并出具最终报告。审计小组组长须对审计结果和最终报告的真实可靠性负责。

2. 建筑能源审计的主要内容

建筑能源审计的主要内容是考察并定量分析用能单位建筑能源使用状况，对建筑能源利用效率、消耗水平、能源经济和环境效果进行审计、监测、诊断和评价，从而发现建筑节能的潜力。建筑能源审计包括一级审计内容和二级审计内容。一级审计内容包括建筑的基本情况、建筑围护结构的构造状况和建筑的设备状况。二级审计内容包括建筑的能源消耗统计分析、建筑的现场巡视和测试等内容。下面分别详细讨论建筑能源审计的具体内容，其包括建筑能源审计的审计事项说明、建筑物概况、建筑物用能系统及设备、建筑物的能源管理、建筑物能耗计算与分析、建筑室内环境检测、节能潜力分析及建议和审计结论。

（1）建筑能源审计的审计事项说明　　建筑能源审计的审计事项说明包括审计目的、审计范围、审计时间和审计依据。

我国建筑能源审计的依据有三个层面，如图 8-11 所示，即法律依据、技术依据和设计依据。

法律依据主要是由政府和能源主管部本颁布的各项法规，包括《中华人民共和国节约能源法》《重点用能单位节能管理办法》、地方能源主管部门制订的管理办法和《民用建筑节能管理规定》（中华人民共和国建设部令第 143 号）等。

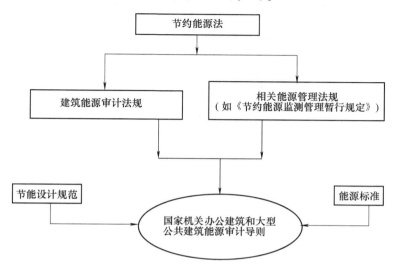

图 8-11　建筑能源审计的依据

技术依据主要是国家部委颁布的技术标准，主要包括国家机关办公建筑和大型公共建筑能源审计导则、《企业能源审计技术通则》（GB/T 17166—1997）、《工业企业能源管理导则》（GB/T 15587—2008）、《节能监测技术通则》（GB/T 15316—2009）、《室内空气质量标准》（GB/T 18883—2002）、《用能单位能源计量器具配备和管理通则》（GB 17167—2006）和《民用建筑节能条例》等。

设计依据主要是各类建筑节能设计规范，包括《公共建筑节能设计标准》（GB 50189—2015）、《建筑照明设计标准》（GB 50034—2013）、《公共机构办公建筑用电分类计量技术要求》（DB 11/T 624—2009）和地方建筑节能设计标准。

（2）建筑物概况　建筑物概括主要包括：建筑物所属单位简介、组织机构设置，被审计建筑的建造年代、建筑类型、总建筑面积、空调面积、供暖面积、建筑层数、空调形式、供暖形式、热源形式、末端形式、建筑运行时间等，被审计建筑的围护结构以及建筑物相关系统，如锅炉房、配电室等。

建筑面积、空调面积、供暖面积、建筑分项面积的计算应该依据建筑竣工图进行计算。在进行建筑面积、建筑分项面积计算时应取外墙外边界；不同功能交界处取墙的中线。计算完成后，填写建筑物基本情况表。表格可根据实际情况进行编制，下面给出了某建筑物基本信息表（表 8-5）和围护结构信息表（表 8-6）的示例。

表 8-5　某建筑基本信息表

序号	项　　目	信　　息	备　　注
1	建造年代	1979 年	2003 年装修改造
2	建筑类型	实验办公建筑	
3	总建筑面积	11132.1m²	主楼、南配楼和西配楼
4	空调面积	9476m²	

（续）

序号	项　目	信　息	备　注
5	供暖面积	11132.1m²	
6	建筑层数	地上6层、地下一层	
7	空调形式	标本储藏室为多联机，其他为分体空调	
8	供暖形式	集中供暖	
9	热源形式	天然气锅炉房	
10	末端形式	散热器	
11	建筑运行时间	10h/天；7天/周；12月/年；假期：国家法定假日	

表8-6　某建筑围护结构信息表

序　号	项　目	信　息
1	建筑结构形式	混凝土剪力墙
2	外墙形式	加气混凝土砌块
3	外墙保温材料	聚苯乙烯
4	窗墙比	50%
5	外窗类型	中空双层玻璃
6	遮阳情况	内遮阳
7	玻璃类型	Low-e玻璃
8	窗框材料	塑钢窗框

（3）建筑物用能系统及设备　这部分要说明整个建筑的用能情况，主要包括：电力用能系统及设备，如空调系统、照明系统、室内设备系统以及综合服务系统，天然气、煤等使用设备如锅炉房、厨房等。

（4）建筑物的能源管理　建筑物的能源管理主要包括三个方面：

1）建筑物计量及统计机构、人员、制度、量值传递等情况。

2）用能系统及设备计量器具配置情况（配置率、送检率、合格率等）。

3）购入、分配、使用、外销等环节计量、统计情况及数据处理。

计量器具配备和管理评价可依据：《用能单位能源计量器具配备和管理通则》（GB 17167—2006）。审计过程要收集所审计建筑的建筑节能管理文件和建筑能源技术文件，并且检查节能管理状况。

（5）建筑物能耗计算与分析　建筑物的能耗计算主要指标如图8-12所示。具体各项指标的定义在下面说明。

1）建筑能耗总量指标。这是指建筑的能耗总量与建筑面积的比值。

2）常规能耗总量指标。这是指建筑的常规能耗总量与建筑面积、建筑常驻人数（或建筑内床位数）、建筑运行时间的比值。

暖通空调系统能耗指标是用于供暖、通风、空调系统的常规能源消耗与建筑面积的比值。其中：

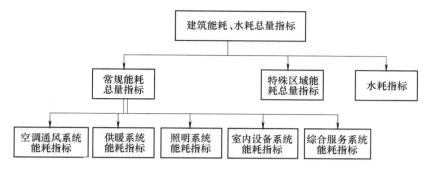

图 8-12　建筑物能耗计算指标

① 空调通风系统能耗指标是指用于向房间供冷服务的设备系统能耗与建筑空调面积的比值。

② 供暖系统能耗指标是指用于向房间供暖服务的设备系统能耗与建筑供暖面积的比值。

③ 照明系统能耗指标是建筑照明系统能耗与建筑面积的比值。按不同功能，照明系统可分为以下三类：普通照明、应急照明和景观照明。

④ 室内设备能耗指标是室内设备能耗与建筑面积的比值。

⑤ 综合服务系统能耗指标是指除暖通空调系统、照明系统、室内设备系统之外的其他常规耗能系统（包括电梯系统、给排水系统、热水加热系统等）能耗量与建筑面积的比值。

3) 特殊区域能耗总量指标。这是指建筑的各类特殊区域设备能耗量与建筑特殊区域面积的比值。

4) 建筑水耗总量指标。这是指建筑的水耗总量与建筑内常驻人数的比值。有游泳池的建筑，单独注明游泳池水耗量，且游泳池的水耗指标取为游泳池水量与池底面积的比值。

能耗总量的数据来源于建筑物用能记录或能耗账单，必须说明记录日期。

分项能耗（分项能耗拆分统计表格）数据来源于分项计量结果，设备运行记录，主要设备、主要支路的现场实测能耗，以及设备铭牌信息。

将所有数据汇编成建筑能源审计账单和建筑能源审计能源消耗汇总表。根据审计账单和能源消耗表进行建筑能耗总量指标的计算分析，主要包括电耗总量分析、水耗总量分析、天然气总量分析、其他能耗总量分析和能耗总量指标计算分析。然后进行各项指标计算，最后进行能耗平衡分析。

$$E_{tot} = \sum_i E_i \pm e \qquad (8\text{-}20)$$

式中　E_{tot}——总能耗（通过能源账单得到的总能耗）；

　　　E_i——第 i 项分项能耗数据（通过计算得到的各分项能耗）；

　　　e——未被分项审计包括的其他能耗。

总能耗中的"其他"项 e 不超过 15%。

表 8-7 是某建筑的能耗平衡分析示例。

表 8-7　某建筑能耗结构表

能 耗 分 类	系统/区域	实物量	能耗量/tce	能耗指标/$[kgce/(m^2 \cdot a)]$
常规能耗	空调	18.29 万 kW·h	22.48	2.37
	供暖	14.6 万 m³	177.29	15.93
	照明	9.9 万 kW·h	12.17	1.09
	室内设备	62.61 万 kW·h	76.95	6.91
	综合服务	5.03 万 kW·h	6.18	0.56
特殊区域能耗	网络机房	25.1893 万 kW·h	30.96	1106
合　计			326.03	—

注: tce (Ton of Standard Coal Equivalent) 是 1 吨标准煤当量, 是按标准煤的热值计算各种能源的换算指标。kgce 为千克标准煤当量。

从表 8-7 中可知: $E_{tot} = 349.88$tce, $\sum E_i = 326.03$tce, 则 $e = 23.85$tce, 占 6.8%, 在允许的范围之内。

(6) 建筑室内环境检测　为了检测室内环境的空气质量是否符合规范要求, 需要对建筑室内空气状况现场测试。应从建筑内各种不同用途的房间中随机抽检 10% 面积的房间, 检测室内基本环境状况 (温度、湿度、二氧化碳浓度、照度)。室内环境监测方法见表 8-8。

表 8-8　室内环境监测方法

检测项目	使用仪器	测量方法
室内温度、湿度	自记式温湿度记录仪	对小型空间 (如≤16m² 的办公室), 测室中央一点; 16m² 以上但不足 30m² 测两点 (房间对角线三等分, 其二个等分点作为测点); 30m² 以上但不足 60m² 测三点 (房间对角线四等分, 其三个等分点作为测点); 60m² 以上测五点 (二对角线上梅花设点)。距地面 1~1.2m 高处工作面上的温度的测点, 应离开墙壁和热源不小于 0.5m。测量时间可上午下午各一次
CO_2 浓度	CO_2 检测仪	测点布置同 "室内温度"。测距地面 1~1.2m 高处工作面上 CO_2 浓度, 上午下午各测一次
照度	照度计	测点布置同 "室内温度"。测量距地面 0.75m 高处或台面上的照度, 上午下午各测一次

测出的数据编制室内环境监测表。然后根据相关规范进行分析评级室内环境质量, 评价标准依据《公共建筑节能设计标准》(GB 50189—2015)、《室内空气质量标准》(GB/T 18883—2002) 和《建筑照明设计标准》(GB 50034—2013)。

(7) 节能潜力分析及建议

1) 建筑内现场走访。对建筑进行整体巡视, 结合文件审查结果及建筑基本信息表, 确定建筑能耗和管理的总体情况。例如, 围护结构是否按照节能标准设计、保温层是否有破裂或脱落的现象、窗户是否有遮阳措施、是否采用了节能灯具、是否有长明灯和长流水现象、是否有过冷过热的房间以及跑、冒、滴、漏等。

对建筑内的制冷机房、锅炉房等设备机房进行巡视, 以便确定空调系统、通风系统、供暖系统、生活热水系统和电梯等用能系统是否存在管理不善、运行不当、能源浪费、无法调节等问题。

对建筑能源审计的现场观察，管理建筑围护结构、供暖系统、通风系统、供冷系统、生活热水系统、照明系统、电机、风机和水泵。

2）管理节能

① 设立能源管理机构。根据《公共机构节能条例》第四章第二十五条"公共机构应当设置能源管理岗位，实行能源管理岗位责任制"。

② 建立能源管理制度。根据《公共机构节能条例》第一章第七条"公共机构应当建立、健全本单位节能管理的规章制度，开展节能宣传教育和岗位培训，增强工作人员的节能意识，培养节能习惯，提高节能管理水平"。

③ 实施能源计量管理。根据《公共机构节能条例》第三章第十四条"公共机构应当实行能源消费计量制度，区分用能种类、用能系统实行能源消费分户、分类、分项计量，并对能源消耗状况进行实时监测，及时发现、纠正用能浪费现象"。

《民用建筑节能条例》第三章第二十九条规定："对实行集中供热的建筑进行节能改造，应当安装供热系统调控装置和用热计量装置；对公共建筑进行节能改造，还应当安装室内温度调控装置和用电分项计量装置"。

④ 实施能源统计管理。建立能源消耗月报表，以便详细分析能耗情况，并及时查找能耗异常原因，降低消耗。

3）行为节能。行为节能需要建筑使用人员的参与，需要进行节能宣传，使得建筑使用者养成节能行为。节能行为主要包括以下行为：

① 室内温度控制在夏季26℃以上、冬季20℃以下。

② 尽量做到人走关灯。

③ 将一些照度偏高的区域少开一部分灯具。

④ 供暖季、空调季随手关门关窗、白天关灯、下班关计算机、室内无人时随手关闭空调。

⑤ 在长时间离开时，将计算机设置为休眠或节能状态；下班后，关闭显示器、饮水机、电视等办公设备的电源、降低待机能耗等。

有关统计显示，做好行为节能，可以减少建筑能耗近10%。

4）技术节能。技术节能需要专业人员实施。技术节能涉及建筑的整个系统及服务和管理。这部分是保证节能潜力实现的技术手段。下面是一些节能技术措施的实例：

① 定期清理、维护分体空调的进出风口，检查制冷剂量，保持高效率。

② 清洁空调水系统。

③ 空调系统设计为在过渡季节可达到100%的新风，加长过渡季节加强公共建筑的自然通风可以缩短空调开启时间，建议采用双风机系统，或单风机加排风机系统，使得空调主机不必全年开启依然可以满足顾客的舒适要求，达到了节能的目的。

（8）审计结论　审计结论包括评价等级和建筑的能耗指标及分项指标。

根据审计所得数据，按表8-9所示标准分项给出评价等级。审计结论中还需要给出被审计建筑的两项能耗指标以及耗水量指标。有条件的建筑，按照能耗指标体系，全部或部分给出分项指标。

表 8-9 建筑评价等级标准

	A	B	C	D
室内热环境	被测试房间室内温湿度完全符合空气质量标准（GB/T 18883—2002）	75% 以上被测试房间室内温湿度完全符合空气质量标准（GB/T 18883—2002）	50% 以上被测试房间室内温湿度完全符合空气质量标准（GB/T 18883—2002）	不足 50% 被测试房间室内温湿度完全符合空气质量标准（GB/T 18883—2002）
室内空气品质	被测试房间室内 CO_2 浓度均符合空气质量标准（GB/T 18883—2002）	75% 以上被测试房间室内 CO_2 浓度符合空气质量标准（GB/T 18883—2002）	50% 以上被测试房间室内 CO_2 浓度符合空气质量标准（GB/T 18883—2002）	不足 50% 被测试房间室内 CO_2 浓度符合空气质量标准（GB/T 18883—2002）
能源管理的组织	能源管理完全融入日常管理之中，能耗的责、权、利分明	有专职能源管理经理，但职责权限不明	只有兼职人员从事能源管理，不作为其主要职责	没有能源管理或能耗的责任人
能源系统的计量	分系统监控和计量能耗、诊断故障、量化节能，并定期进行能耗分析	分系统监控和计量能耗，但未对数据进行能耗分析	没有分系统能耗计量，但能根据能源账单记录能耗成本、分析数据作为内部使用	没有信息系统，没有分系统能耗计量，没有运行记录
能源管理的实施	从所有权人、管理者直到普通用户都很重视建筑节能，有完整的建筑节能规章、采取一系列节能措施	建筑管理者比较重视建筑节能，制定过一些建筑节能管理规章和措施	虽然有节能管理规章，但只针对一般用户，少数人可以有超标不节能的特殊权利	完全没有管理或没有科学化的管理，或以牺牲室内环境为代价实现节能

8.5.3 建筑能源审计的工作程序

1. 能源审计的条件

建筑能源审计应在建筑能耗统计的基础上进行，不是任何一座建筑都可以进行能源审计，提出进行能源审计的建筑必须具备一定的条件。开展能源审计的条件可以分为三个层次，即最低条件，基础条件和完备条件。

（1）最低条件

1）至少有过去一年的耗电量、耗气量的逐月数据。

2）至少有一年的耗油量、耗煤量、耗水量、耗热量、耗热水量等的全年数据。

3）有准确的总建筑面积、总人数和建筑的运行时间表。

（2）基础条件

1）至少有过去一年耗电量、耗气量的逐日数据。

2）至少有一年的耗油量、耗煤量、耗水量、耗热水量的逐月数据。

3）至少有一年的耗热量的全年数据。

4）有建筑、暖通空调、照明设备系统的竣工图和设备清单。

5）有空调系统的运行记录。

（3）完备条件

1）建筑物有完善的分项能耗计量系统，并至少有一年的数据。

2）有至少一年的耗电量、耗气量的逐日数据。

3）有至少一年的耗油量、耗煤量、耗水量、耗热水量的逐月数据。

4）有至少一年的耗热量的全年数据。

5）有建筑、暖通空调、照明设备系统的竣工图和详细设备清单。

建筑能源审计除了需要一些基本条件外，更需要业主的积极配合，才能更好地开展能源审计工作。业主配合的主要工作包括：

1）成立建筑能源审计领导小组，指定负责人和联络人。

2）为建筑能源审计工作人员提供必要的工作场所。

3）填写建筑基本信息表，包括提供业主单位的简介（电子文档）和填写由审计单位提供的建筑基本信息表。

4）提供审计期内的逐月能源费用账单。

5）提供能源管理所需文件，应包括管理文件、技术文件和记录文件。

6）协助建筑能源审计工作人员进行楼宇的巡视和室内环境测试。

2. 能源审计工作程序

建筑能源审计的工作程序如图8-13所示。

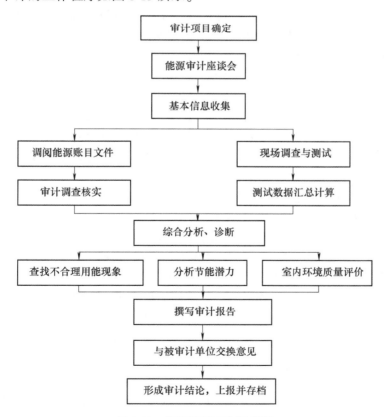

图8-13　能源审计工作程序图

第一步，作为项目的启动，召开一次有审计人员和政府部门相关人员一起参加的能源审计会议。会议内容包括：确定审计的对象和工作目标、落实审计内容、审计日程、审计项目，审计过程中必要的工作条件与技术辅助条件，以及审计时所遵循的标准和规范、项目组成员的角色和责任。

除了上述管理内容外，会议还要讨论：建筑物的运营特点、能源系统的规格、运行和维护的程序、初步的投资范围、预期的设备增加或改造，以及其他与设备运行有关的事宜。

第二步，在能源审计会议后，要安排一次对建筑物的巡视，实地了解建筑物运营的第一手情况。巡视的内容主要包括大楼整体巡视、设备机房的巡视、不同用途房间的随机抽检。

对大楼的整体巡视，应结合建筑基本信息，确定建筑能耗和管理的总体情况，如围护结构是否按照节能标准设计、保温层是否有破裂或脱落的现象、窗户是否有遮阳措施、是否采用了节能灯具、是否有长明灯和长流水现象、是否有过冷过热的房间等。

设备机房的巡视主要对大楼内的制冷机房、锅炉房等设备机房进行巡视。对制冷机房、锅炉房及设备间内的各种设备及输配设备的运行情况、调节和控制方式等进行评价，有条件时进行必要的设备测试，以便确定空调系统、通风系统、供暖系统、生活热水系统和电梯等用能系统是否存在管理不善、运行不当、能源浪费、无法调节等问题。

不同用途房间的随机抽检是针对建筑内各房间的不同用途进行的抽检。对各种用途的房间，从每种用途中抽取 10% 的面积的房间，对所抽检的房间，巡视室内基本状况，对室内环境参数（温度、相对湿度、照度等参数）的设定情况及控制和调节方式进行现场调查，以确定是否存在设定不合理、能源浪费、无法控制或调节等现象。其中，室内环境测试，应从建筑内各种不同用途的房间中随机抽检 10% 的面积的房间，检测室内基本环境状况（温度、湿度、CO_2 浓度、照度）。至少检测两天，上午下午各一次。有条件的情况下可采用自记式温湿度计，在整个审计阶段跟踪连续检测并记录。

第三步，在会议和巡视的同时，要浏览有关建筑物的文件资料。这些资料应该包括建筑和工程图、建筑运行和维护的程序和日志，以及前三年的能源费用账单。要注意所看的图样应该是竣工图而不是设计图。否则，审计中所评价的系统会与建筑物中实际安装的系统有一些差异。

第四步，在全面浏览了建筑图和运行资料之后，要进一步调查建筑中的主要能耗过程，适当条件下还应做现场测试以验证运行参数。

第五步，为了证实检查结果，审计人员要再次会见政府相关人员，向他们汇报初步的检查结果和正在考虑之中的建议。了解根据这些审计对象所确定的项目对用户来说是否有价值，以便建立能源审计的优先次序。

第六步，能源费的分析。需要对过去 12～36 个月的能源费用账单做详细的审查。必须包括全部外购的能源。如果有可能，最好在访问建筑物之前便得到并浏览能源数据，以便在现场能审计最关键部位。审查能源账单应包括能源使用费、能源需求费以及能源费用率结构。

第七步，通过详尽的经济分析，能源审计可以提出对主要设施的改造项目和对运行管理的改进计划。对每一主要的能耗系统（如围护结构、暖通空调、照明、电力）可以提出一系列能源改造计划。

第八步，撰写能源审计报告。在最终报告中，要提供能源审计的结果和改造项目的建议。报告应包括对所审计的设施以及运营状况的描述，所有能耗系统的讨论，以及对能源改造方案的解释。报告中还应有在整个项目中所涉及的工作内容。

第九步，需要就最终审计报告对政府相关人员进行一次正式的陈述，以便使他们掌握方案的效益和成本的充分的数据，从而做出实施方案的决策。

8.5.4　建筑能源审计报告的编制

实地调查完后，归纳分析调研和实测获得的数据，获得能耗审计的成果指标（如空调通风系统能耗指标、照明系统能耗指标等）并生成能耗数据报表。能源审计报告应列出审计的目的和范围，被审计设备/系统的特性和运行状况，对建筑的运行管理水平、能源利用状况进行综合分析和评价，给出审计结果并且重点找出不合理的用能现象，确定的节能措施，并给出改善措施，为节能改造的实施提供依据。

下面列出了能源审计报告的格式，供参考。

摘　要

第1章　审计事项说明

　　1.1　审计目的

　　1.2　审计依据

　　1.3　审计范围及时间

　　1.4　审计过程

第2章　建筑物概况

　　2.1　建筑物所有权人概述

　　2.2　建筑物基本信息综述

　　2.3　建筑物相关系统简介

　　2.4　建筑物用能系统及设备

第3章　建筑物的能源管理

　　3.1　建筑物能源管理机构及职责

　　3.2　建筑物能源管理现状及评价

　　3.3　建筑节能技改管理及评价

第4章　建筑能耗计算与分析

　　4.1　资源消耗种类、来源及其流向

　　4.2　建筑能耗指标体系

　　4.3　能耗计算数据来源

　　4.4　建筑各项能耗指标

　　4.5　锅炉房能耗计算

　　4.6　审计建筑能耗对比分析

第5章　建筑室内环境检测

　　5.1　建筑室内空气状况现场测试

　　5.2　本章小结

第6章　建筑物节能潜力分析与节能建议

　　6.1　建筑室内环境现场走访

　　6.2　建筑节能潜力分析

　　6.3　本章小结

8.5.5　建筑能源审计实例

前面章节介绍了建筑能源审计的方法和工作程序，为了让大家更好地理解建筑能源审计，下面通过一个实例来说明建筑物能源审计的方法和步骤。

1. 审计建筑及其楼宇设备

进行能源审计的建筑是香港铜锣湾某综合商业大楼，该建筑1994年投入使用，采用玻璃幕墙作为围护结构。整个建筑由裙房及裙房上的两座双塔构成，总建筑面积211 000m²，包括多功能影院、4层饭店（17 800m²）、12层购物商场（69 300m²）和4层700个车位的地下停车场，其余为49层和39层的写字间（96 000m²）。除饭店餐饮的租户使用城市燃气外，电力是该建筑中公用服务设备和租户使用的唯一能源。

该建筑的设备包括5台制冷机（3台8933kW离心式，2台2814kW螺杆式）提供冷量，总制冷量32427kW，另有28台风冷换热器。整栋建筑配备了23台1500 kVA变压器，其中，6台用于向集中制冷装置供电，10台为空气处理侧设备和其他公共设备供电，另外7台用于满足租户的用电需求。塔楼写字间380 V/220V的供电分为两个区，每个区通过2条1 600 A的总线供电。屋顶设置3间中继设备间，方便租户安装电力、电话和数据传输系统。塔楼写字间的设计照度为500 lx，光源采用36 W的节能荧光灯管，并且有低损耗继电器、铝制弧形百叶和反射镜面。整栋建筑的照明系统采用多种灯具，荧光灯占47%，紧凑式荧光灯占31%，卤钨灯占12%，卤素反射灯占5%，高压水银灯占3%，其他灯具占2%。写字间采用变风量系统，每层安装两台空气处理机，空气处理机入口配备可由直接数字控制系统控制流量的百叶。商场和饭店采用新风风机盘管系统，地下停车场和设备层采用机械通风。

为了满足垂直交通的需求，将塔楼写字间分成了5个区，除A塔楼的低区外（采用可承载3人的电梯），全部采用可承载6人的电梯。此外，在裙房商场、饭店和地下停车场之间另有3个分区的电梯提供穿梭服务。在7台货运电梯中有2台同时作为消防电梯，在商场和饭店区域采用了55台自动扶梯。

2. 公用部分设备能源消耗

3台高压离心式制冷机耗电量最大，这可以从每月香港电力公司发出的电费账单中体现出来。每个变压器都独立计量，电力公司按月结算。至于其他低压用电设备，由于没有独立的计量措施，其耗电量无法精确计量，只能根据现场测试进行模拟估算。1999年该建筑公用设备的能源消耗为69150890kW·h，公用设施能耗和租户能耗份额比为60∶40。在香港夏季温度高、湿度大的情况下，为保持室内舒适度，空调系统的耗电量很大（占总能耗66%），其次为照明和电器用电量。

（1）公用设备年耗电量和每月耗电量　该建筑物的每个变压器都可以独立计量，电力公司每月将耗电量数据和账单交付租户。通过物业管理机构获得了该建筑物1997年1月至2000年3月每月公用设备耗电量数据。通过分析发现，公用设备年耗电量在不同年份变化不大。图8-14给出了公用设备每月总耗电量。

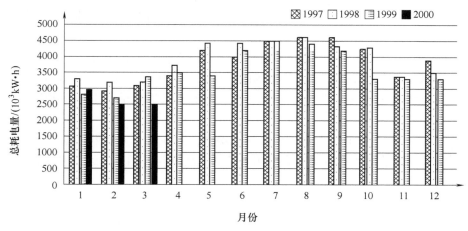

图 8-14　1997 年 1 月 ~ 2000 年 3 月公用设备每月总耗电量

（2）能源消耗构成　通过 1999 ~ 2000 年测量的该建筑主要能耗设备获得能耗构成数据。对主要能耗系统的测量根据以下步骤展开。详细的能耗构成见表 8-10。

表 8-10　主要设备系统能耗构成

设　　备		能耗/kW·h	能耗百分比（%）	全年能耗指标/(kW·h/m²)
空调系统水侧设备	高压制冷设备	11326700	26.6	53.7
	低压制冷设备	6770400	15.9	32.1
	冷水泵	2214250	5.2	10.5
	冷却水泵	1532900	3.6	7.3
	换热器	1192300	2.8	5.7
	换热器水泵	456670	1.1	2.2
	小计	23493220	55.2	111.5
空调系统空气侧设备	裙房和写字间的一、二次空气处理机	4009380	9.4	19.0
	塔楼写字间通风系统	168000	0.4	0.8
	停车场通风系统	333480	0.8	1.6
	小计	4510860	10.6	21.4
照明系统	塔楼写字间	1128000	2.6	5.3
	停车场	353700	0.8	1.7
	裙房	7390150	17.4	35.0
	小计	8871850	20.8	42.0
电梯和自动扶梯	载人载货电梯	4398700	10.3	20.9
	自动扶梯	797100	1.9	3.8
	小计	5195800	12.2	24.7
其他	给水排水系统	220000	0.5	1.0
	电视墙	151060	0.4	0.7
	其他	138800	0.3	0.7
总　　计		42581590	100	202.0

1）空调系统水侧设备。水侧的能耗可以通过直接计量给系统供电的 6 个变压器的供电量来获得，其中包括水泵和换热器的耗电量。

2）空调系统空气侧设备。公共侧和租户侧的空调系统设备都要在工作时间前开启。物业管理人员控制非高峰时段开启地下停车场的通风机。空气侧设备的耗电量通过收集操作维护记录（获得风机曲线和风机转速）、运行日志（获得运行时电流和电压）和运行时间记录获得。

3）照明系统的能耗。通过计量每种灯具的功率，并与每个典型照明电路上的灯具个数相乘求得照明系统的总功率；再将每个照明系统的总功率与其相应的运行时间累积，求得整个照明系统的总能耗。

4）垂直交通系统的能耗。为了计量电梯的全年总能耗，首先测量一台载客电梯在正常工作时间、周末和公共假期内的全天逐时能耗，然后将每个区电梯的每天运行时间累积，最后与相应的运行天数相乘。采用相同方法获得载货电梯的全年和逐月的总能耗。对于自动扶梯，用自动扶梯的功率乘以运行时间求得全年和逐月的总能耗。

（3）公用设备总电力消耗　通常，将能耗密度（总能耗和总建筑面积之比）作为比较面积不同的建筑物能耗效率的指标。将公用设备和其他设备的总电力消耗除以总建筑面积分别得到 1997 年、1998 年和 1999 年的能耗指标，分别为 217kW·h/m²，221kW·h/m² 和 202kW·h/m²，见表 8-11。

表 8-11　公用设备耗电量汇总（1997 ~ 1999 年）

设　　备	能源审计时段					
	1997 年 1 ~ 2 月		1998 年 1 ~ 2 月		1999 年 1 ~ 2 月	
	能耗 /(kW·h)	能耗百分比	能耗 /(kW·h)	能耗百分比	能耗 /(kW·h)	能耗百分比
空调系统水侧设备	26381910	57.5	26723500	57.5	23493220	55.2
空调设备空气侧设备	4631900	10.1	4744200	10.2	4510860	10.6
照明	8754800	19.1	8697600	18.7	8871850	20.8
电梯和自动扶梯	5668000	12.4	5833200	12.5	5195800	12.2
其他	413890	0.9	512600	1.1	509860	1.2
总计	45850500	100	46511100	100	42581590	100
能耗密度 /(kW·h/m²)	217		221		202	

3. 租户部分能源消耗

除了公用部分外，建筑物内剩下的就是租户部分。评价建筑总能耗水平还需要租户的能源消耗数据。由于租户的能源消耗量（主要能源为电力，包括饭店区使用的城市燃气）由专门公司单独计量收费，除非租户自愿提供，否则物业管理公司无法得到这些私人公司的能源消耗量数据。为了掌握租户全年的能源消耗数据，采取了实地调查的方式。表 8-12 所示为 1999 年租户能源消耗。

表 8-12　1999 年租户能源消耗

租户类型	建筑面积/m²	平均运行时间/h	耗电量测算值		照明负荷		电器负荷	
			耗电量/(kW·h)	单位面积耗电量/(kW·h/m²)	单位面积电力需求量(W/m²)	单位面积耗电量/(kW·h/m²)	单位面积电力需求量/(VA/m²)	单位面积耗电量/(kW·h/m²)
写字间	95970	3750	12322500	128	22.8	60	37.8	68
零售店	34660	4350	13058000	377	51.3	234	69.3	143
饭店	11520	6200	1149000	100	43.7	36	161.7	64
电影院	1860	5480	39800	21	10.5	6	24.5	15
总计	144010	—	26569300	184	31.2	99.3	55.1	85

4. 审计建筑的总电力消耗量

通过一年时间的测量和调查，获取掌握了公用设备（测量数据）和租户（实地调查数据）的能耗数据。表 8-13 列出了整栋建筑全年耗电量及其主要负荷构成。基于写字间的总耗电量和香港商业建筑中写字间的总面积，写字间平均每年耗电量在 350kW·h/m² 左右。所审计建筑的年耗电量为 386kW·h/m²，较平均值高出 10%。但是，所审计的建筑为商业综合建筑，与典型的商业建筑或有不同。

审计建筑的全年空调耗电量为 132k·W·h/m²。考虑到该建筑中不仅有写字间，还有许多零售商店和电影院，其空调系统每周运行 70 h，此数值说明其系统运行效率令人满意，然而，该建筑仍有改进的空间。

表 8-13　1999 年电力能源消耗

设备	公用设备/[kW·h/(m²·a)]	租户设备/[kW·h/(m²·a)]	总计/[kW·h/(m²·a)]	百分比(%)	节能建筑总能耗指标/[kW·h/(m²·a)]	占能源审计建筑的比例(%)
空调系统水侧设备	111.4		111.4	28.9	43	55
空调设备空气侧设备	21.4		21.4	5.5	17	35
照明	42.1	83	125.1	32.4	48	55
电梯和自动扶梯	24.6		24.6	6.4		
其他	2.4	101	103.4	26.8	60	73
总计	201.9	184	385.9	100		

5. 改进建议和节能契机

根据实地调查和数据分析，确定了几种可行的节能措施。由于空调系统能耗量和节能建筑的能耗量相近，如果要在空调和制冷系统上提出节能建议需要作更详细的研究，如实测制冷机的运行参数等，需要更多的时间和资源，所以更容易进行的节能措施可以实施在照明系统上。

荧光灯是此建筑中最主要的照明光源。虽然荧光灯已经采用了节能型灯管，但镇流器采用传统型，比电子镇流器耗电多，若采用电子镇流器能节约更多的能源。

建议重新规划租户使用区域的照明控制电路，缩小每个照明开关电路的控制范围，方便用户控制。用户可在不需要人工照明的时候关闭电灯，节约能源；同时，适当降低背景照明的亮度，可采用台灯照明。

思 考 题

1. 简述建筑能耗的计算方法的分类，并列举一种方法分析它的计算特点以及适用范围。
2. 简述建筑能耗模拟软件数学模型的组成。
3. 正向建模法的计算流程是什么？其中的显热负荷计算都有哪些方法？各自的特点是什么？
4. 逆向建模法与正向建模法有什么区别？其主要方法在建模上有哪些特点？
5. 试列举我国自主研制的建筑能耗软件，其主要组成和功能是什么？
6. 比较国际最常用的三种建筑能效相关的评价方法。
7. 建筑能源管理系统是如何分类的？
8. 建筑能源管理系统组成、结构和模式是什么？
9. 我国建筑节能领域的合同能源管理有哪些运作模式？各种模式的特点是什么？
10. 建筑能源审计的主要内容是什么？
11. 建筑能源审计的主要工作程序是什么？

附录 水、质量分数为20%氯化钙和质量分数为 20%丙烯乙二醇的密度和黏度

附表1 水的密度和黏度

温度/℃	密度/(kg/m³)	黏度/Pa·s	温度/℃	密度/(kg/m³)	黏度/Pa·s
0.0	999.94	1.79	1.7	999.97	1.70
0.6	999.81	1.76	2.2	999.97	1.67
1.1	999.92	1.73	2.8	999.97	1.64
3.3	999.97	1.61	12.2	999.36	1.24
4.0	1000.08	1.58	12.8	999.25	1.22
4.4	999.97	1.55	13.3	999.14	1.19
5.0	999.97	1.53	13.9	999.02	1.18
5.6	999.97	1.50	14.4	998.91	1.16
6.1	999.97	1.48	15.0	998.80	1.14
6.7	999.95	1.46	15.6	998.69	1.12
7.2	999.81	1.43	16.1	998.57	1.11
7.8	999.94	1.41	16.7	998.46	1.09
8.3	999.86	1.38	17.2	998.35	1.08
8.9	999.84	1.36	17.8	998.24	1.06
9.4	999.82	1.34	18.3	998.13	1.05
10.0	999.73	1.31	18.9	998.01	1.04
10.6	999.70	1.29	19.4	997.90	1.02
11.1	999.58	1.27	20.0	997.79	1.01
11.7	999.47	1.25	20.6	997.68	0.99

附表2 质量分数为20%氯化钙的密度和黏度

温度/℃	密度/(kg/m³)	黏度/Pa·s
15.6	1180.51	2.35
10.0	1182.92	2.55
4.4	1185.32	2.80
1.7	1186.60	3.15
1.1	1186.76	3.21
0.6	1186.92	3.27
0.0	1187.08	3.33
-0.6	1187.24	3.39
-1.1	1187.40	3.46
-1.7	1187.56	3.52
-2.2	1187.72	3.58
-2.8	1187.88	3.64
-3.3	1188.04	3.70
-3.9	1188.20	3.77
-4.4	1188.36	3.83
-5.0	1188.68	3.90

注：20%氯化钙是指氯化钙的质量分数。

参 考 文 献

［1］武涌，龙惟定．建筑节能管理［M］．北京：中国建筑工业出版社，2009．

［2］国家发展改革委能源所．发达国家节能经验［J］．中国经贸导刊，2005（14）：29．

［3］宋杰鲲，张在旭，李继尊．国内外能源综合利用政策法规对比［J］．工业技术经济，2007（26）：79-81．

［4］孙永祥．国外可再生能源发展现状评析［J］．天然气经济，2006，2：17-19．

［5］李春华，张德会．国外可再生能源政策的比较研究［J］．中国科技论坛，2007，12：124-126．

［6］International Energy Agency. Renewables Information 2008 Edition［M］. Paris：International Energy Agency，2008．

［7］International Energy Agency. Energy Balances of Non- OECD Countries 2008 Edition［M］. Paris：International Energy Agency，2008．

［8］洪峡．美国可再生能源政策研究［J］．全球科技经济瞭望，2008，23（2）：20-26．

［9］李北陵．新能源法案：美国能源战略的"历史转折点"［J］．中国石化，2008（3）：59-61．

［10］徐波，张丹玲．德国、美国、日本推进可再生能源发展的政策及作用机制［J］．能源政策研究，2007（5）：44-50．

［11］中华人民共和国国家发展和改革委员会．可再生能源中长期发展规划．2008．

［12］郇公弟．补贴式新能源发展模式面临考验［N］．中国石化报：环球周刊，2009-07-23（5）．

［13］石元春．粮食、石油、生物燃料：中国工程院重大咨询项目［M］．北京：中国电力出版社，2008．

［14］胡小兵．德国制定绿色经济增长战略［N］．中国石化报：环球周刊，2009-09-17（8）．

［15］中华人民共和国国务院新闻办公室．中国的能源政策（2012）［M］．北京：人民出版社，2012．

［16］陈墨香，等．中国地热资源：形成特点和潜力评估［M］．北京：科学出版社，1994．

［17］汪集暘，熊亮萍，庞中和．中低温对流型地热系统［M］．北京：科学出版社，1993．

［18］陶勇，陈亚妍，王华敏，等．地热水的开发利用对环境和健康的影响［J］．中国环境科学，1994，14（1）：37．

［19］龙惟定，白玮，范蕊，等．低碳城市的区域建筑能源规划［M］．北京：中国建筑工业出版社，2011．

［20］龙惟定．建筑节能与建筑能效管理［M］．北京：中国建筑工业出版社，2005．

［21］江亿．我国建筑能耗趋势与节能重点［J］．建设科技，2006（7）：10-15．

［22］江亿．中国建筑能耗现状及节能途径分析［J］．新建筑．2008（2）．

［23］江亿．我国建筑能耗状况与节能重点［J］．建设科技．2007（5）．

［24］龙惟定，武涌．建筑节能技术［M］．北京：中国建筑工业出版社，2009．

［25］王振铭．中国热电联产分布式能源的新发展［J］．沈阳工程学院学报：自然科学版，2006，2（1）：1-5．

［26］李兆坚，江亿．我国城镇住宅空调能耗简化算法研究［J］．暖通空调，2006，36（11）：86-91．

［27］苏芬仙，张从军，田胜元．BIN 建筑能耗计算方法的改进［J］．重庆建筑大学学报，2006，28（1）：88-91．

［28］中国建筑科学研究院，中国建筑业协会建筑节能专业委员会．GB 50189—2015 公共建筑节能设计标准［S］．北京：中国建筑工业出版社，2015．

［29］陆耀庆．实用供热空调设计手册［M］．2 版．北京：中国建筑工业出版社，2008．

［30］衣健光．民用建筑节能评估能耗估算方法探讨［J］．上海节能，2012（4）：26-29．

［31］龙惟定．用 BIN 参数作建筑物能耗分析［J］．暖通空调，1992（2）．

［32］李力．中国建筑供热空调能耗分析实用简化法—BIN 法［D］．重庆：重庆建筑工程学院，1993．

［33］于美静，王宏伟．建筑节能计算机模拟软件的研究［J］．区域供热，2007（3）．

［34］朱卫华，胡其高，夏绍模．建筑节能评估软件简介［J］．节能，2007（5）．

［35］苏华，王靖．建筑能耗的计算机模拟技术［J］．计算机应用，2003（增刊2）．

［36］Shavit G. Short-time-step analysis and simulation of homes and buildings during the last 100 years［J］. ASHRAE Transactions，1995.

［37］Sowell E F, Hittle DC. Evolution of building energy simulation methodology［J］. ASHRAE Transactions，1995.

［38］Hong T Z, Chou S K, Bong T Y. Building simulation：an overview of developments and information sources［J］. Building and Environment，2000.

［39］Ayres J M, Stamper E. Historical development of building energy calculation［J］. ASHRAE Transactions，1995.

［40］Spliter J D, Ferguson J D. Overview of the ashrae annotated guide to load calculation models and algorithms［J］. ASHRAE Transactions，1995.

［41］ASHRAE Handbook-Fundamentals：Chapter 32 Energy estimating and modeling methods［M］. New York：American Society of Heating Refrigerating and Air Conditioning Engineer Inc，2005.

［42］潘毅群，左明明，李玉明．建筑能耗模拟——绿色建筑设计与建筑节能改造的支持工具之一：基本原理与软件［J］．制冷与空调（成都），2008（3）：10-16.

［43］李骥，邹瑜，魏峥．建筑能耗模拟软件的特点及应用中存在的问题［J］．建筑科学，2010（2）．

［44］朱丹丹，燕达，王闯，等．建筑能耗模拟软件对比：DeST、EnergyPlus and DOE-2［J］．建筑科学，2012（增刊2）：213-222.

［45］武涌，梁境．中国能源发展战略与建筑节能［J］．重庆建筑，2006（3）：6-19.

［46］USGBC. Green building rating system version 2.0：leadership in energy and environmental design［M］. Beijing：China architecture & building press，2000.

［47］CIBSE. Energy assessment and reporting methodology：office assessment method-CIBSE technical memoranda TM22：1999［S］. London：CIBSE publications，1999.

［48］CIBSE. Energy assessment and reporting method CIBSE TM22：2006［S］. London：CIBSE Publications，2006.

［49］杨玉兰．居住建筑节能评价与建筑能效标识研究［D］．重庆：重庆大学，2009.

［50］龙惟定．我国大型公共建筑能源管理的现状与前景［J］．暖通空调，2007（4）．

［51］张赟．浅析国内外建筑能源管理系统（BEMS）的区别及发展［J］．科技信息，2012（8）．

［52］林佩仰．建筑能源管理系统及其在绿色建筑中的应用［J］．建筑电气，2012，31（7）．

［53］中国建筑科学研究院，上海市建筑科学研究院．GB/T 50378—2006 绿色建筑评价标准［S］．北京：中国建筑工业出版社，2006.

［54］中国建筑科学研究院．JGJ/T 229—2010 民用建筑绿色设计规范［S］．北京：中国建筑工业出版社，2010.

［55］龙惟定，白玮．能源管理与节能——建筑合同能源管理导论［M］．北京：中国建筑工业出版社，2011.

［56］龙惟定，白玮，马素贞，等．我国建筑节能服务体系的发展［J］．暖通空调，2008，38（7）：36-43.

［57］冯小平，李少洪，龙惟定．既有公共建筑节能改造应用合同能源管理的模式分析［J］．建筑经济，2009（3）．

［58］龙惟定，范蕊，梁浩．提供全程服务的建筑合同能源管理［J］．建设科技，2012（4）：36-39.

［59］龙惟定，白玮，马素贞．大型公建节能新政之二　大型公共建筑能源审计［J］．建设科技，2007（18）．

［60］刘丹，李安桂．大型建筑的能源审计［J］．西安建筑科技大学学报，2011，31（4）：493-499.

［61］倪吉．长沙市政府办公建筑能源审计及节能分析研究．［D］．长沙：湖南大学，2009.

［62］娄承芝，杨洪兴，李雨桐，等．建筑物能源审计研究——香港铜锣湾综合商业大楼的能源审计实例

[J]. 暖通空调. 2006, 36 (5)：44-50.

[63] 吴治坚. 新能源和可再生能源的利用 [M]. 北京：机械工业出版社, 2006.

[64] 黄尚瑶, 胡素敏, 马兰. 火山温泉地热能 [M]. 北京：地质出版社, 1996.

[65] 初滨, 等. 地热农业利用手册 [M]. 北京：机械工业出版社, 1991.

[66] 任泽需, 蔡睿贤, 等. 热工手册 [M]. 北京：机械工业出版社, 2002.

[67] Joseph Kestin, 等. 地热和地热发电技术指南 [M]. 西藏地热工程处, 译. 北京：水利电力出版社, 1988.

[68] Ronald DiPippo. Geothermal Energy as a Source of Electricity [M]. Washington D C：U S Government Printing Office, 1980.

[69] 天津大学热工教研室地热发电组. 地下热水发电 [M]. 北京：科学出版社, 1975.

[70] 卢嘉锡. 高技术百科辞典 [M]. 福州：福建人民出版社, 1994.

[71] 陈听宽, 等. 新能源发电 [M]. 北京：机械工业出版社, 1982.

[72] 庞麓鸣, 等. 工程热力学 [M]. 北京：人民教育出版社, 1980.

[73] Schmidt E, Grigull U. 国际单位制的水和水蒸气性质 [M]. 赵兆颐, 译. 北京：水利电力出版社, 1983.

[74] 丁国良, 等. 制冷空调新工质 [M]. 上海：上海交通大学出版社, 2003.

[75] 西藏自治区水利电力厅地热工程处. 羊八井地热电站研究 [M]. 重庆：科学技术文献出版社, 1985.

[76] 吴治坚, 李颂哲. 多级闪蒸系统地热发电最佳参数确定 [C] // ：全国地热学术会议论文选集编辑组. 全国地热学术会议论文集. 北京：科学出版社, 1984：159-168.

[77] 吴治坚. 日本地热发电 [J]. 新能源. 1983, 5 (12).

[78] Wu Zhijian, Boehm R F. Evaluation of Tube Enhancement for Geothermal Generation Heat Exchangers [J]. Applied Energy, 1984, 17 (3)：P191～215.

[79] Austin A L, Lundberg A W. Power generation from Geothermal Hot Water Deposite [J]. Geothermal Energy, 1976, 4 (5).

[80] V Daniel Hunt. Handbook of Energy Technology [M]. New York：Van Nostrand Reinhold Co, 1982.

[81] Edward F Wahl. Geothermal Energy Utilization [M]. New York：John Wiley & Sons Inc, 1977.

[82] 李全林. 新能源与可再生能源 [M]. 南京：东南大学出版社, 2008.

[83] 徐伟, 等. 地源热泵工程技术指南 [M]. 北京：中国建筑工业出版社, 1998.

[84] 曲云霞, 张林华, 方肇洪. 地下水源热泵及其设计方法 [J]. 可再生能源, 2002 (6)：11-14.

[85] 马最良, 吕悦. 地源热泵系统设计与应用 [M]. 北京：机械工业出版社, 2006.

[86] 蒋能照, 刘道平. 水源·地源·水环热泵空调技术及应用 [M]. 北京：机械工业出版社, 2007.

[87] 丁勇, 李百战, 卢军, 等. 地源热泵系统地下埋管换热器设计 (1) [J]. 暖通空调, 2005, 35 (3)：86-89.

[88] 丁勇, 李百战, 卢军, 等. 地源热泵系统地下埋管换热器设计 (2) [J]. 暖通空调, 2005, 35 (11)：76-79.

[89] 邬小波. 地下含水层储能和地下水源热泵系统中地下水回路与回灌技术现状 [J]. 暖通空调, 2004, 34 (1).

[90] 赵峰. 地下水源热泵的水源水问题研究及能耗模拟 [D]. 武汉：武汉科技大学, 2005.

[91] 贺宝峰. 地 (水) 源热泵系统及其工程应用 [D]. 天津：天津大学, 2002.

[92] 张银安, 李斌. 开式地表水源热泵系统的应用分析 [J]. 暖通空调, 2007, 37 (9)：99-104.

[93] 谢汝铺. 地源热泵空调系统的设计 [J]. 现代空调, 2001 (3)：33-73.

[94] 吕悦, 莫然, 周沫. 中国地源热泵技术应用发展情况调查报告 (2005～2006) [J]. 工程建设与设计, 2007 (9)：4-11.

［95］陈晓，张国强.南方地区开式湖水源热泵的应用［C］//.中国制冷学会2005年制冷空调学会年会论文集.2005：370-374.

［96］张非.国内外地热发电概述［J］.广西电力建设科技信息，2001，2（6）.

［97］刘尚贤，阳光玫，黄晓波.我国地热发电综述［J］.四川电力技术，1999，3（1）.

［98］王长贵，崔容强，周篁.新能源发电技术［M］.北京：中国电力出版社，2003.

［99］汪集暘，马伟斌，龚宇烈.地热利用技术［M］.北京：化学工业出版社，2005.

［100］周大吉.西藏羊八井地热发电站的运行、问题及对策［J］.电力建设，2003，10（24）.

［101］龚宇烈，赵军，等.地源热泵在美国的发展及工程应用［C］//.全国热泵和空调技术交流会论文集，2001.

［102］王健敏，叶衍华，彭国荣.地源热泵的地热能利用方式与工程应用［J］.制冷，2002，21（2）：30-32.

［103］龚宇烈.U形管桩埋换热器传热理论模拟与实验研究［D］.天津：天津大学，2003.

［104］周亚素，张旭，陈沛霖.土壤源热泵系统的研究现状与发展前景［J］.新能源，1999，21（12）：37-42.

［105］Henderson H I, Steven W C, Adam C W. North American Monitoring of a Hotel with Room Size GSHPs［M］. Cazenovia NY USA：CDH Energy Corp, 1998

［106］殷平.现代空调［M］.北京：中国建筑工业出版社，2001.

［107］王迈达.地热供暖设计技术要点［J］.地热能，2001（1）：7-13.

［108］朱家玲，张伟，高天真.地热供暖系统板式换热器的优化设计［J］.太阳能学报，2001，22（4）：422-426.

［109］王革华，艾德生.新能源概论［M］.2版.北京：化学工业出版社，2012.

［110］刘柏谦，洪慧，王立刚.能源工程概论［M］.北京：化学工业出版社，2009.

［111］左然，施明恒，王希麟.可再生能源概论［M］.北京：机械工业出版社，2007.

［112］陈学俊，袁旦庆.能源工程［M］.西安：西安交通大学出版社，2002.

［113］黄素逸，高伟.能源概论［M］.北京：高等教育出版社，2004.

［114］黄素逸，能源科学导论［M］.北京：中国电力出版社，1999.

［115］罗运俊，何梓年，王长贵.太阳能利用技术［M］.北京：化学工业出版社，2005.

［116］王荣光，沈天行.可再生能源与建筑节能［M］.北京：机械工业出版社，2004.

［117］左然，施明桓，王希麟.可再生能源概论［M］.北京：机械工业出版社，2012.

［118］田宜水，孟海波，孙丽英，等.秸秆能源化技术与工程［M］.人民邮电出版社，2010.